概率论与数理统计辅导

主编　许伯生　张　颖

编者　李铭明　李鸿燕　刘瑞娟　肖　翔

王宝存　周　雷　滕晓燕

東華大學出版社

内容提要

概率论与数理统计课程是高等学校学生重要的数学基础课之一，具有理论性强和应用广泛的特点。概率论与数理统计课程概念抽象，理论严谨，学生解题较难以入手，而且计算题步骤多，过程中计算错误难以避免，因此学生希望有一本配套的学习参考书，可以从中获得更多的例题和更详尽的分析，使得所学的知识更加扎实和系统。为了帮助学生更好地学好这门课程，解答学生在学习过程中碰到的疑难问题，我们结合教师多年教学中积累的经验，编写了这本《概率论与数理统计辅导》教材.

本书的主要内容包括：随机事件及其概率、随机变量及其分布、多维随机变量及其分布、随机变量的数字特征、大数定律与中心极限定理、数理统计的基本概念、参数估计、假设检验、方差分析和回归分析.

本书可作为高等院校工科类以及经济管理类各专业概率论与数理统计课程的配套教材，也可供有关专业技术人员参考.

图书在版编目(CIP)数据

概率论与数理统计辅导/许伯生，张颖主编. —上海：东华大学出版社，2013.7

ISBN 978-7-5669-0325-9

Ⅰ.①概… Ⅱ.①许… ②张… Ⅲ.①概率论—高等学校—教学参考资料 ②数理统计—高等学校—教学参考资料 Ⅳ.①O21

中国版本图书馆 CIP 数据核字(2013)第 166869 号

责任编辑：杜亚玲
文字编辑：于冬燕
封面设计：潘志远

概率论与数理统计辅导
主编 许伯生 张 颖
出　　版：东华大学出版社(上海市延安西路 1882 号，200051)
本社网址：http://www.dhupress.net
天猫旗舰店：http://dhdx.tmall.com
营销中心：021-62193056 62373056 62379558
印　　刷：苏州望电印刷有限公司
开　　本：710 mm×1 000 mm 1/16 印张 13
字　　数：270 千字
版　　次：2013 年 7 月第 1 版
印　　次：2013 年 7 月第 1 次印刷
书　　号：ISBN 978-7-5669-0325-9/O・017
定　　价：29.00 元

前　言

概率论与数理统计课程是高等院校理工科、经济管理学科各专业学生的重要基础课之一，也是硕士研究生入学考试必考课程。作为数学的一个重要分支，概率统计在许多领域中有着广泛的应用.为了加深对概率统计基本概念、基本方法的理解，开阔学生视野，启迪学生思维，以教育部高等学校数学与统计学教学指导委员会颁布的《本科数学基础课程教学基本要求》为依据，编写了这本概率论与数理统计辅导教材.

全书共分九章，主要内容包括：随机事件及其概率、随机变量及其分布、多维随机变量及其分布、随机变量的数字特征、大数定律与中心极限定理、数理统计的基本概念、参数估计、假设检验、方差分析和回归分析等.每章有基本要求、学习要点、释疑解难、典型例题、习题解答和补充习题六大部分组成，多角度多视角着手，详细解答学生在学习过程中存在的较为普遍的问题，既激发学生的学习主动性，又提高学生分析问题与解决问题的能力，为后继课程的学习打下扎实的基础.

本书可作为高等院校工科、经济管理学科各专业概率论与数理统计课程的配套教材，也可供有关专业技术人员参考.

本书由许伯生和张颖策划并组织编写，许伯生统稿定稿.全书共九章，参加编写的人员有：第一章周雷；第二章李鸿燕；第三章李铭明；第四章滕晓燕；第五章张颖；第六章许伯生；第七章刘瑞娟；第八章王宝存；第九章肖翔.

本书是上海工程技术大学学科建设项目“建设与培养高素质应用型人才相适应的基础学科基地”的成果之一，在整个编写过程中得到了上海工程技术大学教务处、基础教学学院和数学教学部教师的大力支持，编者在此一并表示感谢.

由于编者水平有限，书中疏漏之处在所难免，敬请读者批评指正.

编者

2013 年 6 月

目　录

第一章　随机事件及其概率 …… 1
一、基本要求 …… 1
二、学习要点 …… 1
三、释疑解难 …… 5
四、典型例题 …… 6
五、习题解答 …… 19
六、补充习题 …… 26

第二章　随机变量及其分布 …… 28
一、基本要求 …… 28
二、学习要点 …… 28
三、释疑解难 …… 31
四、典型例题 …… 34
五、习题解答 …… 39
六、补充习题 …… 50

第三章　多维随机变量及其分布 …… 53
一、基本要求 …… 53
二、学习要点 …… 53
三、释疑解难 …… 60
四、典型例题 …… 62
五、习题解答 …… 69
六、补充习题 …… 81

第四章　随机变量的数字特征 …… 85
一、基本要求 …… 85
二、学习要点 …… 85
三、释疑解难 …… 88

四、典型例题 …… 89
五、习题解答 …… 95
六、补充习题 …… 104

第五章　大数定律与中心极限定理 …… 106
一、基本要求 …… 106
二、学习要点 …… 106
三、释疑解难 …… 109
四、典型例题 …… 111
五、习题解答 …… 114
六、补充习题 …… 118

第六章　数理统计的基本概念 …… 120
一、基本要求 …… 120
二、学习要点 …… 120
三、释疑解难 …… 122
四、典型例题 …… 124
五、习题解答 …… 126
六、补充习题 …… 130

第七章　参数估计 …… 132
一、基本要求 …… 132
二、学习要点 …… 132
三、释疑解难 …… 134
四、典型例题 …… 136
五、习题解答 …… 143
六、补充习题 …… 149

第八章　假设检验 …… 151
一、基本要求 …… 151
二、学习要点 …… 151
三、释疑解难 …… 154
四、典型例题 …… 156
五、习题解答 …… 160
六、补充习题 …… 171

第九章　方差分析和回归分析…………………………………………………… 174
一、基本要求 …………………………………………………………………… 174
二、学习要点 …………………………………………………………………… 174
三、释疑解难 …………………………………………………………………… 178
四、典型例题 …………………………………………………………………… 183
五、习题解答 …………………………………………………………………… 187
六、补充习题 …………………………………………………………………… 193

习题答案………………………………………………………………………… 196

参考文献………………………………………………………………………… 201

第一章　随机事件及其概率

一、基 本 要 求

1. 理解样本空间、随机事件的概念，熟练掌握事件的关系和运算及其基本性质.

2. 理解事件概率、条件概率的概念和独立性的概念；熟练掌握概率的基本性质和基本运算公式；熟练掌握乘法公式、全概率公式和贝叶斯公式并能熟练运用.

3. 掌握计算事件概率的基本方法：

(1) 概率的直接计算：熟练掌握古典型概率的计算，了解几何型概率的求法.

(2) 概率的间接计算：利用概率的基本性质、基本公式和事件的独立性，由较简单事件的概率推算较复杂事件的概率.

4. 理解两个或多个(随机)试验的独立性的概念，理解独立重复试验，特别是贝努利试验的基本特点，以及重复贝努利试验中有关事件概率的计算.

二、学 习 要 点

(一) 随机试验、随机事件与样本空间

(1) 随机试验：为得出随机现象的统计规律性而进行的观测活动，满足以下条件：可在同条件下重复进行、所有结果可预知、观测前不知出现哪种结果；

(2) 基本事件：随机试验中的每一个基本结果；

(3) 样本空间：所有基本事件的集合，常记为 S；

(4) 随机事件：随机现象的每一种状态或表现，由一个或多个基本事件构成，用 A, B, C,$\cdots$ 表示；

(5) 必然事件：每次试验都一定出现的事件，即 S；

(6) 不可能事件：任何一次试验都不出现的事件，记为 $\varnothing$.

（二）事件的关系和运算

1. 关系

(1) 包含　$A \subset B$，读作“事件 B 包含 A”或“A 导致 B”，表示每当 A 发生 B 也一定发生.

(2) 相等　$A = B$，读作“事件 A 等于 B”或“A 与 B 等价”，表示 A 与 B 或同时发生，或同时不发生.

(3) 和　$A \cup B$，表示事件“A 与 B 至少发生一个”，称作事件“A 与 B 的和或并”；进一步的，$\bigcup_{i=1}^{n} A_i = A_1 \cup A_2 \cup \cdots \cup A_n$ 表示事件“$A_1, A_2, \cdots, A_n$ 至少发生一个”.

(4) 差　$A - B$，表示事件“A 发生但是 B 不发生”，称作 A 与 B 的差，或 A 减 B.

(5) 交 $A \cap B$ 或 AB，表示事件“A 与 B 同时发生”，称作 A 与 B 的交或积；进一步的，$\bigcap_{i=1}^{n} A_i = A_1 A_2 \cdots A_n$ 表示事件“$A_1, A_2, \cdots, A_n$ 同时发生”.

(6) 互不相容　若 $AB = \varnothing$，则称“事件 A 与 B 互不相容”.

(7) 对立事件　若 $A \cup \overline{A} = S$，$A\overline{A} = \varnothing$，称事件 A 和 $\overline{A}$ 互为对立事件.

(8) 完备事件组　如果一组事件 $A_1, A_2, \cdots, A_n$ 在每次试验中必发生且仅发生一个，即　$\bigcup_{i=1}^{n} A_i = S$ 且 $\bigcap_{i=1}^{n} A_i = \varnothing$，则称此事件组为该试验的一个完备事件组.

2. 事件运算的基本性质

(1) 交换律　$A \cup B = B \cup A$，$AB = BA$.

(2) 结合律　$A \cup B \cup C = A \cup (B \cup C) = (A \cup B) \cup C$，

$$ABC = A(BC) = (AB)C.$$

(3) 分配律　$A(B \cup C) = AB \cup AC$，

$$A(A_1 \cup \cdots \cup A_n \cup \cdots) = AA_1 \cup \cdots \cup AA_n \cup \cdots.$$

(4) 对偶律　$\overline{A \cup B} = \overline{A}\,\overline{B}$，$\overline{AB} = \overline{A} \cup \overline{B}$，

$$\overline{A_1 \cup \cdots \cup A_n \cup \cdots} = \overline{A}_1 \cdots \overline{A}_n \cdots,$$

$$\overline{A_1 \cdots A_n \cdots} = \overline{A}_1 \cup \cdots \cup \overline{A}_n \cup \cdots.$$

（三）概率的概念和基本性质

1. 概率的概念

在相同条件下，将随机试验重复 n 次，随着重复试验次数 n 的增大，如果事件 A 的频率 $f_n(A)$ 越来越稳定地在某一常数 p 附近摆动，则称常数 p 为事件 A 的概率.

条件概率　已知 A 发生的情况下事件 B 发生的概率，定义为

$$P(B \mid A) = \frac{P(AB)}{P(A)}, \text{其中 } P(A) \neq 0.$$

2. 概率的运算法则和基本公式

(1) 规范性　$P(S) = 1,\ P(\varnothing) = 0,\ 0 \leqslant P(A) \leqslant 1.$

(2) 可加性　对于任意有限或可数个两两不相容事件 $A_1,\ A_2,\ \cdots,\ A_n,\ \cdots$，有

$$P(A_1 \cup A_2 \cup \cdots \cup A_n \cup \cdots) = P(A_1) + P(A_2) + \cdots + P(A_n) + \cdots.$$

(3) 对立事件的概率　$P(\overline{A}) = 1 - P(A).$

(4) 减法公式　$P(A - B) = P(A) - P(AB).$

(5) 加法公式　$P(A \cup B) = P(A) + P(B) - P(AB)$；

$$P(A \cup B \cup C) = P(A) + P(B) + P(C) - [P(AB) + P(AC) + P(BC)] + P(ABC).$$

(6) 乘法公式　$P(AB) = P(A)P(B \mid A) = P(B)P(A \mid B)$，

$$P(A_1A_2\cdots A_n) = P(A_1)P(A_2 \mid A_1)\cdots P(A_n \mid A_1A_2\cdots A_{n-1})$$

(7) 全概率公式　设 $B_1,\ B_2,\ \cdots,\ B_n$ 构成完备事件组，则对于任意事件 A，有

$$P(A) = \sum_{i=1}^{n} P(B_i)P(A \mid B_i).$$

(8) 贝叶斯公式　设 $B_1, B_2,\ \cdots,\ B_n$ 构成完备事件组，则

$$P(B_k \mid A)=\frac{P(AB_k)}{P(A)}=\frac{P(B_k)P(A \mid B_k)}{\sum_{i=1}^{n}P(B_i)P(A \mid B_i)},\ k=1,2,\cdots,n.$$

（四）事件的独立性和独立试验

1. 事件的独立性

若 $P(AB)=P(A)P(B)$，则称事件 A 和 B 独立；若事件 $A_1, A_2, \cdots, A_n$ 中任意 $m\ (2 \leqslant m \leqslant n)$ 个事件的交的概率都等于各事件概率的乘积，则称事件 A_1, $A_2, \cdots, A_n$ 相互独立.

2. 事件的独立性的性质

(1) A、B 相互独立、A、$\overline{B}$相互独立、$\overline{A}$、B 相互独立、$\overline{A}$、$\overline{B}$ 相互独立 4 个命题中一个成立则其他 3 个必成立.

(2) 如果 $A_1, A_2, \cdots, A_n$ 相互独立，则 $P(\bigcap_{i=1}^{n} A_i)=\prod_{i=1}^{n} P(A_i)$；

(3) 如果 $A_1, A_2, \cdots, A_n$ 相互独立，则 $P(\bigcup_{i=1}^{n} A_i)=1-\prod_{i=1}^{n} P(\overline{A}_i)$.

3. 贝努利试验

只有两种对立结局的试验，称作**贝努利试验**. 将一贝努利试验独立地重复做 n 次，称作 n 次(n 重)贝努利试验，亦简称贝努利试验.

定理　设 n 重贝努利试验中事件 A 的概率为 $p(0<p<1)$，则 n 次试验中事件 A 恰好发生 k 次的概率 $P_n(k)$ 为

$$P_n(k)=C_n^k p^k q^{n-k},\quad k=0,1,\cdots,n.$$

其中 $q=1-p$.

（五）事件的概率的计算

1. 直接计算

古典概型和几何概型.

2. 概率的间接计算

利用概率的性质、基本公式和事件的独立性，由简单事件的概率推算较复杂事件的概率.

三、释 疑 解 难

1. “频率”与“概率”之间有何关系？

答　频率是指随机事件发生的次数与试验总次数的比值，当试验次数很多时，它具有一定的稳定性，即稳定在某一常数附近. 我们把这个常数称为这个随机事件的概率. 它从数量上反映了随机事件发生的可能性的大小. 所以某随机事件的频率会随实验次数不同而变化，但其概率却是固定的数值.

2. “互斥”和“对立”的关系如何？

答　互斥事件是不可能同时发生的两个事件，也可以同时不发生；而对立事件是其中必有一个发生的互斥事件. 因此，对立事件一定是互斥事件，但互斥事件不一定是对立事件，也就是说，“互斥”是“对立”的必要但不充分的条件.

例如，掷骰子时“出现 1 点”和“出现 2 点”是互斥的，但不是对立的，因为有可能 1 点和 2 点都不出现. 但在掷硬币的实验中，“出现正面”和“出现反面”是对立的.

3. “互斥”与“相互独立”有什么区别？

答　“互斥事件”与“相互独立事件”是两个不同的概念，二者不能混淆.

两个事件互斥是指两个事件不可能同时发生，两个事件相互独立是指一个事件的发生与否对另一个事件发生的概率没有影响. 它们虽然都描绘了两个事件间的关系，但所描绘的关系是根本不同的.

若 A、B 互斥，且 $P(A)>0$, $P(B)>0$，则它们不可能互相独立，因为 A 发生的条件下，B 不可能发生，即 $P(B \mid A)=0 \neq P(B)$，所以 A、B 不是互相独立.

需注意，应用公式 $P(A_1A_2\cdots A_n)=P(A_1)P(A_2)\cdots P(A_n)$ 解决实际问题时，首先要注意公式应用的前提：A_1, A_2, $\cdots$, A_n 这 n 个事件是相互独立的.

4. 如何灵活运用公式 $P(A)+P(\overline{A})=1$？

答　求某个事件的概率时，常遇到求“至少…”或“至多…” 等事件概率的问题.

若从正面考察这些事件，它们往往是诸多事件的和或积，求解时很繁琐. 但“至少…”、“至多…”这些事件的对立事件往往比较简单，且其概率也很容易求出.

此时，不妨来一个逆向思考，先求其对立事件的概率，然后再求原来事件的概率. 这就需要运用公式 $P(A)+P(\overline{A})=1$ 了.

5. 加法原理与乘法原理分别在什么时候应用?

答 完成一件工作共有 N 类方法。在第一类方法中有 m_1 种不同的方法，在第二类方法中有 m_2 种不同的方法，……，在第 N 类方法中有 m_N 种不同的方法，那么完成这件工作共有 $m_1+m_2+\cdots+m_N$ 种不同方法，这称为加法原理. 例如，从 A 地到 B 地可以选择乘火车，也可以选择乘飞机，火车有 6 班次，飞机有 3 个航班，所以 A 地到 B 地共有 $6+3=9$ 种方法.

完成一件工作共需 N 个步骤：完成第一个步骤有 m_1 种方法，完成第二个步骤有 m_2 种方法，…，完成第 N 个步骤有 m_N 种方法，那么，完成这件工作共有 $m_1\times m_2\times\cdots\times m_N$ 种方法，这称为乘法原理. 例如，从 A 地途径 B 地再到 C 地，已知 A 地到 B 地有 3 条路，B 地到 C 地有 4 条路，由于 A 地到 B 地是 A 地到 C 地的第一步，B 地到 C 地是 A 地到 C 地的第二步，所以 A 地到 C 地总共有 $3\times4=12$ 条路.

6. 全概率公式与贝叶斯公式分别在什么情况下用?

答 当求某随机事件的概率时，由条件可得到该事件在其它多个事件下的条件概率，可考虑用全概率公式。在对样本空间进行划分时，一定要注意完备事件组必须满足的两个条件. 贝叶斯公式用于试验结果已知，追查是何种原因(情况、条件)下引发的概率. 解题时，如果所求概率是条件概率，用条件概率的概念直接无法求解时，可考虑用贝叶斯公式.

四、典型例题

【例 1.1】 设 $A_i(i=1,2,3)$ 表示 3 个事件，试用 $A_i(i=1,2,3)$ 表示下列事件：

(1) B_1：只有第一个事件发生；

(2) B_2：只有一个事件发生；

(3) B_3：至少一个事件发生；

(4) B_4：至多两个事件发生；

(5) B_5：3 个事件都不发生；

(6) 最多一个事件不发生.

解 (1) 只有第一个事件发生的意思是第二，三个事件不发生，故有 $B_1=A_1\overline{A}_2\overline{A}_3$.

(2) 只有一个发生的意思是“第一个发生则第二、三个不发生”或“第二个发生而第一、三个不发生”或“第三个发生而第一、二个是不发生”3 种情况中一种出现，

故有 $B_2 = A_1\overline{A}_2\overline{A}_3 \cup \overline{A}_1A_2\overline{A}_3 \cup \overline{A}_1\overline{A}_2A_3$.

(3) 由于多个事件的和事件是指多个事件至少一个发生，所以 $B_3 = A_1 \cup A_2 \cup A_3$.

(4) 事件 B_4 的逆事件是“3 个事件都发生”，故 $B_4 = \overline{A_1A_2A_3}$. 又因为 B_4 还可以理解成“3 个事件至少一个不发生”，所以 B_4 还可以表示成 $\overline{A}_1 \cup \overline{A}_2 \cup \overline{A}_3$.

(5) 3 个事件都不发生是指 $\overline{A}_1$，$\overline{A}_2$，$\overline{A}_3$ 同时发生，所以 $B_5 = \overline{A}_1\overline{A}_2\overline{A}_3$. 又因为 B_5 的对立事件是 3 个事件至少一个发生，所以 B_5 还可以表示成 $\overline{A_1 \cup A_2 \cup A_3}$.

(6) 至多一个事件不发生的意思是 3 个事件都发生或者只有一个事件不发生，故有 $B_6 = A_1A_2A_3 \cup \overline{A}_1A_2A_3 \cup A_1\overline{A}_2A_3 \cup A_1A_2\overline{A}_3$. 至多一个不发生也可以理解为至少两个发生，所以 B_6 还可以表示成 $A_1A_2 \cup A_2A_3 \cup A_1A_3$.

求解本题过程中注意到：一个事件往往有多个等价的表达方式，在以后的概率计算中，选择一个容易利用概率公式的表达方式会给计算带来很大的便利.

【例 1.2】 袋中有 α 个白球及 β 个黑球，

(1) 从袋中任取 $a+b$ 个球，试求所取的球恰含有 a 个白球和 b 个黑球的概率 ($a \leqslant \alpha$, $b \leqslant \beta$)；

(2) 从袋中任意地连接取出 $k+1(k+1 \leqslant \alpha+\beta)$ 个球，如果每球被取出后不放回，试求最后取出的球是白球的概率.

解 (1) 从 $\alpha+\beta$ 个球中取出 $a+b$ 个球，这种取法总共有 $C_{\alpha+\beta}^{a+b}$ 种.

设 $A=\{$恰好取中 a 个白球和 b 个黑球$\}$，故 A 中所含样本总数为 $C_\alpha^a \cdot C_\beta^b$，从而

$$P(A) = \frac{C_\alpha^a \cdot C_\beta^b}{C_{\alpha+\beta}^{a+b}}.$$

(2) 从 $\alpha+\beta$ 个球中接连不放回地取出 $k+1$ 个球，由于注意了次序，所以应考虑排列，因此这样的取法共有 $A_{\alpha+\beta}^{k+1}$.

设 $B=\{$最后取出的球为白球$\}$，则 B 中所含样本点数可以通过乘法原理来计算：即先从 α 个白球中任意取一个(即第 $k+1$ 个球为白球)，有 α 种取法；而其余的 k 个在剩下的 $\alpha+\beta-1$ 个球中按顺序任取 k 个，有 $A_{\alpha+\beta-1}^k$ 种取法. 因而 B 中包含的样本点共有 $\alpha \cdot P_{\alpha+\beta-1}^k$ 个，故

$$P(B) = \frac{\alpha \cdot A_{\alpha+\beta-1}^k}{A_{\alpha+\beta-1}^{k+1}} = \frac{\alpha}{\alpha+\beta}.$$

以上问题常称为“取球问题”. 如果将“白球”、“黑球”换成“合格品”、“次品”等等，就得到各种各样的类似模型，解决方法与本例相同.

在本例第二问中，采取的抽样方式是不放回的抽样，如果改用有放回的抽样，即每次摸出球后仍放回袋中，则容易计算

$$P(B)=\frac{\alpha}{\alpha+\beta}.$$

所以，无论是“不放回抽样”，还是“放回式抽样”，答案都是 $\frac{\alpha}{\alpha+\beta}$，且结果与 k 无关. 这说明无论第几次抽，无论抽后放不放回，抽中白球的概率都相同，这就是我们日常生活中常碰到的抽签原理，即“抽签时先抽后抽都是公平的”.

【例 1.3】 将 n 个球等可能地分配到 $N(n\leqslant N)$ 个盒子中，试求下列事件的概率：

(1) $A=\{$某指定的 n 个盒子中各有一个球$\}$；

(2) $B=\{$恰有 n 个盒子中各有一球$\}$.

解 (1) 把 n 个球等可能地分配到 N 个盒子中，每个球都有 N 种分法，所以按照乘法原理，共有 N^n 种分法.

对事件 A，固定某 n 个盒子，第一个球可分配到 n 个盒子中的任一个，有 n 种方法；第二个球可分配到余下的 $n-1$ 个盒子中任一个，有 $n-1$ 种分法，依次类推，共有 $n!$ 种分法，故

$$P(A)=\frac{n!}{N^n}.$$

对事件 B，因为 n 个盒子没有指定，所以可先在 N 个盒子中任意选出 n 个，共有 C_N^n 种选法，然后对于选出来的某 n 个盒子，按照乘法原理及上面的分析，可知共有 $C_N^n\cdot n!$ 种分法，所以

$$P(B)=\frac{C_N^n\cdot n!}{N^n}.$$

上面的问题常称为“分球问题”. 可归结为“分球问题”来处理的古典概型的实际问题非常多，例如：

(1) 生日问题：n 个人的生日的可能情形，这时 $N=365$ 天 $(n\leqslant 365)$；

(2) 分房间问题：将 n 个人分入 N 间房的可能情形；

(3) 旅客下站问题：一客车上有 n 名旅客，它在 N 个站上都停，旅客下站的各种可能情形.

处理这类问题时需要注意，要分清楚什么是“球”什么是“盒子”，若颠倒的话计算结果就发生错误.

【例 1.4】 从 $0, 1, 2, \cdots, 9$ 这 10 个数字中，任意选出 3 个不同的数字，试求下列事件的概率：

(1) 3 个数字中不含 0 和 9;

(2) 3 个数字中不含 0 或 9.

解　令 $A_1=\{3$ 个事件中不含 0 和 $9\}$, $A_2=\{3$ 个事件中不含 0 或 $9\}$;

从 10 个数字中任取 3 个数字,总取法有 C_{10}^3 种.

(1) 如果取得的 3 个数字不含 0 和 9,则这 3 个数字必须在其余的 8 个数字中取得,所以取法有 C_8^3, 从而

$$P(A_1)=\frac{C_8^3}{C_{10}^3}=\frac{7}{15}.$$

(2) 若令 $B_1=\{3$ 个数字中含 0,不含 $9\}$, $B_2=\{3$ 个数字中含 9,不含 $0\}$, $B_3=\{3$ 个数字中既不含 0,又不含 $9\}$,则 $A_2=B_1\cup B_2\cup B_3$ 且 B_1,B_2,B_3 两两互不相容,于是有

$$P(A_2)=P(B_1)+P(B_2)+P(B_3)=\frac{C_8^2}{C_{10}^3}+\frac{C_8^2}{C_{10}^3}+\frac{C_8^3}{C_{10}^3}=\frac{14}{15}.$$

当然,若考虑到逆事件的概率的运算关系等,求解概率时会有意想不到的效果.

例如,由于 $\overline{A}_2=\{3$ 个数字中既含有 0 又含 $9\}$,则有

$$P(A_2)=1-P(\overline{A}_2)=1-\frac{C_8^1}{C_{10}^3}=1-\frac{1}{15}=\frac{14}{15}.$$

这样计算及理解起来更加容易.

还可以这样解决该问题:引入事件: $C_1=\{3$ 个数字中不含 $0\}$, $C_2=\{3$ 个数字中不含 $9\}$,则 $A_2=C_1\cup C_2$, 从而有

$$P(A_2)=P(C_1)+P(C_2)-P(C_1C_2)=\frac{C_9^3}{C_{10}^3}+\frac{C_9^3}{C_{10}^3}-\frac{C_8^3}{C_{10}^3}$$

$$=\frac{7}{10}+\frac{7}{10}-\frac{7}{15}=\frac{14}{15}.$$

由此例可见,如果能利用事件间的运算关系,将一个较为复杂的事件分解成若干个比较简单的事件的和、差、积等,再利用相应的概率公式,就能比较简便地计算较复杂事件的概率.

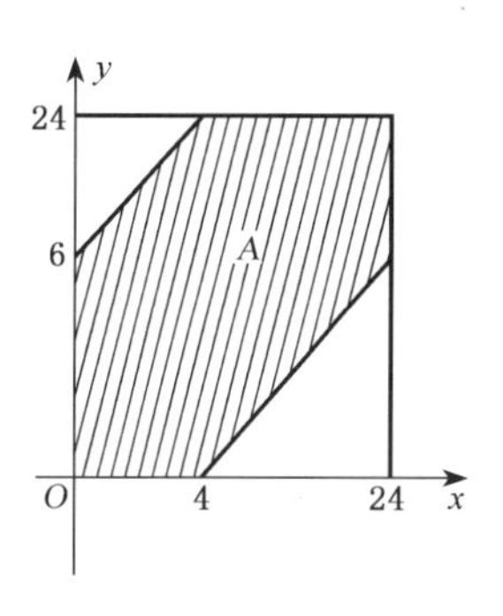

【例 1.5】　设一码头不能同时停靠两艘船. 现有甲、乙两艘船将停靠该码头,它们在一昼夜内到达的时刻是等可能的. 如果甲船停靠时间为 6 h,乙船停靠时间为 4 h,求这两艘船中至少有一艘在停靠码头时必须等待的概率.

解 设自当天零时算起，甲、乙两艘船到达码头的时刻分别为 x 和 y，则 $0 \leqslant x \leqslant 24, 0 \leqslant y \leqslant 24$. 甲、乙两艘船到达码头的时刻可看作平面上的点 (x, y) 落在边长为 24 的正方形中(见上图)，所有样本点可以用此正方形内的点来表示.

如果要船等候码头空出，则当甲船先到时，乙船应在随后 6 小时内赶到，即

$$y - x \leqslant 6, \quad \text{或} \quad y \leqslant x + 6;$$

而当乙船先到时，则甲船应在随后 4 小时内赶到，即

$$x - y \leqslant 4, \quad \text{或} \quad y \geqslant x - 4.$$

设 A 为事件"两艘船中至少有一艘在停靠码头时必须等待"，则按几何概率的计算公式，有

$$P(A) = \frac{\text{阴影部分面积}}{\text{正方形面积}}$$

$$= \frac{24^2 - \frac{1}{2} \cdot (24-4)^2 - \frac{1}{2} \cdot (24-6)^2}{24^2} = 0.372.$$

本题是一个几何概型问题，难点是如何把所求问题归结为一个几何概型. 处理该类问题时，应当首先画出符合问题的几何图形，然后利用初等数学的方法求解图形的面积等.

【例 1.6】 设 A, B 为两事件，且 $P(A) = p$, $P(AB) = P(\overline{A}\,\overline{B})$，求 $P(B)$.

解 由对偶律及对立事件的概率，

$$P(\overline{A}\,\overline{B}) = P(\overline{A \cup B}) = 1 - P(A \cup B)$$
$$= 1 - [P(A) + P(B) - P(AB)],$$

又由于 $P(AB) = P(\overline{A}\,\overline{B})$ 且 $P(A) = p$，所以

$$P(B) = 1 - P(A) = 1 - p.$$

【例 1.7】 从整数 $1 \sim 100$ 中，任取一数，已知取出的一数是不超过 50 的数，求它是 2 或 3 的倍数的概率.

解 由题目的要求看出，本题最后求解的是一个条件概率. 处理条件概率问题时一定要记住，条件概率也是概率，满足概率的性质及运算公式. 设 A={取出的数不超过 50}，B={取出的数是 2 的倍数}，C={取出的数是 3 的倍数}，则所求概率为条件概率 $P(B \cup C \mid A)$.

由条件概率的性质知

$$P(B \cup C \mid A) = P(B \mid A) + P(C \mid A) - P(BC \mid A)$$
$$= \frac{P(BA)}{P(A)} + \frac{P(CA)}{P(A)} - \frac{P(BCA)}{P(A)}.$$

其中，$P(A)=\frac{1}{2}$，$P(BA)=\frac{25}{100}$，$P(CA)=\frac{8}{100}$，

所以

$$P(B\cup C\mid A)=2\left[\frac{25}{100}+\frac{16}{100}-\frac{8}{100}\right]=\frac{23}{50}.$$

【例 1.8】 一批零件共 100 件，不放回的先后抽取 5 件，若含有次品则判定该批零件不合格. 如果在该产品中有 5% 是次品，求该批产品被判定为不合格的概率.

解 设 $A=\{$该批产品被判定为不合格$\}$，$A_i=\{$被检查的第 i 件产品是次品$\}$，$i=1, 2, \cdots, 5$，则 $A=A_1\cup A_2\cup A_3\cup A_4\cup A_5$，直接利用加法公式十分复杂.

注意到 $\overline{A_1\cup A_2\cup A_3\cup A_4\cup A_5}=\overline{A}_1\,\overline{A}_2\,\overline{A}_3\,\overline{A}_4\,\overline{A}_5$，容易看出 $\overline{A}_1$，$\overline{A}_2$，$\overline{A}_3$，$\overline{A}_4$，$\overline{A}_5$ 相互独立，所以 $P(\overline{A}_1\,\overline{A}_2\,\overline{A}_3\,\overline{A}_4\,\overline{A}_5)$ 可由乘法公式来计算. 所以

$$\begin{aligned}P(A)&=1-P(\overline{A}_1\,\overline{A}_2\,\overline{A}_3\,\overline{A}_4\,\overline{A}_5)\\&=1-P(\overline{A}_1)P(\overline{A}_2\mid\overline{A}_1)P(\overline{A}_3\mid\overline{A}_1\,\overline{A}_2)P(\overline{A}_4\mid\overline{A}_1\,\overline{A}_2\,\overline{A}_3)P(\overline{A}_5\mid\overline{A}_1\,\overline{A}_2\,\overline{A}_3\,\overline{A}_4).\end{aligned}$$

其中

$$P(A_1)=1-P(\overline{A}_1)=\frac{95}{100},$$

$$P(\overline{A}_2\mid\overline{A}_1)=\frac{94}{99},\ P(\overline{A}_3\mid\overline{A}_1\,\overline{A}_2)=\frac{93}{98},$$

$$P(\overline{A}_4\mid\overline{A}_1\,\overline{A}_2\,\overline{A}_3)=\frac{92}{97},\ P(\overline{A}_5\mid\overline{A}_1\,\overline{A}_2\,\overline{A}_3\,\overline{A}_4)=\frac{91}{96},$$

所以

$$P(A)=1-\frac{95}{100}\times\frac{94}{99}\times\frac{93}{98}\times\frac{92}{97}\times\frac{91}{96}=0.23.$$

当然，此题也可以直接用古典概型来计算 $\overline{A}$ 的概率，因为 $\overline{A}$ 只有一种情况，即所取的 5 件均为正品，故 $P(\overline{A})=\frac{C_{95}^5}{C_{100}^5}$，从而

$$P(A)=1-P(\overline{A})=1-\frac{C_{95}^5}{C_{100}^5}=0.23.$$

用第一种解法的目的是为了说明当所考虑的问题进行的抽样具有先后顺序时，引入事件集 A_i 对描述概率问题有很大帮助.

【例 1.9】 对某一目标依次进行了 3 次独立的射击，设第一、二、三次射击的

命中率分别为 0.6，0.9 和 0.8，试求：

(1) 3 次射击中恰好有一次命中的概率；

(2) 3 次射击中至少有一次命中的概率.

解 (1) 令 $A_i=\{$第 i 次射击命中目标$\}$，$i=1,2,3$，$B=\{$3 次中恰好有一次命中$\}$，$C=\{$3 次中至少有一次命中$\}$.
则

$$B=A_1\overline{A}_2\overline{A}_3\cup\overline{A}_1A_2\overline{A}_3\cup\overline{A}_1\overline{A}_2A_3,$$
$$C=A_1\cup A_2\cup A_3$$

由题目可知 A_1，A_2，A_3 是相互独立的，所以

$$\begin{aligned}P(B)&=P(A_1\overline{A}_2\overline{A}_3)+P(\overline{A}_1A_2\overline{A}_3)+P(\overline{A}_1\overline{A}_2A_3)\\&=P(A_1)P(\overline{A}_2)P(\overline{A}_3)+P(\overline{A}_1)P(A_2)P(\overline{A}_3)+P(\overline{A}_1)P(\overline{A}_2)P(A_3)\\&=0.6\times0.1\times0.2+0.4\times0.9\times0.2+0.4\times0.1\times0.8=0.116.\end{aligned}$$

(2) $$\begin{aligned}P(B)&=P(A_1\cup A_2\cup A_3)=1-P(\overline{A_1\cup A_2\cup A_3})\\&=1-P(\overline{A}_1\overline{A}_2\overline{A}_3)=1-0.4\times0.1\times0.2=0.992.\end{aligned}$$

一般地，积事件 $A_1A_2\cdots A_n$ 概率的计算需要通过乘法公式来进行，若它们是相互独立的，那么，只要知道 $P(A_i)$，不仅它们的积事件的概率能直接求出，而且和事件、差事件等的概率也可容易地求得. 例如：

$$P(A_1\cup A_2\cup\cdots\cup A_n)=1-P(\overline{A}_1)P(\overline{A}_2)\cdots P(\overline{A}_n),$$
$$P(A_1-A_2)=P(A_1)P(\overline{A}_2)\text{ 等.}$$

【例 1.10】 设一系列由 5 个元件组成(如下图)，元件 A，E 正常工作的概率为 q，元件 B，C，D 正常工作的概率为 p，且每个元件都各自独立工作，求系统能正常工作的概率.

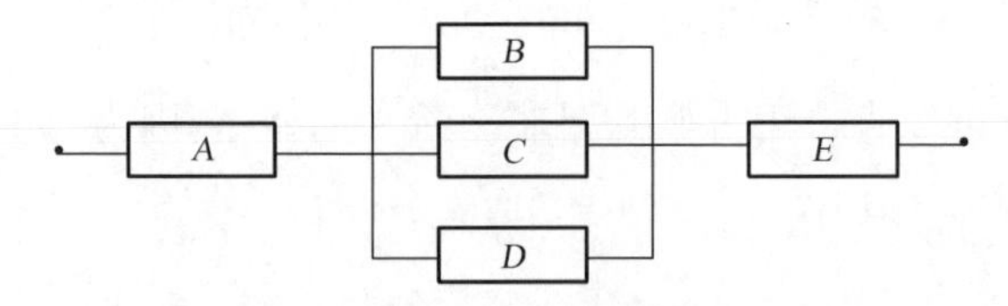

解 设事件 A，B，C，D，E 分别为 5 个对应元件各自正常工作，事件 F 为系统正常工作，则

$$F=AE(B\cup C\cup D)$$

由于 A，B，C，D，E 的相互独立，所以

$$P(F) = P(AE(B \cup C \cup D))$$
$$= P(A)P(E)[1 - P(\overline{B}\,\overline{C}\,\overline{D})] = q^2[1-(1-p)^3].$$

本题用到了独立性的实质：即若事件 $A_1, A_2, \cdots, A_n$ 相互独立，那么将该事件列分成互不重叠的 m 组 $(m \leqslant n)$，并对各组中的事件施以并、交、逆运算以后所得的事件列 $B_1, B_2, \cdots, B_m$ 也相互独立，因此，由 A, B, C, D, E 相互独立知道 $A, B \cup C \cup D, E$ 也相互独立.

【例 1.11】 某种商品整箱出售，每箱 100 只，假设各箱含 0、1、2 只残次品的概率相应为 0.7、0.2、0.1，购买该商品时，顾客开箱随机的查看 4 只，若无残次品，则买下该箱商品，否则退回，试求：

(1) 顾客买下该箱的概率；

(2) 在顾客买下的一箱中，确实没有残次品的概率.

解　(1) 设 A={顾客买下所查看的一箱商品}，B_i = {售货员取的箱中恰好有 i 件残次品}，$i=0, 1, 2$，则 B_0, B_1, B_2 构成一完备事件组. 由于在 B_0, B_1, B_2 发生的情况下，顾客都有可能买下该箱商品，所以应该用全概率公式求解. 计算 B_0, B_1, B_2 发生时，A 发生的条件概率可用前面的取球问题解决.

由条件知，

$$P(B_0) = 0.7,\ P(B_1) = 0.2,\ P(B_2) = 0.1,\ P(A \mid B_0) = 1,$$

$$P(A \mid B_1) = \frac{C_{99}^4}{C_{100}^4} = 0.96,\ P(A \mid B_2) = \frac{C_{98}^4}{C_{100}^4} \approx 0.92.$$

由全概率公式

$$P(A) = \sum_{i=0}^{2} P(B_i)P(A \mid B_i) = 0.7 \times 1 + 0.2 \times 0.96 + 0.1 \times 0.92 \approx 0.984.$$

(2) 由贝叶斯公式，买下产品中确实没有次品的概率

$$P(B_0 \mid A) = \frac{P(B_0)P(A \mid B_0)}{P(A)} = \frac{0.7 \times 1}{0.984} \approx 0.711.$$

本题是考查全概率公式与贝叶斯公式的题目. 一般来说，在应用上述两个公式计算概率时，关键是寻找出试验的一完备事件组 $B_1, B_2, \cdots, B_n$. 在一次试验中，这组事件中能且只能有一个发生，因此，事件 A 只能与 $B_1, B_2, \cdots, B_n$ 中一个事件发生. 换句话说，$B_1, B_2, \cdots, B_n$ 中的每一个都可看成导致事件 A 发生的“原因”. 而在问题中，$P(B_i)$ 与 $P(A \mid B_i)$ 是容易知道的，于是事件 A 的概率恰为在各种“原因”下 A 发生的(条件)概率 $P(A \mid B_i)$ 的“加权平均”，权重恰为各“原因”出现的概率，这就是全概率公式解决问题的思路. 而贝叶斯公式实际上是在已知结果

发生的条件下,来找各"原因"发生的概率大小的,即求条件概率 $P(B_i \mid A)(i=1, 2, \cdots, n)$. 通常称 $P(B_i)$ 为先验概率, $P(B_i \mid A)$ 为后验概率,前者往往是根据以往经验确定的一种"主观概率",而后者是在事件 A 发生之后来判断 B_i 发生的概率,因此,贝叶斯公式实际上是利用先验概率来求后验概率.

【例 1.12】 袋中有 4 只白球和 4 只黑球,从中任取 4 只放入甲盒,余下 4 只放入乙盒,然后分别在两盒中各任取一只,颜色正好相同,问放入甲盒的 4 只球中几只白球的概率最大,且求出此概率.

解 在已知取出的球颜色相同的条件下,放入甲盒中 $i(i=0, 1, 2, 3, 4)$ 个白球的概率,是条件概率. 设 A={从甲、乙两盒中各取一球,颜色相同}, B_i = {甲盒中有 i 只白球}, $i=0, 1, 2, 3, 4$, 则 $B_0, B_1, \cdots, B_4$ 构成一完备事件组.

该问题是比较 $P(B_i \mid A)$ 的大小. 下面用贝叶斯公式求解 $P(B_i \mid A)$.

由古典概型知

$$P(B_i)=\frac{C_4^i C_4^{4-i}}{C_8^4}, \quad i=0, 1, \cdots, 4.$$

A 在 B_1, B_2, B_3 任何一个事件发生的条件下都有可能发生,所以应该用全概率公式求解 $P(A)$. B_0, B_4 发生时 A 不可能发生,故 $P(A \mid B_0)=P(A \mid B_4)=0$.

下面先来求解概率 $P(A \mid B_1)$, 即当甲盒中有一个白球时取到两个相同颜色的球的概率. 若取到两个白球,从甲盒中取到白球的概率是 $\frac{1}{4}$, 从乙盒中取到白球的概率是 $\frac{3}{4}$, 由于从甲盒中取到白球与从乙盒中取到白球是相互独立的,所以取到两个白球的概率是 $\frac{1}{4}\times\frac{3}{4}$, 类似地,取到两个黑球的概率是 $\frac{3}{4}\times\frac{1}{4}$, 又由于取到两个白球或取到两个黑球互不相容,所以

$$P(A \mid B_1)=\frac{3}{8}.$$

用同样的方法分析,

$$P(A \mid B_2)=\frac{4}{8}, \quad P(A \mid B_3)=\frac{3}{8}.$$

由全概率公式得

$$P(A)=\sum_{i=0}^{5} P(B_i)P(A \mid B_i)=\frac{C_4^1 C_4^3}{C_8^4}\times\frac{3}{8}+\frac{C_4^2 C_4^2}{C_8^4}\times\frac{4}{8}+\frac{C_4^3 C_4^1}{C_8^4}\times\frac{3}{8}=\frac{3}{7}.$$

再由贝叶斯公式得

$$P(B_1 \mid A)=\frac{P(B_1)P(A \mid B_1)}{P(A)}=\frac{\frac{8}{35}\times\frac{3}{8}}{\frac{3}{7}}=\frac{1}{5},$$

$$P(B_2 \mid A)=\frac{P(B_2)P(A \mid B_2)}{P(A)}=\frac{\frac{18}{35}\times\frac{4}{8}}{\frac{3}{7}}=\frac{3}{5},$$

$$P(B_3 \mid A)=\frac{P(B_3)P(A \mid B_3)}{P(A)}=\frac{\frac{8}{35}\times\frac{3}{8}}{\frac{3}{7}}=\frac{1}{5}.$$

所以,放入甲盒的 4 只球中只有两只白球的概率最大,概率为 $\frac{3}{5}$.

【例 1.13】 大炮对飞机进行 3 次独立射击,每次射击命中的概率为 0.4,一次命中飞机被击落的概率为 0.6,两次命中时被击落的概率是 0.9,3 次被击中飞机必被击落,求飞机被击落的概率.

解　大炮对飞机进行 3 次独立射击,每次射击命中的概率为 0.4,求解命中几次时是贝努利概型. 又由于飞机被击中的次数影响飞机被击落的概率,因此,这个问题需利用全概率公式计算. 故本题是一个全概率公式与贝努利公式的综合应用题.

设 $A=\{$飞机被击落$\}$; $B_i=\{$飞机被命中 i 次$\}$, $i=0,1,2,3$, 则 B_i 的概率可由 3 重贝努利概型来计算,即

$$P(B_i)=C_3^i(0.4)^i\,0.6^{3-i},\quad i=0,1,2,3.$$

又由题设知

$$P(A \mid B_0)=0,\ P(A \mid B_1)=0.6,\ P(A \mid B_2)=0.9,\ P(A \mid B_3)=1,$$

因此由全概率公式可得

$$\begin{aligned}P(A)&=\sum_{i=0}^{3}P(B_i)P(A \mid B_i)\\&=C_3^0\cdot 0.6^3\times 0+C_3^1\times 0.4\times 0.6^2\times 0.6+\\&\quad C_3^2\times 0.4^2\times 0.6\times 0.9+C_3^3\times 0.4^3\times 1\\&\approx 0.58,\end{aligned}$$

故飞机被击落的概率是 0.58.

【例 1.14】 假设目标出现在射程之内的概率为 0.7,这时射击命中目标的概

率为 0.6,试求两次独立射击至少有一次命中目标的概率.

解 设 $A=\{$目标进入射程$\}$,$B=\{$目标被击中$\}$,$B_i=\{$第 i 次射击命中目标$\}$,$i=1,2$,则所求概率为事件 $B=B_1\cup B_2$ 的概率,可利用全概率公式来求 $P(B)$.

由题意

$$P(A)=0.7,\ P(B_i\mid A)=0.6,(i=1,2).$$

由于 $P(\overline{A}B)=0$,因为 $\overline{A}$ 表示目标不在射程之内,因此由全概率公式,

$$\begin{aligned}P(B)&=P(AB)+P(\overline{A}B)=P(AB)=P(A)P(B\mid A)\\&=P(A)P(B_1\cup B_2\mid A).\end{aligned}$$

对于给定事件 A,条件概率具有概率的一切性质.故在 A 发生的条件下,由题意知 B_1 与 B_2 相互独立,从而

$$P(B_1B_2\mid A)=P(B_1\mid A)P(B_2\mid A)=0.6\times 0.6=0.36,$$

由加法公式得

$$\begin{aligned}P(B_1\cup B_2\mid A)&=P(B_1\mid A)+P(B_2\mid A)-P(B_1B_2\mid A)\\&=0.6+0.6-0.36=0.84.\end{aligned}$$

于是

$$P(B)=P(A)P(B_1\cup B_2\mid A)=0.7\times 0.84=0.588.$$

由上面的解题过程可以看出,在有些概率问题中,要利用事件的条件独立性,而条件独立性一般是由题意或实际情况确定的,它是一般的事件独立性的推广.另外需要注意的是,条件概率具有概率的一切性质.

【例 1.15】 设有来自 3 个地区的各 10 名、15 名、和 25 名考生的报名表,其中女生的报名表分别为 3 份、7 份和 5 份,随机地取一个地区的报名表,从中先后抽出两份,求

(1) 先抽到的一份是女生表的概率 p;

(2) 已知后抽到的一份表是男生表,先抽到的一份表是女生表的概率 q.

解 由于抽到的表与来自哪个地区有关,故此题要用全概率公式来计算.

记 $H_i=\{$先抽到 i 地区的表$\}$,$i=1,2,3$,$A_j=\{$第 j 次抽到的是男生表$\}$,则显然有

$$P(H_i)=\frac{1}{3}(i=1,2,3),\quad P(A_1\mid H_1)=\frac{7}{10},$$

$$P(A_1\mid H_2)=\frac{8}{15},\quad P(A_1\mid H_3)=\frac{20}{25}.$$

(1) 由全概率公式知

$$p = P(\overline{A}_1) = \sum_{i=1}^{3} P(H_i)P(\overline{A}_i \mid H_i) = \frac{1}{3}\left[\frac{3}{10} + \frac{7}{15} + \frac{5}{25}\right] = \frac{29}{90}.$$

(2) $q = P(\overline{A}_1 \mid A_2) = \dfrac{P(\overline{A}_1 A_2)}{P(A_2)}$，由全概率公式得

$$P(\overline{A}_1 A_2) = \sum_{i=1}^{3} P(H_i)P(\overline{A}_1 A_2 \mid H_i) = \frac{1}{3}\sum_{i=1}^{3} P(\overline{A}_1 A_2 \mid H_i).$$

又因为

$$P(\overline{A}_1 A_2 \mid H_1) = \frac{3}{10} \times \frac{7}{9} = \frac{7}{30},$$

$$P(\overline{A}_1 A_2 \mid H_2) = \frac{7}{15} \times \frac{8}{14} = \frac{8}{30},$$

$$P(\overline{A}_1 A_2 \mid H_3) = \frac{5}{25} \times \frac{20}{24} = \frac{5}{30}.$$

所以

$$P(\overline{A}_1 A_2) = \frac{1}{3}\left[\frac{7}{30} + \frac{8}{30} + \frac{5}{30}\right] = \frac{2}{9}.$$

而

$$P(A_2) = \sum_{i=1}^{3} P(H_i)P(A_2 \mid H_i) = \frac{1}{3}\sum_{i=1}^{3} P(A_2 \mid H_i)$$

在计算 $P(A_2 \mid H_i)$ 时，需要用到抽签原理，即设袋子中有 m 个白球 n 个黑球，每次抽取一个，抽后不放回，则任何一次抽到白球的概率都是 $\dfrac{m}{m+n}$. 对于 $P(A_2 \mid H_1)$，有

$$\begin{aligned} P(A_2 \mid H_1) &= P[(A_1 A_2 \cup \overline{A}_1 A_2) \mid H_1] \\ &= P(A_1 A_2 \mid H_1) + P(\overline{A}_1 A_2 \mid H_1) \\ &= P(A_1 \mid H_1)P(A_2 \mid A_1 H_1) + P(\overline{A}_1 \mid H_1)P(A_2 \mid \overline{A}_1 H_1) \\ &= \frac{7}{10} \times \frac{6}{9} + \frac{3}{10} \times \frac{7}{9} = \frac{7}{10}. \end{aligned}$$

同理可得：

$$P(A_2 \mid H_2) = \frac{8}{15}, \quad P(A_2 \mid H_3) = \frac{20}{25}.$$

所以，

$$P(A_2)=\frac{1}{3}\left[\frac{7}{10}+\frac{8}{15}+\frac{20}{25}\right]=\frac{61}{90},$$

所以

$$q=\frac{P(\overline{A}_1A_2)}{P(A_2)}=\frac{\frac{2}{9}}{\frac{61}{90}}=\frac{20}{61}.$$

【例 1.16】 桥式电路系统由 5 个元件组成（如右图所示），设元件 A_i 的可靠性为 $p_i(i=1, 2, \cdots, 5)$，求此系统的可靠性.

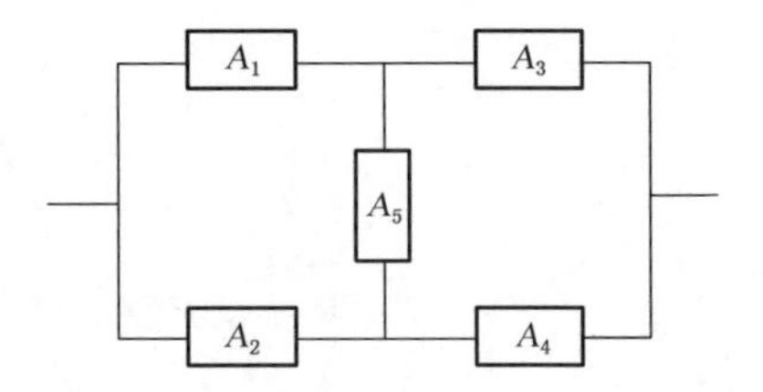

解 为了求系统的可靠性，分两种情况考虑：

(1) 当 A_5 正常工作时，相当于 A_1，A_2 并联，与 A_3，A_4 并联后电路再串联而得；

(2) 当 A_5 失效时，相当于 A_1，A_3 串联再与 A_2，A_4 串联电路进行并联而得. 因而可以利用全概率公式来分析.

记 $B_i=\{$元件组 A_i 正常工作$\}$ $i=1, 2, \cdots, 5$，$C=\{$系统正常工作$\}$.

从而由全概率公式知

$$P(C)=P(B_5)P(C\mid B_5)+P(\overline{B}_5)P(C\mid\overline{B}_5).$$

而

$$\begin{aligned}P(C\mid B_5)&=P[(B_1\cup B_2)\cap(B_3\cup B_4)]\\&=[1-(1-p_1)(1-p_2)][1-(1-p_3)(1-p_4)],\end{aligned}$$

$$P(C\mid\overline{B}_5)=P(B_1B_2\cup B_3B_4)=1-(1-p_1p_2)(1-p_3p_4),$$

所以

$$\begin{aligned}P(C)=&p_5[1-(1-p_1)(1-p_2)][1-(1-p_3)(1-p_4)]\\&+(1-p_5)[1-(1-p_1p_2)(1-p_3p_4)].\end{aligned}$$

解决该问题的关键在于利用 B_5 和 $\overline{B}_5$ 构成一完备事件组，将事件 C 分解为 $C=CB_5\cup C\overline{B}_5$，从而可用全概率公式.

五、习 题 解 答

习题 1.1

1. 设 A、B、C 表示 3 个随机事件，试将下列事件用 A、B、C 表示出来：

(1) A、C 发生，B 不发生；

(2) A, B, C 都发生；

(3) A, B, C 都不发生；

(4) A, B, C 中恰好有 2 个事件发生；

(5) A, B, C 中至少有一个发生；

(6) A, B, C 中至少有 2 个发生；

(7) A, B, C 中至多有一个发生；

(8) A, B, C 中至多有两个发生.

解　(1) 事件 A、C 发生，B 不发生表示为 $A\overline{B}C$；

(2) 事件 A, B, C 都发生表示为 ABC；

(3) 事件 A, B, C 都不发生表示为 $\overline{A}\,\overline{B}\,\overline{C}$；

(4) 事件 A, B, C 中恰好有 2 个事件发生表示为 $AB\overline{C}\cup A\overline{B}C\cup\overline{A}BC$；

(5) 事件 A, B, C 中至少有一个发生表示为 $A\cup B\cup C$；

(6) 事件 A, B, C 中至少有 2 个发生表示为 $AB\cup BC\cup AC$；

(7) 事件 A, B, C 中至多有一个发生表示为 $\overline{A}\,\overline{B}\cup\overline{B}\,\overline{C}\cup\overline{A}\,\overline{C}$；

(8) 事件 A, B, C 中至多有两个发生表示为 $\overline{A}\cup\overline{B}\cup\overline{C}$ 或 $\overline{ABC}$.

2. 在某系中任选一个学生，令事件 A 表示被选学生是男生，事件 B 表示该学生是三年级学生，事件 C 表示该学生是优秀生. 试用 A、B、C 表示下列事件：

(1) 选到三年级的优秀男生；

(2) 选到非三年级的优秀女生；

(3) 选到的男生但不是优秀生；

(4) 选到三年级男生或优秀女生.

解　(1) 选到三年级的优秀男生表示为 ABC；

(2) 选到非三年级的优秀女生表示为 $\overline{A}\,\overline{B}C$；

(3) 选到的男生但不是优秀生表示为 $\overline{AC}$；

(4) 选到三年级男生或优秀女生表示为 $AB\cup A\overline{C}$.

3. 写出 10 个电子元件(每个元件寿命最长 1 000 h)的总使用寿命的样本空间.

解　设总寿命为 T，则样本空间 $S=\{T\mid 0\leqslant T\leqslant 10\,000\}$.

习题 1.2

1. 某市发行晨报和晚报. 在该市的居民中，订阅晨报的占 45%，订阅晚报的占 35%，同时订阅晨报及晚报的占10%,求下列事件的概率：

(1) 只订阅晨报的；

(2) 只订阅一种报纸的；

(3) 至少订阅一种报纸的；

(4) 不订阅任何报纸的.

解 设事件 $A=\{$订阅晨报$\}$,$B=\{$订阅晚报$\}$,则 $P(A)=0.45$, $P(B)=0.35$, $P(AB)=0.1$,所以

(1) 只订阅晨报的概率

$$P(A\overline{B})=P(A)-P(AB)=0.35.$$

(2) 只订阅一种报纸的概率

$$P=P(A\overline{B})+P(\overline{A}B)=0.35+(0.35-0.1)=0.6.$$

(3) 至少订阅一种报纸的概率

$$P=P(A\cup B)=P(A)+P(B)-P(AB)=0.45+0.35-0.1=0.7.$$

(4) 不订阅任何报纸的概率

$$P=P(\overline{A}\,\overline{B})=P(\overline{A\cup B})=1-P(A\cup B)=0.3.$$

2. 设 A, B, C 是3个事件,且 $P(A)=P(B)=P(C)=\frac{1}{4}$, $P(AB)=P(BC)=0$, $P(AC)=\frac{1}{8}$,求 A, B, C 中至少有一个发生的概率.

解
$$\begin{aligned}P(A\cup B\cup C)&=P(A)+P(B)+P(C)-P(AB)-P(BC)-P(AC)+P(ABC)\\&=\frac{1}{4}+\frac{1}{4}+\frac{1}{4}-\frac{1}{8}=\frac{5}{8}.\end{aligned}$$

3. 设事件 A, B 及 $A\cap B$ 的概率分别为 p, q 及 r,求:$P(A\cup B)$, $P(A\overline{B})$, $P(\overline{A}B)$及 $P(\overline{A}\,\overline{B})$.

解 $P(A\cup B)=P(A)+P(B)-P(AB)=p+q-r$, $P(A\overline{B})=P(A)-P(AB)=p-r$,$P(\overline{A}B)=P(B)-P(AB)=q-r$, $P(\overline{A}\,\overline{B})=P(\overline{A\cup B})=1-P(A\cup B)=1-p-q+r$.

4. 设 $P(A)=\frac{1}{3}$, $P(B)=\frac{1}{2}$,试分别在下列3种情况下求 $P(\overline{A}B)$的值：

(1) A, B 互不相容；

(2) $A\subset B$;

(3) $P(AB)=\frac{1}{8}$.

解 (1) A, B 互不相容, $P(AB)=0$, 所以 $P(\overline{A}B)=P(B)-P(AB)=\frac{1}{2}$.

(2) $A\subset B$,则 $P(\overline{A}B)=P(B)-P(AB)=P(B)-P(A)=\frac{1}{6}$.

(3) $P(\overline{A}B)=P(B)-P(AB)=\frac{3}{8}$.

习题 1.3

1. 掷两颗骰子,求出现的点数之和小于 5 及点数和是奇数的概率.

解 由古典概型知,出现的点数之和小于 5 的概率 $P=\dfrac{2\times(1+2)}{6\times6}=\dfrac{1}{6}$,点数之和是奇数的概率 $P=\dfrac{2\times(3\times3)}{6\times6}=\dfrac{1}{2}$.

2. 有 12 个同学排队,其中 6 个男同学,6 个女同学,求 6 个男同学挨在一起的概率.

解 $P=\dfrac{6!\times7!}{12!}\approx0.0076$.

3. 从 1, 2, 3, 4, 5, 6, 7, 8, 9 这 9 个数字中任取 3 个数,求 3 个数之积为 21 的倍数的概率.

解 $P=\dfrac{7+6+5}{C_9^3}\approx0.21$.

4. 从 5 双不同鞋子中任取 4 只,4 只鞋子中至少有 2 只配成一双的概率是多少?

解 $P=1-\dfrac{C_5^4C_2^1C_2^1C_2^1C_2^1}{C_{10}^4}=\dfrac{13}{21}$.

5. 一个班级有 40 位同学,求至少有两人生日在同月同日的概率.

解 $P=1-\dfrac{A_{365}^{40}}{365^{40}}\approx0.89$.

6. 盒子中装有同型号的电子元件 10 个,其中有 3 个是次品.从盒子中任取 3 个,求:

(1) 3 个全是正品的概率;

(2) 恰有一个是次品的概率;

(3) 至少有两个是次品的概率.

解 (1) $P=\dfrac{C_7^3}{C_{10}^3}\approx0.29$.

(2) $P=\dfrac{C_7^2\cdot C_3^1}{C_{10}^3}=0.525$.

(3) $P=\dfrac{C_3^3+C_3^2\cdot C_7^1}{C_{10}^3}\approx0.183$.

7. 10 支足球队中有两支种子队,均分两组比赛.问两支种子队:

(1) 分在不同组的概率是多少?

(2) 分在同一组的概率是多少?

解 (1) $P=\dfrac{C_2^1\cdot C_8^4}{C_{10}^5}\approx0.556$.

(2) $P=\dfrac{C_8^3}{C_{10}^5}\approx0.222$.

8. 随机地向圆 $x^2+y^2-2ax=0\ (a>0)$的上半部分内投掷一点,假设点等可能地落在半圆内任何地方,那么原点与该点的连线的夹角小于 $\dfrac{\pi}{4}$ 的概率是多少?

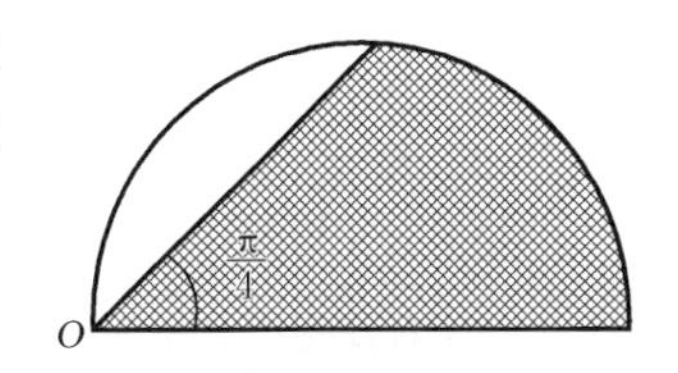

解 这是几何概型问题,如右图,概率

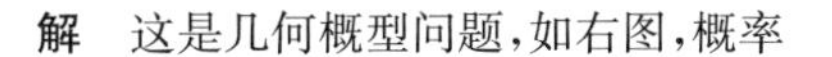

$$P=\frac{\frac{1}{4}\pi a^2+\frac{1}{2}a^2}{\frac{1}{2}\pi a^2}\approx 0.818.$$

9. A 为单位圆周上一点，从该圆周上随机地取一点 P，求弦 AP 长度超过 $\sqrt{2}$ 的概率.

解 这是几何概型问题，如下图(左)，概率

$$P=\frac{\pi}{2\pi}=\frac{1}{2}.$$

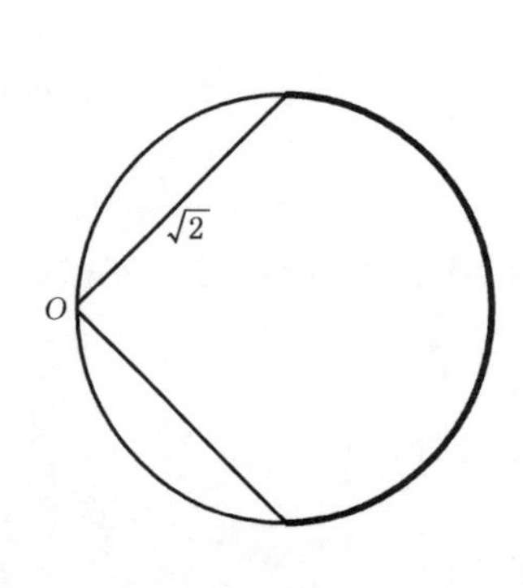

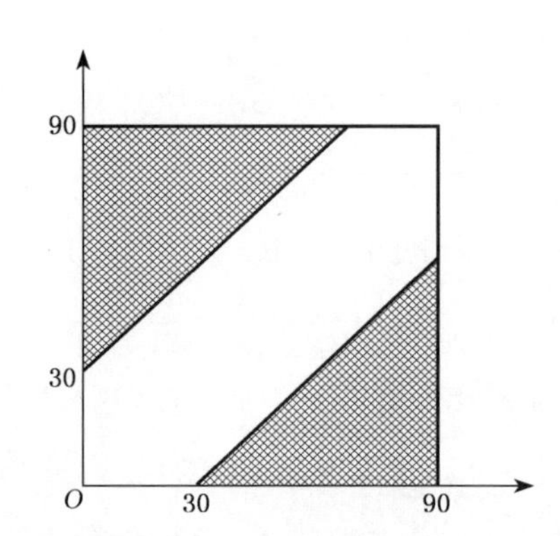

10. 两人约定中午 11:00～12:30 在某饭店吃饭，求一人要等另一人半小时以上的概率.

解 这是几何概型问题，如上图(右)，概率

$$P=\frac{60^2}{90^2}\approx 0.44.$$

习题 1.4

1. 已知 $P(A)=0.3$，$P(B\mid A)=0.2$，$P(A\mid B)=0.5$，求 $P(A\cup B)$.

解 $P(A\cup B)=P(A)+P(B)-P(AB)=P(A)+\dfrac{P(B\mid A)P(A)}{P(A\mid B)}-P(B\mid A)P(A)$

$=0.36.$

2. 掷两颗骰子，已知两颗骰子点数之和为 5，求其中有一颗为 1 点的概率.

解 两颗骰子点数之和为 5 的样本空间为 $S=\{(1,4),(4,1),(2,3),(3,2)\}$，所以，概率 $P=\dfrac{1}{2}$.

3. 袋中有 5 把钥匙，只有一把能打开门，从中任取一把去开门，求在

(1) 有放回；(2)无放回的两种情况下，第三次能够打开门的概率.

解 (1) $P=\dfrac{4}{5}\times\dfrac{4}{5}\times\dfrac{1}{5}=\dfrac{16}{125}$.

(2) $P=\dfrac{4}{5}\times\dfrac{3}{4}\times\dfrac{1}{3}=\dfrac{1}{5}$.

4. 某种动物由出生活到 20 岁的概率为 0.8，活到 25 岁的概率为 0.4. 问现年 20 岁的这种

动物活到 25 岁的概率是多少？

解　设 $A=\{$活到 20 岁$\}$，$B=\{$活到 25 岁$\}$，则

$$P(B \mid A)=\frac{P(AB)}{P(A)}=\frac{P(B)}{P(A)}=0.5.$$

5. 袋中有 4 粒黑球，1 粒白球，每次从中任取一粒，并换入一粒黑球，这样连续进行下去，求第三次取到黑球的概率.

解　设 $A_i=\{$第 i 次取到黑球$\}$，则

$$P(A_3)=\frac{1}{5}+\frac{4}{5}\times\frac{1}{5}+\frac{4}{5}\times\frac{4}{5}\times\frac{4}{5}=\frac{109}{125}.$$

6. 经统计，某城市肥胖者占 10%，中等体型人数占 82%，消瘦者占 8%. 已知肥胖者患高血压的概率为 0.2，中等体型者患高血压的概率为 0.1，消瘦者患高血压的概率为 0.05，求：

(1) 该城市居民患高血压的概率是多少？

(2) 若已知有一个居民患有高血压，那么该居民最有可能是哪种体型的人？

解　(1) 设 $A=\{$患高血压$\}$，$B_1=\{$抽查者是肥胖体型$\}$，$B_2=\{$抽查者是中等体型$\}$，$B_3=\{$抽查者是消瘦体型$\}$，则由全概率公式，

$$P(A)=\sum_{i=1}^{3}P(A \mid B_i)P(B_i)=0.1\times 0.2+0.82\times 0.1+0.08\times 0.05=0.106.$$

(2) 由贝叶斯公式

$$P(B_1 \mid A)=\frac{(A \mid B_1)P(B_1)}{\sum\limits_{i=1}^{3}P(A \mid B_i)P(B_i)}=0.189,$$

$$P(B_2 \mid A)=\frac{(A \mid B_2)P(B_2)}{\sum\limits_{i=1}^{3}P(A \mid B_i)P(B_i)}=0.774,$$

$$P(B_3 \mid A)=\frac{(A \mid B_3)P(B_3)}{\sum\limits_{i=1}^{3}P(A \mid B_i)P(B_i)}=0.038,$$

所以若有人患高血压，最可能的是中等体型的人.

7. 设袋中有 5 个白球和 3 个黑球，从中每次无放回地任取一球，共取 2 次，求：

(1) 取到的 2 个球颜色相同的概率；

(2) 第二次才取到黑球的概率；

(3) 第二次取到黑球的概率.

解　(1) $P=\dfrac{5\times 4+3\times 2}{8\times 7}=\dfrac{13}{28}$.

(2) $P=\dfrac{5\times 3}{8\times 7}=\dfrac{15}{56}$.

(3) $P=\dfrac{5\times 3+3\times 2}{8\times 7}=\dfrac{3}{8}$.

8. 设有来自两个地区的各 50 名、30 名考生的报名表，其中女生的报名表分别为 10 份、18 份，随机地取一个地区的报名表，从中先后抽取出两份，

(1) 求先抽到的是女生表的概率；

(2) 已知先抽到的是女生表，求后抽到的也是女生表的概率.

解 (1) 设 $A_i=\{$第 i 次抽到的是女生表$\}$，$B_1=\{$抽到第一个地区的表$\}$，$B_2=\{$抽到第二个地区的表$\}$，则由全概率公式得

$$P(A_1)=\sum_{i=1}^{2}P(A_1\mid B_i)P(B_i)=0.5\times\frac{10}{50}+0.5\times\frac{18}{30}=0.4.$$

(2) $P(A_2\mid A_1)=\dfrac{P(A_1A_2)}{P(A_1)}=\dfrac{P[(A_1A_2)\mid B_1]P(B_1)+P[(A_1A_2)\mid B_2]P(B_2)}{P(A_1)}\approx 0.49.$

9. 设有一箱产品是由 3 家工厂生产的，甲、乙、丙 3 厂的产量比为 2∶1∶1，已知甲，乙两厂的次品率为 2%，丙厂的次品率为 4%，现从箱中任取一产品，

(1) 求所取得产品是甲厂生产的次品的概率；

(2) 求所取得产品是次品的概率；

(3) 已知所取得产品是次品，问是由甲厂生产的概率是多少？

解 (1) 设 $A=\{$抽到次品$\}$，$B_1=\{$抽到甲厂的产品$\}$，$B_2=\{$抽到乙厂的产品$\}$，$B_3=\{$抽到丙厂的产品$\}$，则

$$P(AB_1)=P(A\mid B_1)P(B_1)=0.02\times\frac{2}{4}=0.01.$$

(2) $P(A)=\displaystyle\sum_{i=1}^{3}P(A\mid B_i)P(B_i)=0.02\times\frac{2}{4}+0.02\times\frac{1}{4}+0.04\times\frac{1}{4}=0.025.$

(3) $P(B_1\mid A)=\dfrac{P(A\mid B_1)P(B_1)}{\displaystyle\sum_{i=1}^{3}P(A\mid B_i)P(B_i)}=0.4.$

10. 10 名球员投篮训练，有 6 人是专业球员，4 名是业余球员. 专业球员命中率为 0.8，业余球员命中率为 0.3. 现有一球员投篮投中，求他是专业球员的概率.

解 设 $A=\{$投篮投中$\}$，$B_1=\{$投篮的是专业球员$\}$，$B_2=\{$投篮的是业余球员$\}$，则

$$P(B_1\mid A)=\frac{P(A\mid B_1)P(B_1)}{\sum_{i=1}^{2}P(A\mid B_i)P(B_i)}=\frac{0.8\times0.6}{0.8\times0.6+0.3\times0.4}=0.8.$$

习题 1.5

1. 若事件 A，B 相互独立，则下列命题中不正确的是(D)

(A) $P(B\mid A)=P(B)$　　(B) $P(A\mid B)=P(A)$

(C) $P(AB)=P(A)P(B)$　　(D) $P(A)=1-P(B)$

2. 设 $P(A)=0.7$，$P(B)=0.8$，$P(B|A)=0.8$. 问事件 A 与 B 是否相互独立？

解 因为 $P(A)P(B)=0.8\times0.7=0.56$，$P(AB)=P(B\mid A)P(A)=0.8\times0.7=0.56$，所以由独立性的定义知 A,B 相互独立.

3. 设事件 A 与 B 相互独立，且 $P(\overline{A})=0.5$，$P(\overline{B})=0.6$，求 $P(A\cup B)$.

解　因为 A 与 B 相互独立，所以$\overline{A}$，$\overline{B}$ 相互独立.

$$P(A\cup B)=1-P(\overline{A\cup B})=1-P(\overline{A}\,\overline{B})=1-P(\overline{A})P(\overline{B})=1-0.5\times0.6=0.7$$

4. 甲、乙两人独立地去破译一份密码，已知各人能译出的概率分别为 0.6 与 0.7，求密码被译出的概率.

解　设 $A=\{$密码被破译$\}$，$B_1=\{$甲破译密码$\}$，$B_2=\{$乙破译密码$\}$，则

$$\begin{aligned}P(A)&=P(B_1\cup B_2)=P(B_1)+P(B_2)-P(B_1B_2)\\&=P(B_1)+P(B_2)-P(B_1)P(B_2)=0.6+0.7-0.6\times0.7=0.88.\end{aligned}$$

5. 电路中 3 个元件分别记作 a，b，c，且 3 个元件能否正常工作是相互独立的. 设 a，b，c 正常工作的概率分别为 0.6，0.7 和 0.8，求右图中两个系统中电路不发生故障的概率.

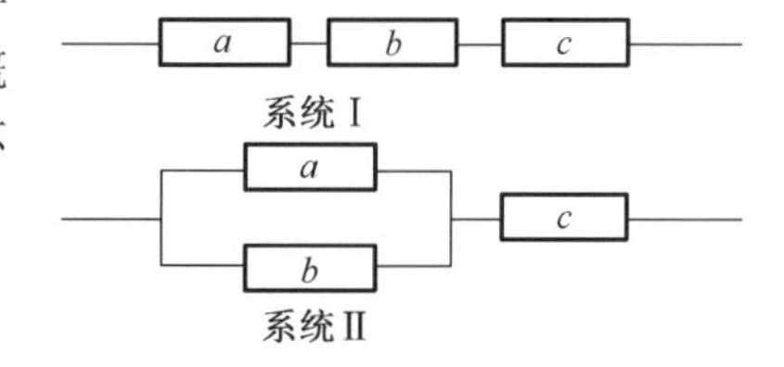

解　(1) 串联时，3 个元件都正常电路才工作，所以

$$\begin{aligned}P&=P(ABC)=P(A)P(B)P(C)\\&=0.6\times0.7\times0.8=0.336.\end{aligned}$$

(2) $P=P[(A\cup B)C]=P(A\cup B)P(C)=[P(A)+P(B)-P(AB)]P(C)=0.704.$

6. 一超市有 10 个收费口，调查表明在任一时刻每个收费口有人在结算的概率为 0.6，问在同一时刻

(1) 恰有 6 个收费口在收费的概率；

(2) 至少有 3 个收费口在收费的概率.

解　这是一个 10 重贝努利概型，

(1) $P_6=C_{10}^6\times0.6^6\times0.4^4=0.25.$

(2) 由于直接求解较复杂，利用对立事件求解，

$$P=1-P_0-P_1-P_2=1-\sum_{i=0}^{2}C_{10}^i\times0.6^i\times0.4^{10-i}\approx0.988.$$

7. 某自动化机器发生故障的概率是 0.2，一台机器发生故障只需一个维修工. 若每 10 台机器配两个维修工，求所有机器能正常工作的概率.

解　这是一个 10 重贝努利概型. 若机器正常工作，则同时出现故障的机器不能超过维修工的个数.

所以 $P=P_0+P_1+P_2=\sum_{i=0}^{2}C_{10}^i\times0.2^i\times0.8^{10-i}\approx0.677.$

8. 某仪器有 3 个独立工作的元件，损坏的概率都是 0.1，当一个元件损坏时，机器发生故障的概率是 0.25，当两个元件损坏时，机器发生故障的概率是 0.6，3 个元件全损坏时，机器发生故障的概率是 0.95，求仪器发生故障的概率.

解　设 $A=\{$机器发生故障$\}$，$B_i=\{\,i$ 个元件损坏$\}$，则

$$P(A)=\sum_{i=0}^{3}P(A\mid B_i)P(B_i),$$

其中，$P(B_i)$ 用 3 重贝努利概型求解，所以

$$P(A)=0.25\times C_3^1\times 0.1\times 0.9^2+0.6\times C_3^2\times 0.1^2\times 0.9+0.95\times C_3^3\times 0.1^3$$
$$=0.0779.$$

六、补 充 习 题

1. 填空题

(1) 设 A, B, C 分别代表甲，乙，丙事件发生，则 $\overline{ABC}$ 表示__________.

(2) 将红、绿、蓝 3 个球随机地放入 5 个盒子中，若每个盒子的容球数不限，则有 3 个盒子各放一个球的概率是__________.

(3) 设 A, B 为随机事件，已知 $P(A)=0.7$, $P(B)=0.5$, $P(A-B)=0.3$，则 $P(AB)=$ __________, $P(B-A)=$ __________.

(4) 某路公交车间隔 10 min 一班，某人任一时刻开始候车，则候车不超过 5 min 的概率为________.

(5) 某人向同一目标独立重复射击，每次射击命中目标的概率为 $p(0<p<1)$，则此人第 6 次射击恰好第 2 次命中目标的概率为__________.

2. 判断题

(1) (　　) 若事件 A,B 为对立事件，则 A 与 B 互斥，反之不真.

(2) (　　) 对于事件 A,B，若 $P(AB)=0$，则 A 与 B 互斥.

(3) (　　) 若 $0<P(B)<1$ 且 $P(A)=P(A\mid B)$，则 $P(A)=P(A\mid\overline{B})$.

(4) (　　) 设 A 与 B 是两个概率不为零的互不相容事件，则 $P(AB)=P(A)P(B)$.

(5) (　　) 对于事件 A,B,C，若 $P(ABC)=P(A)P(B)P(C)$，则 $P(AB)=P(A)P(B)$.

(6) (　　) 设随机事件 A 分别与随机事件 B、C 独立，则 A 也与事件 $B\cup C$ 独立.

(7) (　　) 设随机事件 A, B, C 相互独立，则 A 与 $B\cup C$ 相互独立.

(8) (　　) 设 $P(C)>0$ 且 $P(AB|C)=P(A|C)P(B|C)$，则 $P(AB)=P(A)P(B)$.

3. 选择题

(1) 某学生参加两门考试，设事件 $A_i=\{$第 i 门考试通过$\}$ $(i=1, 2)$，则事件{两门考试至少有一门没通过}可以表示为(　　).

(A) $\overline{A}_1\cap\overline{A}_2$;　　(B) $\overline{A}_1A_2\cup A_1\overline{A}_2$;

(C) $\overline{A_1\cup A_2}$;　　(D) $\overline{A_1\cap A_2}$.

(2) 设事件 A,B 满足 $P(A\mid B)=1$，则下列结论错误的是(　　).

(A) $A\supset B$;　　(B) $B\supset A$;

(C) $P(B\mid\overline{A})=0$;　　(D) $P(AB)=P(B)$.

(3) 设 A, B, C 是 3 个相互独立的事件，且 $0<P(C)<1$，则下列 4 对事件中，不独立的是(　　).

(A) $\overline{A\cup B}$与C;　　(B) $\overline{AC}$ 与$\overline{C}$;

(C) $\overline{A-B}$与$\overline{C}$;　　(D) $\overline{AB}$与$\overline{C}$.

4. 计算

(1) 设事件 A, B 满足 $P(A)=0.7$, $P(B)=0.6$, $P(\overline{A}\overline{B})=0.2$,求 $P(A\cup\overline{B})$,$P(B|\overline{A})$.

(2) 已知事件 A, B 满足 $P(AB)=P(\overline{A}\,\overline{B})$, 且 $P(A)=p$, 求 $P(B)$.

(3) 已知 $P(A)=P(B)=P(C)=\frac{1}{4}$, $P(AB)=\frac{1}{6}$, $P(BC)=0$, $P(AC)=\frac{1}{8}$,求 A, B, C 至少有一个发生的概率.

(4) 在盒子中有 8 个球,5 个白球、3 个红球,从中依次取两个球,在不放回的情况下,求取出的两个球

① 都是白球的概率;

② 两球颜色相同的概率;

③ 至少有一个白球的概率.

若取球方法改成有放回,结果如何?

(5) 某医院用某种新药医治流感,对病人进行试验,其中 $\frac{3}{4}$ 的病人服此药, $\frac{1}{4}$ 的病人不服此药,5 天后有 70%的病人痊愈.已知不服药的病人 5 天后有 10%可以自愈.

① 求该药的治愈率;

② 若某病人 5 天后痊愈,求他是服此药而痊愈的概率.

(6) 某厂有甲乙丙 3 台机床进行生产,各自的次品率分别为 5%,4%,2%;它们各自的产品分别占总产量的 25%,35%,40%。将它们的产品混在一起,现任取一件产品,①求取到产品是次品的概率;②若取到的产品是次品,问它是甲机床生产的概率多大?

(7) 假定某人做 10 个选择题,每个题做对的概率均为 $\frac{1}{4}$; 求

① 该同学做对 3 道题的概率;

② 该同学至少做对 3 道题的概率.

第二章　随机变量及其分布

一、基 本 要 求

1. 理解随机变量及其概率分布的概念和特性.

2. 理解离散型随机变量及其概率分布的概念和性质,掌握几个常用离散型随机变量及其概率分布.

3. 理解随机变量分布函数的概念及性质,会利用分布函数求事件的概率.

4. 理解连续型随机变量及其概率密度的概念和性质,掌握几个常用连续型随机变量概率密度.

5. 会求简单随机变量函数的概率分布.

二、学 习 要 点

1. 随机变量的概念和分类

概念:设 E 是随机试验,S 是它的样本空间,如果对 S 中的每一个样本点 e,有一个实数 $X(e)$ 与之对应,则称这样一个定义在样本空间 S 上的单值实值函数 $X = X(e)$ 为随机变量.

随机变量的类型:$\begin{cases}\text{离散型}\\ \text{非离散型}\begin{cases}\text{连续型}\\ \text{混合型}\end{cases}\end{cases}$

2. 离散型随机变量

(1) 基本概念:设 $x_k(k = 1, 2, \cdots)$ 是离散型随机变量 X 所取的一切可能值,称 $P\{X = x_k\} = p_k$, $(k = 1, 2, \cdots)$ 为离散型随机变量 X 的概率分布或分布律.

(2) 分布律的性质

① $p_k \geqslant 0\ (k = 1, 2, \cdots)$　　② $\sum\limits_{k=1}^{\infty} p_k = 1$

(3) 常用的离散型随机变量

① (0-1)分布　若随机变量 X 的分布律为

$$P\{X=k\}=p^k(1-p)^{1-k},\quad k=0,\quad 1\ (0<p<1)$$

则称 X 服从以 p 为参数的(0-1)分布.

② 二项分布　若随机变量 X 的分布律为

$$P\{X=k\}=C_n^k p^k q^{n-k},\quad (k=0,1,\cdots,n),$$

其中 $0<p<1$, $q=1-p$, 则称 X 服从参数为 n, p 的二项分布,记为 $X\sim B(n,p)$.

③ 泊松分布　若随机变量 X 的分布律为

$$P\{X=k\}=\frac{\lambda^k}{k!}e^{-\lambda}\quad k=0,1,\cdots,n$$

其中 $\lambda>0$ 为常数,则称 X 服从参数为 λ 的泊松分布,记作 $X\sim\pi(\lambda)$ (或 $X\sim P(\lambda)$).

3. 随机变量的分布函数

(1) 分布函数的概念:设 X 是一个随机变量, x 是任意实数,则称函数

$$F(x)=P\{X\leqslant x\},-\infty<x<+\infty$$

为随机变量 X 的分布函数.

(2) 分布函数 $F(x)$ 具有以下基本性质

① $0\leqslant F(x)\leqslant 1$; $F(-\infty)=\lim\limits_{x\to-\infty}F(x)=0$, $F(+\infty)=\lim\limits_{x\to+\infty}F(x)=1$;

② $F(x)$ 是 x 的单调不减函数,即对任意实数 $x_1<x_2$, $F(x_1)\leqslant F(x_2)$;

③ $F(x)$ 是右连续函数.

(3) 利用分布函数计算概率:

① $P\{a<X\leqslant b\}=P\{X\leqslant b\}-P\{X\leqslant a\}=F(b)-F(a)$;

② $P\{X>x\}=1-P\{X\leqslant x\}=1-F(x)$.

4. 连续型随机变量

1) 若对于随机变量 X 的分布函数 $F(x)$, 存在非负函数 $f(x)$,使得对于任意实数 x, 有 $F(x)=\int_{-\infty}^{x}f(t)\mathrm{d}t$, 则称 X 为连续型随机变量,其中被积函数 $f(x)$称为 X 的概率密度函数(简称概率密度).

2) 基本结论

(1) 连续型随机变量 X 的分布函数 $F(x)$ 必为连续函数.

(2) 连续型随机变量 X 取任何常数值 a 的概率必为零，即 $P\{X=a\}=0$.

3) 概率密度 $f(x)$ 具有以下性质

(1) $f(x)\geqslant 0$；

(2) $\int_{-\infty}^{+\infty}f(x)\mathrm{d}x=1$；

(3) $P\{a<X<b\}=P\{a<X\leqslant b\}=P\{a\leqslant X\leqslant b\}=P\{a\leqslant X<b\}=\int_a^b f(x)\mathrm{d}x$；

(4) 在 $f(x)$ 的连续点 x 处，$F'(x)=f(x)$.

4) 常用的连续型随机变量

(1) 指数分布　若连续型随机变量 X 的概率密度为

$$f(x)=\begin{cases}\lambda \mathrm{e}^{-\lambda x}, & x>0,\\ 0, & x\leqslant 0,\end{cases}$$

其中 $\lambda>0$ 为常数，则称 X 服从参数为 λ 的指数分布.

(2) 均匀分布　若随机变量 X 在有限区间 (a,b) 内取值，且其概率密度为

$$f(x)=\begin{cases}\dfrac{1}{b-a}, & a<x<b,\\ 0, & \text{其他},\end{cases}$$

则称 X 在区间 (a,b) 上服从均匀分布，记为 $X\sim U(a,b)$.

(3) 正态分布

① 标准正态分布：若随机变量 X 的概率密度为

$$\varphi(x)=\frac{1}{\sqrt{2\pi}}\mathrm{e}^{-\frac{x^2}{2}},\quad (-\infty<x<+\infty)$$

分布函数为 $\Phi(x)=\dfrac{1}{\sqrt{2\pi}}\displaystyle\int_{-\infty}^{x}\mathrm{e}^{-\frac{t^2}{2}}\mathrm{d}t\quad(-\infty<x<+\infty)$

则称 X 服从标准正态分布，记为 $X\sim N(0,1)$.

② 正态分布

定义：若随机变量 X 的概率密度为

$$f(x)=\frac{1}{\sqrt{2\pi}\sigma}\mathrm{e}^{-\frac{(x-\mu)^2}{2\sigma^2}},\quad -\infty<x<+\infty,$$

其中 $\mu,\sigma(\sigma>0)$ 为常数，则称 X 服从参数为 μ,σ 的正态分布，记为 $X\sim N(\mu,\sigma^2)$.

计算：若 $X\sim N(\mu,\sigma^2)$，则

$$P\{a<X\leqslant b\}=P\left\{\frac{a-\mu}{\sigma}<\frac{X-\mu}{\sigma}\leqslant\frac{b-\mu}{\sigma}\right\}=\Phi\left(\frac{b-\mu}{\sigma}\right)-\Phi\left(\frac{a-\mu}{\sigma}\right)$$

5. 随机变量的函数的分布

(1) 离散型随机变量的函数的分布

设离散型随机变量 X 的分布律为 $P\{X=x_k\}=p_k$，$(k=1, 2, \cdots)$

则随机变量 $Y=g(X)$ 的分布律为

$$P\{Y=y_j\}=\sum_{g(x_i)=y_j}P\{X=x_i\},\quad j=1, 2,\cdots$$

(2) 连续型随机变量的函数的分布

设随机变量 X 的概率密度为 $f_X(x)$，则 X 的函数 $Y=g(X)$ 分布函数为

$$F_Y(y)=P\{Y\leqslant y\}=P\{g(X)\leqslant y\}=\int_{g(x)\leqslant y}f_X(x)\mathrm{d}x,$$

从而 Y 的概率密度 $f_Y(y)$ 可由 $f_Y(y)=F'_Y(y)$ 求得. 当 $Y=g(X)$ 单调时，也可以直接用以下定理.

定理：设连续型随机变量 X 的概率密度为 $f_X(x)(-\infty<x<+\infty)$，又设函数 $g(x)$ 处处可导，且对任意 x 有 $g'(x)>0$（或恒有 $g'(x)<0$），则 $Y=g(X)$ 是一个连续型随机变量，其概率密度为

$$f_Y(y)=\begin{cases}f_X[h(y)]|h'(y)|, & \alpha<y<\beta,\\ 0, & \text{其他},\end{cases}$$

其中 $h(y)$ 是 $g(x)$ 的反函数，$\alpha=\min\{g(-\infty), g(+\infty)\}$，$\beta=\max\{g(-\infty), g(+\infty)\}$.

(3) 重要结论：若 $X\sim N(\mu, \sigma^2)$，则 $aX+b\sim N(a\mu+b, a^2\sigma^2)$

特别地，若 $X\sim N(\mu, \sigma^2)$，则 $\dfrac{X-\mu}{\sigma}\sim N(0, 1)$.

三、释 疑 解 难

1. 为什么要引入随机变量?

答 引入随机变量是为了研究随机现象的统计规律性. 引入随机变量后，将形形色色的样本空间和样本点统一化、数量化，使之与数轴上的一个集合或者点对应起来，就可以用微积分的理论和方法对随机试验与随机事件的概率进行数学推理

与计算,从而完成对随机试验结果的规律性研究.因此,随机变量的引入具有重要意义.

2. 引入随机变量的分布函数有哪些作用?

答 对于随机变量,我们不仅需要知道 X 取哪些值,而且要知道 X 取这些值的概率,进而不仅需要知道 X 取某个值的概率,而且更重要的是要知道 X 在任意有限区间 $(x_1, x_2]$ 内取值的概率,而

$$P\{x_1 < X \leqslant x_2\} = P\{X \leqslant x_2\} - P\{X \leqslant x_1\} = F(x_2) - F(x_1)$$

$$P\{X = x\} = P\{X \leqslant x\} - P\{X < x\} = F(x) - F(x-0)$$

因此,分布函数完整地描述了随机变量的统计规律性.

另一方面,分布函数是一个普通实值函数,是我们在高等数学中早已熟悉的对象,它又有相当好的性质,有了随机变量和分布函数,就好像在随机现象和高等数学之间架起了一座桥梁,从而可以用高等数学的方法来研究随机现象的统计规律.

3. 不同的随机变量,它们的分布函数一定也不相同吗?

答 不一定.例如抛均匀硬币,令

$$X_1 = \begin{cases} 1, & \text{正面朝上} \\ -1, & \text{反面朝上} \end{cases}, \qquad X_2 = \begin{cases} 1, & \text{反面朝上} \\ -1, & \text{正面朝上} \end{cases}$$

X_1 与 X_2 在样本空间上的对应法则不同,是两个不同的随机变量,但它们却有相同的分布函数

$$F(x) = \begin{cases} 0, & x < -1 \\ \dfrac{1}{2}, & -1 \leqslant x < 1 \\ 1, & x \geqslant 1 \end{cases}.$$

4. 为什么要区别连续型随机变量和离散型随机变量?

答 要了解一个随机变量 X,知道分布函数就可以了解其统计规律性.但对离散型随机变量和连续型随机变量 X, $F(x)$ 的形式和性质不尽一致,所以要区分考察.

离散型随机变量 X 的分布函数不是连续的,因此不能进行求导和积分运算,但只要了解它的概率分布 $P\{X = x_k\} = p_k$,则 $F(x)$ 与事件的概率均可求得.所以对离散型随机变量只需求出概率分布就可以了.

连续型随机变量 X 的分布函数是连续的，$F(x)$ 可以表示为 $F(x)=\int_{-\infty}^{x}f(t)\mathrm{d}t$（但 $F(x)$ 连续不能得出 X 是连续型随机变量）. 因此了解 X 的概率密度函数 $f(x)$，则 $F(x)$ 与事件的概率均可求得. 所以对连续型随机变量只需求出概率密度函数就可以了.

5. 为什么说正态分布是概率论中最重要的分布？

答　正态分布是自然界和社会现象中最为常见的一种分布. 正态分布有极其广泛的实际背景，例如测量误差，炮弹的弹落点的分布，人体生理特征的数量指标（身高、体重等），产品的数量指标（直径、长度、体积、重量等）等，都服从或近似服从正态分布. 一个变量如果受到大量微小的、独立的随机因素的影响，那么这个变量一般是一个正态随机变量.

另一方面，有些分布（如二项分布、泊松分布）的极限分布是正态分布. 所以，无论在实践中，还是在理论上，正态分布是概率论中最重要的一种分布.

6. 设 $g(x)$ 是连续函数，若 X 是离散型随机变量，则 $Y=g(X)$ 也是离散型随机变量吗？若 X 是连续型的又怎样？

答　若 X 是离散型随机变量，它的取值是有限个或可列无限多个，因此 Y 的取值也是有限个或可列无限多个，因此 Y 是离散型随机变量. 若 X 是连续型随机变量，那么 Y 不一定是连续型随机变量，例如，设 X 在 $(0,2)$ 上服从均匀分布，概率密度为

$$f(x)=\begin{cases}\dfrac{1}{2}, & 0<x<2\\ 0, & \text{其他}\end{cases},$$

又设连续函数 $y=g(x)=\begin{cases}x, & 0\leqslant x\leqslant 1\\ 1, & 1<x\leqslant 2\end{cases}$，则 $Y=g(X)$ 的分布函数 $F_Y(y)$ 可以计算出来：

当 $y<0$ 时，$F_Y(y)=P\{Y\leqslant y\}=0$；

当 $y>1$ 时，$F_Y(y)=P\{Y\leqslant y\}=1$；

当 $0\leqslant y\leqslant 1$ 时，$F_Y(y)=P\{Y\leqslant y\}=P\{g(X)\leqslant y\}=\int_{-\infty}^{y}f(x)\mathrm{d}x=\int_{-\infty}^{y}\dfrac{1}{2}\mathrm{d}x=\dfrac{y}{2}$.

故 Y 的分布函数为

$$F_Y(y)=\begin{cases}0, & y<0\\ \dfrac{y}{2}, & 0\leqslant y\leqslant 1\\ 1, & y>1\end{cases}$$

因为 $F_Y(y)$ 在 $y=1$ 处间断,故 $Y=g(X)$ 不是连续型随机变量,又因为 $F_Y(y)$ 不是阶梯函数,故 $Y=g(X)$ 也不是离散型随机变量.

四、典 型 例 题

【例 1】 某种技术竞赛有 5 个项目,参赛者若有 3 项以上取得优秀,就可取得技术过硬荣誉证书. 某单位选派了 4 人参加竞赛,已知每个人每项取优的概率为 0.8,求下列事件的概率:(1)1 个参赛者取得荣誉证书;(2)该单位至少有 2 人获得荣誉证书.

解 (1) 1 个参赛者参加 5 项技术竞赛相当于进行 5 次独立试验,每项竞赛只有两个可能结果:取得优秀和没取得优秀,且每次取优的概率为 0.8,设 X 为"参赛者在 5 个项目中取得优秀的项目数",则 $X\sim B(5,\ 0.8)$

设 $A=\{1$ 个参赛者取得荣誉证书$\}$,有

$$\begin{aligned}P(A)&=P\{X\geqslant 3\}\\&=C_5^3\,(0.8)^3\,(0.2)^2+C_5^4\,(0.8)^4(0.2)+C_5^5\,(0.8)^5\\&=0.942\,1\end{aligned}$$

(2) 4 个参赛者的竞赛成绩是 4 次独立试验的结果,每个参赛者只有两个可能结果:获得荣誉证书和没获得荣誉证书,且每个参赛者获得荣誉证书的概率为 $P(A)=0.942\,1$. 设 Y 为"4 人中获得荣誉证书的人数",则 $Y\sim B(4,\ 0.942\,1)$,依题意求 $P\{Y\geqslant 2\}$.

$$P\{Y=k\}=C_4^k\,(0.942\,1)^k\,(0.057\,9)^{4-k}\quad(k=0,\ 1,\ 2,\ 3,\ 4)$$

$$\begin{aligned}P\{Y\geqslant 2\}&=1-P\{Y=0\}-P\{Y=1\}\\&=1-(0.057\,9)^4-4\times 0.942\,1\times(0.057\,9)^3\\&=0.999\,3.\end{aligned}$$

注 此题涉及两个二项分布,要能够识别出来.

【例 2】 设 10 件产品中恰好有 2 件次品,现在接连进行非还原抽样,每次抽一件,直至取得正品为止,求:(1) 抽取次数 X 的分布律;(2)X 的分布函数;

(3) $P\{X=3.5\}$, $P\{X>-2\}$, $P\{1<X<3\}$.

解　依题意知 X 是离散型随机变量,当取到次品时,不放回继续抽取,若取到正品则停止抽取,因为 10 件中只有 2 件次品,所以最多抽取 3 次就可以取到正品,因此 X 的可能取值为 1, 2, 3. 设 A_i 为第 i 次抽到正品,则 $\overline{A}_i$ 为第 i 次取到次品,则

(1) $P\{X=1\}=P(A_1)=\dfrac{8}{10}=\dfrac{4}{5}$,

$$P\{X=2\}=P(\overline{A}_1A_2)=P(\overline{A}_1)P(A_2/\overline{A}_1)=\frac{2}{10}\times\frac{8}{9}=\frac{8}{45},$$

$$P\{X=3\}=P(\overline{A}_1\,\overline{A}_2A_3)=P(\overline{A}_1)P(\overline{A}_2/\overline{A}_1)P(A_3/\overline{A}_1\,\overline{A}_2)$$

$$=\frac{2}{10}\times\frac{1}{9}\times\frac{8}{8}=\frac{1}{45}$$

于是 X 的分布律为

X	1	2	3
p_k	$\frac{4}{5}$	$\frac{8}{45}$	$\frac{1}{45}$

.

(2) 当 $x<1$ 时, $F(x)=P\{X\leqslant x\}=0$;

当 $1\leqslant x<2$ 时, $F(x)=P\{X\leqslant x\}=P\{X=1\}=\dfrac{4}{5}$;

当 $2\leqslant x<3$ 时, $F(x)=P\{X\leqslant x\}=P\{X=1\}+P\{X=2\}$

$$=\frac{4}{5}+\frac{8}{45}=\frac{44}{45};$$

当 $x\geqslant 3$ 时, $F(x)=P\{X\leqslant x\}=P\{X=1\}+P\{X=2\}+P\{X=3\}$
$=1$.

故 X 的分布函数为

$$F(x)=P\{X\leqslant x\}=\begin{cases}0, & x<1\\ \dfrac{4}{5}, & 1\leqslant x<2\\ \dfrac{44}{45}, & 2\leqslant x<3\\ 1 & x\geqslant 3\end{cases}.$$

(3) 由于 X 取 1, 2, 3 这 3 个可能值,所以

$$P\{X=3.5\}=0;$$

$$P\{X>-2\}=P\{X=1\}+P\{X=2\}+P\{X=3\}=1;$$

$$P\{1<X<3\}=P\{X=2\}=\frac{8}{45}.$$

【例 3】 设连续型随机变量 X 的分布函数为

$$F(x)=\begin{cases}A+Be^{-\lambda x}, & x>0\\ 0, & x\leqslant 0\end{cases}\quad (\text{其中 }\lambda>0\text{ 是常数})$$

求:(1) 系数 A, B;(2) 落在区间 $(-1, 1)$ 内的概率;(3) X 的概率密度.

解 (1) 由分布函数的性质知,

$$F(+\infty)=\lim_{x\to+\infty}(A+Be^{-\lambda x})=A=1,$$

因 $F(x)$ 连续,故有 $\lim\limits_{x\to0^+}F(x)=\lim\limits_{x\to0^+}(1+Be^{-\lambda x})=1+B=0$,

所以 $A=1, B=-1$.

从而

$$F(x)=\begin{cases}1-e^{-\lambda x}, & x>0\\ 0, & x\leqslant 0\end{cases}.$$

(2) 落在区间 $(-1,1)$ 内的概率为

$$P\{-1<X<1\}=F(1)-F(-1)=(1-e^{-\lambda})-0=1-e^{-\lambda}.$$

(3) 对 $F(x)$ 求导,得 X 的概率密度为

$$f(x)=F'(x)=\begin{cases}\lambda e^{-\lambda x}, & x>0\\ 0, & x\leqslant 0\end{cases}.$$

【例 4】 设随机变量 X 的概率密度为

$$f(x)=\begin{cases}A\cos x, & |x|\leqslant\frac{\pi}{2}\\ 0, & |x|>\frac{\pi}{2}\end{cases},$$

求:(1) 系数 A;(2) X 落在区间 $\left(0, \frac{\pi}{4}\right)$ 内的概率;(3) X 的分布函数 $F(x)$.

解 (1) 由 $\int_{-\infty}^{+\infty}f(x)dx=1$, 即

$$\int_{-\infty}^{+\infty}f(x)dx=\int_{-\frac{\pi}{2}}^{\frac{\pi}{2}}A\cos x\,dx=2A=1\Rightarrow A=\frac{1}{2}.$$

(2) X 落在区间 $\left(0,\frac{\pi}{4}\right)$ 内的概率为

$$P\left\{0<X<\frac{\pi}{4}\right\}=\int_0^{\frac{\pi}{4}}\frac{1}{2}\cos x\mathrm{d}x=\frac{1}{2}\sin x\Big|_0^{\frac{\pi}{4}}=\frac{\sqrt{2}}{4}.$$

(3) 当 $x<-\frac{\pi}{2}$ 时，$F(x)=\int_{-\infty}^{x}f(t)\mathrm{d}t=\int_{-\infty}^{x}0\cdot\mathrm{d}t=0$；

当 $-\frac{\pi}{2}\leqslant x<\frac{\pi}{2}$ 时，$F(x)=\int_{-\infty}^{x}f(t)\mathrm{d}t=\int_{-\infty}^{-\frac{\pi}{2}}0\cdot\mathrm{d}t+\int_{-\frac{\pi}{2}}^{x}\frac{1}{2}\cos t\mathrm{d}t$

$$=\frac{\sin x+1}{2};$$

当 $x\geqslant\frac{\pi}{2}$ 时，$F(x)=\int_{-\infty}^{x}f(t)\mathrm{d}t=\int_{-\infty}^{-\frac{\pi}{2}}0\cdot\mathrm{d}t+\int_{-\frac{\pi}{2}}^{\frac{\pi}{2}}\frac{1}{2}\cos t\mathrm{d}t+\int_{\frac{\pi}{2}}^{x}0\cdot\mathrm{d}t$

$$=1.$$

于是 X 的分布函数为

$$F(x)=\begin{cases}0, & x<-\frac{\pi}{2}\\ \frac{\sin x+1}{2}, & -\frac{\pi}{2}\leqslant x<\frac{\pi}{2}.\\ 1, & x\geqslant\frac{\pi}{2}\end{cases}$$

【例 5】 假设 1 h 内进入某公共图书馆的读者数服从泊松分布，已知 1 h 内无读者走进该图书馆的概率为 0.01，求 1 h 内至少有 2 个读者进入图书馆的概率.

解 设 1 h 内进入某图书馆的读者数为 X，则 $X\sim\pi(\lambda)$. 由题设知

$$P\{X=0\}=\frac{\lambda^0}{0!}\mathrm{e}^{-\lambda}=0.01,\quad 即\ \mathrm{e}^{-\lambda}=0.01,\ \lambda=2\ln 10,$$

故所求的概率为

$$P\{X\geqslant 2\}=1-P\{X<2\}=1-P\{X=0\}-P\{X=1\}$$
$$=1-\mathrm{e}^{-\lambda}-\lambda\mathrm{e}^{-\lambda}=1-0.01-0.01\times 2\ln 10=0.943\,9.$$

【例 6】 假设测量的随机误差 $X\sim N(0,10^2)$，试求在 100 次独立重复测量中，至少有 3 次测量误差的绝对值大于 19.6 的概率 α.

解 每次测量误差的绝对值大于 19.6 的概率为

$$p=P\{|X|>19.6\}=P\{|X|/10>1.96\}=0.05$$

设 Y 表示 100 次独立重复测量中事件 $\{|X|>19.6\}$ 出现的次数，则 $Y\sim B(100,0.05)$. 由泊松定理，Y 近似服从参数为 $\lambda=np=5$ 的泊松分布，于是

$$\alpha = P\{Y \geqslant 3\} = 1 - P\{Y < 3\} = 1 - P\{Y = 0\} - P\{Y = 1\} - P\{Y = 2\}$$
$$\approx 1 - e^{-5} - 5e^{-5} - \frac{25}{2}e^{-5} = 0.875\,3.$$

【例 7】 已知随机变量 X 的分布律为 $P\{X = k\} = 1/2^{k+1}(k = 0, 1, 2, \cdots)$，试求 $Y = \cos(\pi X)$ 的分布律.

解 由 X 的分布律列出下表

X	0	1	2	3	$\cdots$	$2k-1$	$2k$	$\cdots$
$Y=\cos(\pi X)$	1	-1	1	-1	$\cdots$	-1	1	$\cdots$
p_k	$1/2$	$1/2^2$	$1/2^3$	$1/2^4$	$\cdots$	$1/2^{2k}$	$1/2^{2k+1}$	$\cdots$

由上表易知，X 的取值为偶数时，$Y = \cos(\pi X)$ 取值为 1；X 的取值为奇数时，Y 取值为 -1. 作为随机变量 X 的函数 $Y = \cos(\pi X)$，只取 1 与 -1 这两个值，而其相应的取值概率为

$$P\{Y = 1\} = P\{X = 0\} + P\{X = 2\} + \cdots P\{X = 2k\} + \cdots$$
$$= 1/2 + 1/2^3 + \cdots + 1/2^{k+1} + \cdots = \frac{1/2}{1 - 1/4} = \frac{2}{3};$$

$$P\{Y = -1\} = \sum_{k=1}^{\infty} P\{X = 2k - 1\} = \sum_{k=1}^{\infty} \frac{1}{2^{2k}} = \frac{1/4}{1 - 1/4} = \frac{1}{3}.$$

故 $Y = \cos(\pi X)$ 的分布律为

Y	-1	1
p_k	$1/3$	$2/3$

. 这是两点分布.

【例 8】 设随机变量 X 在 $(-1, 2)$ 上服从均匀分布，求：

(1) $Y = e^X$ 的概率密度；

(2) $Y = X^2$ 的概率密度.

解 X 的概率密度为

$$f_X(x) = \begin{cases} \frac{1}{3}, & -1 < x < 2, \\ 0, & \text{其他} \end{cases}$$

(1) $y = g(x) = e^x$，在 $(-1, 2)$ 内 $g'(x) = e^x > 0$，$x = h(y) = \ln y$，且 $h'(y) = \frac{1}{y}$，$\alpha = \min\{g(-1), g(2)\} = e^{-1}$，$\beta = \max\{g(-1), g(2)\} = e^2$. 于是 $Y = e^X$ 的概率密度为

$$f_Y(y) = \begin{cases} \frac{1}{3y}, & e^{-1} < y < e^2, \\ 0, & \text{其他} \end{cases}.$$

(2) $z=g(x)=x^2$ 在区间 $(-1,2)$ 不单调，用分布函数法.

当 $z\leqslant 0$ 时，$\{Z\leqslant z\}$ 是不可能事件，$F_Z(z)=P\{Z\leqslant z\}=0$；

当 $0<z<1$ 时，

$$\begin{aligned}F_Z(z)&=P\{Z\leqslant z\}=P\{X^2\leqslant z\}=P\{-\sqrt{z}\leqslant X\leqslant\sqrt{z}\}\\&=\int_{-\sqrt{z}}^{\sqrt{z}}\frac{1}{3}\mathrm{d}x=\frac{2}{3}\sqrt{z}\end{aligned}$$

$$f_Z(z)=F'_Z(z)=\frac{1}{3\sqrt{z}};$$

当 $1\leqslant z<4$ 时，

$$F_Z(z)=P\{Z\leqslant z\}=P\{X^2\leqslant z\}=P\{-\infty<X\leqslant\sqrt{z}\}=\int_{-\infty}^{\sqrt{z}}f_X(x)\mathrm{d}x$$

$$f_Z(z)=F'_Z(z)=f_X(\sqrt{z})(\sqrt{z})'=\frac{1}{2\sqrt{z}}f_X(\sqrt{z})=\frac{1}{6\sqrt{z}};$$

当 $z\geqslant 4$ 时，$\{Z\leqslant z\}$ 是必然事件，$F_Z(z)=P\{Z\leqslant z\}=1$.

所以 $Z=X^2$ 的概率密度为

$$f_Z(z)=\begin{cases}\dfrac{1}{3\sqrt{z}}, & 0<z<1\\ \dfrac{1}{6\sqrt{z}}, & 1\leqslant z<4\\ 0, & \text{其他}\end{cases}.$$

五、习 题 解 答

习题 2.1

1. 随机变量的特征是什么？

答　① 随机变量是定义在样本空间上的一个实值函数.

② 随机变量的取值是随机的，事先或试验前不知道取哪个值.

③ 随机变量取特定值的概率大小是确定的.

2. 引入适当的随机变量描述下列事件：

(1) 将 3 个球随机地放入 3 个格子中，事件 $A=\{$有 1 个空格$\}$，$B=\{$有 2 个空格$\}$，$C=\{$全有球$\}$；

(2) 进行 5 次试验，事件 $D=\{$试验成功一次$\}$，$F=\{$试验至少成功一次$\}$，$G=\{$试验至多成功4次}；

解 (1) 设 X 为将3个球随机地放入3个格子中后剩余的空格数,则

$A=\{X=1\}$, $B=\{X=2\}$, $C=\{X=0\}$.

(2) 设 Y 为进行5次试验,其中成功的次数,则

$D=\{Y=1\}$, $F=\{Y\geqslant 1\}$, $G=\{Y\leqslant 4\}$.

习题 2.2

1. 设随机变量 X 的分布律为

$$P\{X=k\}=\frac{a}{3^k k!},\quad (k=0,1,2,\cdots),$$

求常数 a.

解 由 $\sum_{k=0}^{\infty}P\{X=k\}=\sum_{k=0}^{\infty}\frac{a}{3^k k!}=a\sum_{k=0}^{\infty}\frac{(1/3)^k}{k!}=a\cdot e^{\frac{1}{3}}=1$,得 $a=e^{-\frac{1}{3}}$.

2. 13个集装箱中有3个装错货品,逐箱进行检查,直到将这3个箱子找到为止,设 X 为查箱个数,求 X 的分布律,并计算至少需要查4个箱的概率.

解 (1) 由 $\{X=k\}$ 表示前 $k-1$ 次查到2个错箱,第 k 次查到一个错箱,故

$$P\{X=k\}=\frac{C_3^2 C_{10}^{k-3}}{C_{13}^{k-1}}\times\frac{1}{13-k+1}\quad k=3,4,\cdots,13$$

(2) $P\{X\geqslant 4\}=1-P\{X=3\}=1-\frac{C_3^2}{C_{13}^2}\times\frac{1}{13-2}=0.9965$.

3. 口袋里装有5个白球和3个黑球,任意取一个,如果是黑球则不再放回,而另外放入一个白球,这样继续下去,直到取出的球是白球为止,求直到取出白球所需的抽取次数 X 的分布律.

解 X 的可能取值为1, 2, 3, 4. 设 A_i 为第 i 次取到白球,则 $\overline{A}_i$ 为第 i 次取到黑球,则

$$P\{X=1\}=P(A_1)=\frac{5}{8},\quad P\{X=2\}=P(\overline{A}_1A_2)=\frac{3}{8}\times\frac{6}{8}=\frac{9}{32},$$

同理可得 $$P\{X=3\}=\frac{21}{256},\ P\{X=4\}=\frac{3}{256}$$

故 X 的分布律为

X	1	2	3	4
p_k	$\frac{5}{8}$	$\frac{9}{32}$	$\frac{21}{256}$	$\frac{3}{256}$

.

4. 设自动生产线在调整以后出现废品的概率 $p=0.1$,求在两次调整之间生产的合格品数不小于5的概率.

解 以 X 表示合格品的个数,则 X 的分布律为

$$P\{X=k\}=(1-p)^k p=0.1\times(0.9)^k,\quad (k=0,1,2,\cdots),$$

$$P\{X\geqslant 5\}=\sum_{k=5}^{\infty}0.1\times(0.9)^k=\frac{0.1\times(0.9)^5}{1-0.9}=0.590$$

5. 某车间有 20 部同型号机床，每部机床开动的概率为 0.8，若假定各机床是否开动是相互独立的，且每部机床开动时所消耗的电能为 15 个单位，求这个车间消耗电能不少于 270 个单位的概率.

解　设机床开动的部数为随机变量 X，则 $X \sim B(20, 0.8)$，即 X 的分布律为

$$P\{X=k\}=C_{20}^{k}(0.8)^{k}(0.2)^{20-k}, \quad k=0, 1, \cdots, 20.$$

$$\begin{aligned} P\{\text{消耗电能不少于 270 个单位}\} &= P\{15X \geqslant 270\} \\ &= P\{X \geqslant 18\} = \sum_{k=18}^{20} C_{20}^{k}(0.8)^{k}(0.2)^{20-k} \\ &= 0.2061. \end{aligned}$$

6. 纺织厂女工照顾 800 个纺锭，每一纺锭在某一段时间 t 内断头的概率为 0.005，求在 t 这段时间内断头次数不大于 2 的概率.

解　以 X 记时间 t 内纺锭断头次数，则 $X \sim B(800, 0.005)$. 因 $\lambda = np = 4$，由泊松定理，所求概率为

$$P\{X \leqslant 2\} \approx \sum_{k=0}^{2} \frac{4^k}{k!} e^{-4} = e^{-4}\left(1+\frac{4}{1!}+\frac{4^2}{2!}\right) \approx 0.2381.$$

7. 某电话交换台每分钟的呼唤次数服从参数为 4 的泊松分布，求：

(1) 每分钟恰有 8 次呼唤的概率；

(2) 每分钟的呼唤次数大于 3 的概率.

解　以 X 记每分钟呼唤的次数，则 $X \sim \pi(4)$.

(1) $P\{X=8\} = \sum_{k=8}^{\infty} \frac{4^k}{k!} e^{-4} - \sum_{k=9}^{\infty} \frac{4^k}{k!} e^{-4} = 0.051134 - 0.021368 = 0.029766$

(2) $P\{X>3\} = \sum_{k=4}^{\infty} \frac{4^k}{k!} e^{-4} = 0.566530$

8. 为了保证设备正常工作，需配备适量的维修工人. 现有同类型设备 300 台，各台工作是相互独立的，发生故障的概率都是 0.01. 在通常情况下一台设备的故障可由一个人来处理，问至少需配备多少工人，才能保证当设备发生故障但不能及时维修的概率小于 0.01?

解　设需配备 N 名工人，X 为同一时刻发生故障的设备的台数，则 $X \sim B(300, 0.01)$. 所需解决的问题是确定最小的 N，使 $P\{X \leqslant N\} \geqslant 0.99$. 因 $\lambda = np = 3$，由泊松定理

$$P\{X \leqslant N\} \approx \sum_{k=0}^{N} \frac{3^k}{k!} e^{-3}$$

故问题转化为求最小的 N，使 $\sum_{k=0}^{N} \frac{3^k}{k!} e^{-3} \geqslant 0.99$.

即

$$1-\sum_{k=0}^{N} \frac{3^k}{k!} e^{-3} = \sum_{k=N+1}^{\infty} \frac{3^k}{k!} e^{-3} \leqslant 0.01$$

查泊松分布表得 $N+1 \geqslant 9$，从而得 $N \geqslant 8$ 时，上式成立. 因此，为达到上述要求，至少需配备 8 名维修工人.

习题 2.3

1. 下列函数是否是某个随机变量的分布函数?

(1) $F(x)=\begin{cases}0, & x<0\\ \sin x, & 0\leqslant x<\dfrac{2\pi}{3}\\ 1, & x\geqslant\dfrac{2\pi}{3}\end{cases}$; (2) $F(x)=\begin{cases}0, & x<0\\ \dfrac{x}{2}, & 0\leqslant x<1.\\ 1, & x\geqslant 1\end{cases}$

解 (1) 因为 $\sin x$ 在 $\left[0,\dfrac{2\pi}{3}\right]$ 上不单调,故它不是分布函数.

(2) 首先因为 $0\leqslant F(x)\leqslant 1,\quad x\in(-\infty,+\infty)$;

其次 $F(x)$ 是 x 的单调不减且右连续函数,即 $F(0+0)=F(0)=0$, $F(1+0)=F(1)=1$ 且 $F(-\infty)=0$, $F(+\infty)=1$;故它是随机变量的分布函数.

2. 设随机变量 X 的分布函数为 $F(x)=A+B\arctan x\ (-\infty<x<+\infty)$,试求:

(1) 系数 A 与 B; (2) X 落在 $(-1,1]$ 内的概率.

解 (1) 由 $F(-\infty)=0$, $F(+\infty)=1$ 可知

$$\begin{cases}A+B\left(-\dfrac{\pi}{2}\right)=0\\ A+B\left(\dfrac{\pi}{2}\right)=1\end{cases}\Rightarrow A=\frac{1}{2},\ B=\frac{1}{\pi},$$

于是 $F(x)=\dfrac{1}{2}+\dfrac{1}{\pi}\arctan x\quad(-\infty<x<+\infty)$

(2) $P\{-1<X\leqslant 1\}=F(1)-F(-1)=\left(\dfrac{1}{2}+\dfrac{1}{\pi}\arctan 1\right)-\left[\dfrac{1}{2}+\dfrac{1}{\pi}\arctan(-1)\right]=\dfrac{1}{2}$.

3. 已知随机变量 X 的分布律为

X	1	2	3
p_k	a	$7a^2$	$\dfrac{5}{16}$

(1) 试确定参数 a; (2) 写出 X 的分布函数.

解 (1) 由 $a+7a^2+\dfrac{5}{16}=1$ 解得 $a=\dfrac{1}{4}$, $a=-\dfrac{11}{28}$,又因为 $p_k\geqslant 0$,所以 $a=\dfrac{1}{4}$.

(2) 当 $x<1$ 时, $F(x)=P\{X\leqslant x\}=P(\varnothing)=0$;

当 $1\leqslant x<2$ 时, $F(x)=P\{X\leqslant x\}=P\{X=1\}=\dfrac{1}{4}$;

当 $2\leqslant x<3$ 时, $F(x)=P\{X\leqslant x\}=P\{X=1\}+P\{X=2\}=\dfrac{11}{16}$;

当 $x\geqslant 3$ 时, $F(x)=P\{X\leqslant x\}=P\{X=1\}+P\{X=2\}+P\{X=3\}=1$.

于是 X 的分布函数为

$$F(x)=\begin{cases}0, & x<1,\\ \frac{1}{4}, & 1\leqslant x<2,\\ \frac{11}{16}, & 2\leqslant x<3,\\ 1 & x\geqslant 3.\end{cases}$$

4. 盒中有 6 张同样的卡片，其中 3 张各写有 1，2 张各写有 2，1 张上写有 3，今从盒中任取 3 张卡片，以 X 表示所得数字的和，求随机变量 X 的分布函数，并作出其图形.

解　由题意知，X 的可能取值为 3，4，5，6，7.

事件 $\{X=3\}$ 与"取出 3 张写有 1 的卡片"等价，故 $P\{X=3\}=C_3^3\Big/C_6^3=\frac{1}{20}$；

事件 $\{X=4\}$ 与"取出 2 张写有 1，1 张写有 2 的卡片"等价，故

$$P\{X=4\}=C_3^2C_2^1\Big/C_6^3=\frac{6}{20};$$

事件 $\{X=5\}$ 与"取出 2 张写有 2，1 张写有 1 的卡片"或"2 张写有 1，1 张写有 3 的卡片"等价，故 $P\{X=5\}=\frac{(C_2^2C_3^1+C_3^2C_1^1)}{C_6^3}=\frac{6}{20}$；

事件 $\{X=6\}$ 与"取出 1 张写有 1，1 张写有 2，1 张写有 3 的卡片"等价，故

$$P\{X=6\}=\frac{C_3^1C_2^1C_1^1}{C_6^3}=\frac{6}{20};$$

事件 $\{X=7\}$ 与"取出 2 张写有 2,1 张写有 3 的卡片"等价，故

$$P\{X=7\}=\frac{C_2^2C_1^1}{C_6^3}=\frac{1}{20};$$

于是 X 的分布律为

X	3	4	5	6	7
p_k	$\frac{1}{20}$	$\frac{6}{20}$	$\frac{6}{20}$	$\frac{6}{20}$	$\frac{1}{20}$

类似于上题的讨论求得 X 的分布函数为

$$F(x)=\begin{cases}0, & x<3,\\ \frac{1}{20}, & 3\leqslant x<4\\ \frac{7}{20}, & 4\leqslant x<5\\ \frac{13}{20}, & 5\leqslant x<6\\ \frac{19}{20}, & 6\leqslant x<7\\ 1, & x\geqslant 7\end{cases}.$$

5. 在区间 $[0,4]$ 上任意掷一个质点，这个质点落入区间 $[0,4]$ 上任一子区间内的概率与

这个区间的长度成正比，以 X 表示这个质点到原点的距离，求 X 的分布函数.

解 显然 X 为随机变量，其可能取值充满了整个区间 $[0, 4]$. 由题意，$\{0\leqslant X\leqslant 4\}$ 是必然事件，即 $P\{0\leqslant X\leqslant 4\}=1$.

当 $x<0$ 时，$\{X\leqslant x\}$ 是不可能事件，于是 $F(x)=0$；

当 $0\leqslant x\leqslant 4$ 时，由几何概率可知，$P\{0\leqslant X\leqslant x\}=kx$，$k$ 是某一常数，为了确定 k 的值，取 $x=4$，由 $P\{0\leqslant X\leqslant 4\}=1$，得 $k=\frac{1}{4}$，于是

$$F(x)=P\{X\leqslant x\}=P\{X<0\}+P\{0\leqslant X\leqslant x\}=\frac{1}{4}x;$$

当 $x>4$ 时，$\{X\leqslant x\}$ 是必然事件，于是 $F(x)=1$.

综合上述，即得 X 的分布函数为

$$F(x)=\begin{cases}0, & x<0,\\ \frac{1}{4}x, & 0\leqslant x<4,\\ 1 & x\geqslant 4.\end{cases}$$

习题 2.4

1. 设随机变量 X 的概率密度为

$$f(x)=\begin{cases}a+x, & -1\leqslant x<0,\\ a-x, & 0\leqslant x<1,\\ 0, & \text{其他}.\end{cases}$$

(1) 试确定 a 的值；(2) 计算 $P\left\{|X|>\frac{1}{3}\right\}$；(3) 求 X 的分布函数 $F(x)$.

解 (1) $\int_{-\infty}^{+\infty}f(x)\mathrm{d}x=\int_{-1}^{0}(a+x)\mathrm{d}x+\int_{0}^{1}(a-x)\mathrm{d}x=2a-1=1$，所以 $a=1$.

(2) 因为概率密度是偶函数，所以

$$P\left\{|X|>\frac{1}{3}\right\}=2\int_{\frac{1}{3}}^{1}(1-x)\mathrm{d}x=\frac{4}{9};$$

(3) 当 $x<-1$ 时，$F(x)=\int_{-\infty}^{x}f(t)\mathrm{d}t=\int_{-\infty}^{x}0\cdot\mathrm{d}t=0$；

当 $-1\leqslant x<0$ 时，$F(x)=\int_{-\infty}^{x}f(t)\mathrm{d}t=\int_{-\infty}^{-1}0\cdot\mathrm{d}t+\int_{-1}^{x}(1+t)\mathrm{d}t=\frac{(x+1)^2}{2}$；

当 $0\leqslant x<1$ 时，$F(x)=\int_{-\infty}^{x}f(t)\mathrm{d}t=\int_{-1}^{0}(1+t)\mathrm{d}t+\int_{0}^{x}(1-t)\mathrm{d}t=1-\frac{(1-x)^2}{2}$；

当 $x\geqslant 1$ 时，$F(x)=\int_{-\infty}^{x}f(t)\mathrm{d}t=\int_{-1}^{0}(1+t)\mathrm{d}t+\int_{0}^{1}(1-t)\mathrm{d}t+\int_{1}^{x}0\cdot\mathrm{d}t=1$.

于是 X 的分布函数为

$$F(x)=\begin{cases}0, & x<-1\\ \dfrac{(x+1)^2}{2}, & -1\leqslant x<0\\ 1-\dfrac{(1-x)^2}{2}, & 0\leqslant x<1\\ 1, & x\geqslant 1\end{cases}.$$

2. 设连续型随机变量 X 的分布函数为

$$F(x)=\begin{cases}A+B\mathrm{e}^{-\frac{x^2}{2}}, & x>0,\\ 0, & x\leqslant 0.\end{cases}$$

求：(1) 系数 A，B；

(2) 落在区间 (1，2) 内的概率；

(3) X 的概率密度.

解　(1) 由分布函数的性质 $F(+\infty)=1$，得

$$\lim_{x\to+\infty}(A+B\mathrm{e}^{-\frac{x^2}{2}})=1,$$

由此得
$$A=1,$$
因为

$$\lim_{x\to 0^-}F(x)=0,\qquad \lim_{x\to 0^+}F(x)=A+B$$

由 $F(x)$ 在 $x=0$ 处的连续性，得

$$A+B=0.$$

注意到 $A=1$，所以 $B=-1$，从而

$$F(x)=\begin{cases}1-\mathrm{e}^{-\frac{x^2}{2}}, & x>0,\\ 0, & x\leqslant 0.\end{cases}$$

(2) 落在区间 (1，2) 内的概率为

$$P\{1<X<2\}=F(2)-F(1)=(1-\mathrm{e}^{-2})-(1-\mathrm{e}^{-\frac{1}{2}})=0.4712.$$

(3) 对 $F(x)$ 求导，得 X 的概率密度为

$$f(x)=F'(x)=\begin{cases}x\mathrm{e}^{-\frac{x^2}{2}}, & x>0,\\ 0, & x\leqslant 0.\end{cases}$$

3. 设随机变量 X 在 $[1,5]$ 上服从均匀分布，若 $x_1<1<x_2<5$，试求 $P\{x_1<X<x_2\}$.

解　X 的概率密度为

$$f(x)=\begin{cases}\dfrac{1}{4}, & 1\leqslant x\leqslant 5,\\ 0, & \text{其他}.\end{cases}$$

则 $P\{x_1 < X < x_2\} = P\{x_1 < X < 1\} + P\{1 \leqslant X < x_2\} = \int_1^{x_2} \frac{1}{4}\mathrm{d}x = \frac{1}{4}(x_2 - 1)$.

4. 设顾客排队等待服务的时间 X(min)服从 $\lambda = \frac{1}{5}$ 的指数分布.某顾客等待服务,若超过 10 min,他就离开.他一个月要去等待服务 5 次,以 Y 表示一个月内他未等到服务而离开的次数,试求 Y 的概率分布律和 $P\{Y \geqslant 1\}$.

解 X 的概率密度为

$$f_X(x) = \begin{cases} \frac{1}{5}\mathrm{e}^{-x/5}, & x > 0, \\ 0, & x \leqslant 0, \end{cases}$$

设事件 A={顾客排队等待服务的时间超过 10 min}, $p = P(A)$, 则

$$p = P(A) = P\{X > 10\} = \int_{10}^{+\infty} f_X(x)\mathrm{d}x = \int_{10}^{+\infty} \frac{1}{5}\mathrm{e}^{-x/5}\mathrm{d}x = \mathrm{e}^{-2}$$

依题意 $Y \sim B(5, \mathrm{e}^{-2})$, 故 Y 的概率分布律为

$$P\{Y = k\} = C_5^k (\mathrm{e}^{-2})^k (1 - \mathrm{e}^{-2})^{5-k}, \quad k = 0, 1, \cdots, 5.$$

于是所求概率为

$$P\{Y \geqslant 1\} = 1 - P\{Y = 0\} = 1 - (1 - \mathrm{e}^{-2})^5 = 0.516\,7.$$

5. 设随机变量 X 在 $(2, 5)$ 上服从均匀分布.现对 X 进行 3 次独立观测,试求至少有两次观测值大于 3 的概率.

解 X 的概率密度为

$$f_X(x) = \begin{cases} \frac{1}{3}, & 2 < x < 5, \\ 0, & \text{其他}. \end{cases}$$

设事件 A={X 的观测值大于 3}, $p = P(A)$, Y 表示"3 次独立观测中观测值大于 3 的次数"则

$$p = P(A) = P\{X > 3\} = \int_3^{+\infty} f_X(x)\mathrm{d}x = \int_3^5 \frac{1}{3}\mathrm{d}x = \frac{2}{3}$$

依题意 $Y \sim B\left(3, \frac{2}{3}\right)$, 故所求概率为

$$P\{Y \geqslant 2\} = P\{Y = 2\} + P\{Y = 3\} = C_3^2\left(\frac{2}{3}\right)^2\left(\frac{1}{3}\right) + C_3^3\left(\frac{2}{3}\right)^3 = \frac{20}{27}.$$

6. 设 $X \sim N(1,4)$, 求 $P\{1.2 < X < 3\}$, $P\{X \leqslant 0\}$, $P\{X \geqslant 4\}$ 及 $P\{|X| \leqslant 1\}$.

解 $\mu = 1, \sigma = 2$.

$$P\{1.2<X<3\}=\Phi\left(\frac{3-1}{2}\right)-\Phi\left(\frac{1.2-1}{2}\right)=\Phi(1)-\Phi(0.1)$$
$$=0.8413-0.5398=0.3015;$$
$$P\{X\leqslant 0\}=\Phi\left(\frac{0-1}{2}\right)=\Phi(-0.5)=1-\Phi(0.5)$$
$$=1-0.6915=0.3085;$$
$$P\{X\geqslant 4\}=1-P\{X<4\}=1-\Phi\left(\frac{4-1}{2}\right)=1-\Phi(1.5)$$
$$=1-0.9332=0.0668;$$
$$P\{|X|\leqslant 1\}=P\{-1\leqslant X\leqslant 1\}=\Phi\left(\frac{1-1}{2}\right)-\Phi\left(\frac{-1-1}{2}\right)$$
$$=\Phi(0)-\Phi(-1)=\Phi(0)-[1-\Phi(1)]$$
$$=0.5-1+0.8413=0.3413.$$

7. 设某城市男子身高 $X\sim N(170,36)$，问应如何选择公共汽车车门的高度使男子与车门碰头的几率小于 0.01.

解　设公共汽车车门的高度为 x，$\mu=170$，$\sigma=6$，由题意要求 x，使得

$$P\{X>x\}<0.01$$

而 $P\{X>x\}<1-P\{X\leqslant x\}=1-\Phi\left(\frac{x-170}{6}\right)<0.01$，即 $\Phi\left(\frac{x-170}{6}\right)>0.99$

查表得 $\frac{x-170}{6}>2.33$，故 $x>183.98$ cm.

8. 设某机器生产的螺栓的长度(cm)服从参数为 $\mu=10.05$，$\sigma=0.06$ 的正态分布，规定长度范围在 10.05 ± 0.12 内为合格品，求一螺栓为不合格品的概率.

解　设随机变量 X 表示螺栓的长度，由题设有 $X\sim N(10.05,(0.06)^2)$. 因长度范围 $|X-10.05|\leqslant 0.12$ 内为合格螺栓，则一螺栓为不合格品的概率为

$$P\{|X-10.05|>0.12\}=1-P\{|X-10.05|\leqslant 0.12\}$$
$$=1-P\left\{\left|\frac{X-10.05}{0.06}\right|\leqslant\frac{0.12}{0.06}\right\}=1-[2\Phi(2)-1]$$
$$=2(1-0.9772)=0.0456$$

即一螺栓为不合格品的概率为 0.045 6.

习题 2.5

1. 设随机变量 X 的分布律为

X	-1	0	1	2
p_k	0.20	0.25	0.30	0.25

试求：(1) $Y=-3X+1$；(2) $Z=X^2+1$ 的分布律.

解　由题意知

X	-1	0	1	2
$Y=-3X+1$	4	1	-2	-5
$Z=X^2+1$	2	1	2	5
p_k	0.20	0.25	0.30	0.25

，

所以(1) $Y=-3X+1$ 的分布律为

Y	-5	-2	1	4
p_k	0.25	0.30	0.25	0.20

；

(2) $Z=X^2+1$ 的分布律为

Z	1	2	5
p_k	0.25	0.50	0.25

.

2. 设随机变量 X 的概率密度为

$$f_X(x)=\begin{cases}2x, & 0<x<1,\\ 0, & \text{其他},\end{cases}$$

求随机变量 $Y=3X-1$ 的概率密度.

解 $y=g(x)=3x-1$，在 $(0,1)$ 内 $g'(x)=3>0$，$x=h(y)=\dfrac{y+1}{3}$，且 $h'(y)=\dfrac{1}{3}$，$\alpha=\min\{g(0),g(1)\}=-1$，$\beta=\max\{g(0),g(1)\}=2$. 于是 $Y=3X-1$ 的概率密度为

$$f_Y(y)=\begin{cases}\dfrac{1}{3}f_X\left(\dfrac{y+1}{3}\right), & -1<y<2,\\ 0, & \text{其他}\end{cases}=\begin{cases}\dfrac{2}{9}(y+1), & -1<y<2,\\ 0, & \text{其他}\end{cases}$$

3. 设随机变量 $X\sim N(0,1)$，求：

(1) $Y=e^X$ 的概率密度；

(2) $Y=2X^2+1$ 的概率密度.

解 X 的概率密度为

$$f_X(x)=\frac{1}{\sqrt{2\pi}}e^{-\frac{x^2}{2}},\quad -\infty<x<+\infty$$

(1) $y=g(x)=e^x$ 单调增加，$x=h(y)=\ln y$，且 $h'(y)=\dfrac{1}{y}$.

$\alpha=\min\{g(-\infty),g(+\infty)\}=0$，$\beta=\max\{g(-\infty),g(+\infty)\}=+\infty$. 于是 $Y=e^X$ 的概率密度为

$$f_Y(y)=\begin{cases}\left|\dfrac{1}{y}\right|f_X(\ln y)=\dfrac{1}{\sqrt{2\pi}y}e^{-\frac{(\ln y)^2}{2}}, & y>0,\\ 0, & y\leqslant 0\end{cases}=\begin{cases}\dfrac{1}{\sqrt{2\pi}y}e^{-\frac{(\ln y)^2}{2}}, & y>0,\\ 0, & y\leqslant 0\end{cases}.$$

(2) $y=2x^2+1$ 不单调,用分布函数法.

当 $y<1$ 时, $\{2X^2+1\leqslant y\}$ 为不可能事件,故 $F_Y(y)=P\{Y\leqslant y\}=0$.

当 $y\geqslant 1$ 时,有

$$
\begin{aligned}
F_Y(y)&=P\{Y\leqslant y\}=P\{2X^2+1\leqslant y\}=P\{-\sqrt{(y-1)/2}\leqslant X\leqslant \sqrt{(y-1)/2}\}\\
&=\int_{-\sqrt{(y-1)/2}}^{\sqrt{(y-1)/2}} f_X(x)\mathrm{d}x=\int_{-\sqrt{(y-1)/2}}^{\sqrt{(y-1)/2}} \frac{1}{\sqrt{2\pi}}\mathrm{e}^{-\frac{x^2}{2}}\mathrm{d}x=\frac{2}{\sqrt{2\pi}}\int_0^{\sqrt{(y-1)/2}}\mathrm{e}^{-\frac{x^2}{2}}\mathrm{d}x,
\end{aligned}
$$

则
$$f_Y(y)=F'_Y(y)=\frac{1}{2\sqrt{\pi(y-1)}}\mathrm{e}^{-(y-1)/4}$$

综上得 $Y=2X^2+1$ 的概率密度为

$$
f_Y(y)=F'_Y(y)=\begin{cases}\dfrac{1}{2\sqrt{\pi(y-1)}}\mathrm{e}^{-(y-1)/4}, & y>1,\\ 0, & y\leqslant 1.\end{cases}
$$

注:函数 $\dfrac{1}{2\sqrt{\pi(y-1)}}\mathrm{e}^{-(y-1)/4}$ 在 $y=1$ 时无定义,上面已另外定义了 $f_Y(y)$ 在 $y=1$ 的值为 0.

4. 设随机变量 X 在区间 $(-\frac{\pi}{2},\frac{\pi}{2})$ 上服从均匀分布,求 $Y=\tan X$ 的概率密度.

解　X 的概率密度为

$$
f_X(x)=\begin{cases}\dfrac{1}{\frac{\pi}{2}-(-\frac{\pi}{2})}=\dfrac{1}{\pi}, & -\dfrac{\pi}{2}<x<\dfrac{\pi}{2},\\ 0, & \text{其他}\end{cases}
$$

由 $y=g(x)=\tan x$, 在 $(-\frac{\pi}{2},\frac{\pi}{2})$ 内 $g'(x)=\sec^2 x>0$, 其反函数 $x=h(y)=\arctan y$, 且 $h'(y)=\dfrac{1}{1+y^2}$, $\alpha=\min\left\{g\left(-\frac{\pi}{2}+0\right),g\left(\frac{\pi}{2}-0\right)\right\}=-\infty$, $\beta=\max\left\{g\left(-\frac{\pi}{2}+0\right),g\left(\frac{\pi}{2}-0\right)\right\}=+\infty$. 于是 $Y=\tan X$ 的概率密度为

$$f_Y(y)=\frac{1}{\pi(1+y^2)}.\quad(-\infty<y<+\infty)$$

5. 设随机变量 X 的概率密度为

$$
f(x)=\begin{cases}\dfrac{2x}{\pi^2}, & 0<x<\pi,\\ 0, & \text{其他}.\end{cases}
$$

求 $Y=\sin X$ 的概率密度.

解　$y=g(x)=\sin x$ 在区间 $(0,\pi)$ 内不单调,用分布函数法.

当 $y\leqslant 0$ 时, $\{Y\leqslant y\}$ 是不可能事件, $F_Y(y)=P\{Y\leqslant y\}=0$;

当 $0<y<1$ 时,

$$F_Y(y)=P\{Y\leqslant y\}=P\{\sin X\leqslant y\}=P\{(0\leqslant X\leqslant \arcsin y)\cup(\pi-\arcsin y\leqslant X\leqslant \pi)\}$$
$$=\int_0^{\arcsin y}f_X(x)\mathrm{d}x+\int_{\pi-\arcsin y}^{\pi}f_X(x)\mathrm{d}x=\int_0^{\arcsin y}\frac{2x}{\pi^2}\mathrm{d}x+\int_{\pi-\arcsin y}^{\pi}\frac{2x}{\pi^2}\mathrm{d}x$$

$$f_Y(y)=F'_Y(y)=\frac{2\arcsin y}{\pi^2\sqrt{1-y^2}}+\frac{2(\pi-\arcsin y)}{\pi^2\sqrt{1-y^2}}=\frac{2}{\pi\sqrt{1-y^2}}$$

当 $y\geqslant 1$ 时，$\{Y\leqslant y\}$ 是必然事件，$F_Y(y)=P\{Y\leqslant y\}=1$

综上得 $Y=\sin X$ 的概率密度为

$$f_Y(y)=F'_Y(y)=\begin{cases}\dfrac{2}{\pi\sqrt{1-y^2}}, & 0<y<1,\\ 0, & 其他.\end{cases}$$

六、补充习题

1. 选择题

(1) 机器加工的零件次品率为 0.2，一直加工到出现 5 只合格品为止. X 为加工的次品的只数，则 X 的分布律为(　　).

(A) $C_{k+4}^{k}(0.2)^{k-1}(0.8)^5$　　(B) $C_{k+5}^{k}(0.2)^{k}(0.8)^5$

(C) $C_{k+4}^{k}(0.2)^{k}(0.8)^5$　　(D) $C_{k+4}^{k}(0.2)^{k-1}(0.8)^4$

(2) 设 X 是一个离散型随机变量，则(　　)可以成为 X 的分布律.

(A)

X	0	1
p_k	p	$1-p$

，p 为任意实数

(B)

X	x_1	x_2	x_3	x_4	x_5
p_k	0.1	0.2	0.3	0.2	0.3

(C) $P\{X=k\}=\dfrac{e^{-3}\cdot 3^k}{k!}$，$k=1,2,\cdots$

(D) $P\{X=k\}=p(1-p)^{k-1}$，$k=1,2,\cdots,0<p<1$

(3) 下列函数中，可以做随机变量的分布函数的是(　　)

(A) $F(x)=\dfrac{1}{1+x^2}$　　(B) $F(x)=\dfrac{3}{4}+\dfrac{1}{2\pi}\arctan x$

(C) $F(x)=\begin{cases}\dfrac{x}{1+x}, & x>0\\ 0, & x\leqslant 0\end{cases}$　　(D) $F(x)=\begin{cases}0, & x<-1\\ x^2, & -1\leqslant x<1\\ 1, & x\geqslant 1\end{cases}$

(4) 设 $F_1(x)$ 和 $F_2(x)$ 分别为随机变量 X_1 与 X_2 的分布函数，为使 $F(x)=aF_1(x)-bF_2(x)$ 是某一随机变量的分布函数，在下列给定的各组数值中应取(　　).

(A) $a=3/5$，$b=-2/5$；　　(B) $a=2/3$，$b=2/3$；

(C) $a=-1/2$，$b=3/2$；　　(D) $a=1/2$，$b=-3/2$.

(5) 设随机变量 X 服从正态分布 $N(\mu_1, \sigma_1^2)$，Y 服从正态分布 $N(\mu_2, \sigma_2^2)$，且 $P\{|X-\mu_1|<1\}>P\{|Y-\mu_2|<1\}$，则(　　).

(A) $\sigma_1<\sigma_2$； (B) $\sigma_1>\sigma_2$ (C) $\mu_1<\mu_2$ (D) $\mu_1>\mu_2$

(6) 设随机变量 X 的密度函数 $f_X(x)=\dfrac{1}{\pi(1+x^2)}$，则 $Y=2X$ 的概率密度为(　　).

(A) $\dfrac{1}{\pi(1+4x^2)}$； (B) $\dfrac{2}{\pi(4+x^2)}$ (C) $\dfrac{1}{\pi(1+x^2)}$ (D) $\dfrac{1}{\pi}\arctan x$

2. 填空题

(1) 在 3 次独立试验中，事件 A 出现的概率相等，若已知 A 至少出现一次的概率等于 $\dfrac{19}{27}$，则事件 A 在一次试验中出现的概率为________.

(2) 设随机变量 X 的分布律为 $P\{X=k\}=a\dfrac{4^k}{k!}$，$k=0, 1, 2, \cdots$，则参数 $a=$________.

(3) 设随机变量 X 在 $(-1, 6)$ 上服从均匀分布，则 $P\{X^2-3X+2\geqslant 0\}=$________.

$$F(x)=\begin{cases}0 & x\leqslant 1\\ A\ln x & 1<x\leqslant \mathrm{e}\\ 1 & x>\mathrm{e}\end{cases}$$，则系数 $A=$________.

(4) 设随机变量 X 的分布函数为

$$F(x)=\begin{cases}0, & x<-1,\\ 0.4, & -1\leqslant x<1,\\ 0.8, & 1\leqslant x<3,\\ 1 & x\geqslant 3.\end{cases}$$

则 X 的分布律为________.

3. 设袋中有标号为 $-1, 1, 1, 2, 2, 2$ 的 6 个球，从中任取一球，试求：

(1) 所取得的球的标号数 X 的分布律；(2) 随机变量 X 的分布函数 $F(x)$；

(3) $P\left\{X\leqslant\dfrac{1}{2}\right\}$，$P\left\{1<X\leqslant\dfrac{3}{2}\right\}$，$P\left\{1\leqslant X\leqslant\dfrac{3}{2}\right\}$.

4. 设随机变量 X 的分布函数为

$$F(x)=\begin{cases}0, & x<-a\\ A+B\arcsin\dfrac{x}{a}, & -a\leqslant x<a \quad (a>0)\\ 1, & x\geqslant a\end{cases}$$

求：(1) 系数 A，B；

(2) X 的概率密度 $f(x)$；

(3) 方程 $t^2+Xt+\dfrac{a^2}{16}=0$ 有实根的概率.

5. 某玩具装配车间设立超额奖项，并希望有 10% 的工人获得这项奖. 已知每个工人每月装配的产品数 $X\sim N(4\,000, 60^2)$，应规定每个工人每月至少装配多少件产品才能获奖?

6. 设随机变量 X 的分布函数为

$$F(x)=\begin{cases}0, & x<-3,\\ 0.3, & -3\leqslant x<-1,\\ 0.7, & -1\leqslant x<2,\\ 1 & x\geqslant 2.\end{cases}$$

求 $Y=X^3-1$ 的分布律.

7. 设随机变量 X 的概率密度为

$$f_X(x)=\begin{cases}\dfrac{2x}{\pi^2}, & 0<x\leqslant\pi,\\ 0, & 其他\end{cases}$$

求:(1) $Y=\dfrac{1}{X}-\dfrac{1}{\pi}$ 的概率密度;(2) $Z=\left(X-\dfrac{\pi}{2}\right)^2$ 的概率密度.

8. 设随机变量 X 服从参数为 2 的指数分布,证明 $Y=1-e^{-2X}$ 在区间 $(0, 1)$ 上服从均匀分布.

第三章　多维随机变量及其分布

一、基 本 要 求

1. 掌握二维随机变量的分布函数、概率密度的概念、性质，会利用二维随机变量的概率分布计算有关事件的概率.

2. 掌握二维均匀分布；了解二维正态分布的概率密度，理解其中参数的意义.

3. 掌握二维随机变量的边缘分布.

4. 了解二维随机变量的条件分布.

5. 理解随机变量独立性的概念，掌握随机变量独立性的条件.

6. 掌握两个独立随机变量的简单函数的分布，掌握两个随机变量和的分布.

二、学 习 要 点

1. 二维随机变量及其分布函数

定义 1　设 E 为一个随机试验，其样本空间为 $S=\{e\}$，随机变量 $X=X(e)$ 和 $Y=Y(e)$ 定义在样本空间 S 上，称由它们构成的向量 (X, Y) 为二维随机变量或二维随机向量.

定义 2　设 (X, Y) 是定义在样本空间 $S=\{e\}$ 上的二维随机变量，对于任意实数 x，y，二元函数

$$F(x, y)=P\{(X\leqslant x)\cap(Y\leqslant y)\}\xlongequal{\text{记作}}P\{X\leqslant x, Y\leqslant y\} \tag{3.1}$$

称为二维随机变量 (X, Y) 的分布函数，或称为随机变量 X 和 Y 的联合分布函数.

分布函数 $F(x, y)$ 具有以下一些基本性质：

性质 1　$F(x, y)$ 是变量 x 或 y 的不减函数. 对任意固定的 y，当 $x_1<x_2$ 时，$F(x_1, y)\leqslant F(x_2, y)$；同样，对任意固定的 x，当 $y_1<y_2$ 时，$F(x, y_1)\leqslant F(x, y_2)$.

性质 2　$0\leqslant F(x, y)\leqslant 1$. 且

对任意固定的 x，$F(x, -\infty)=\lim\limits_{y\to-\infty}F(x, y)=0$；

对任意固定的 y, $F(-\infty, y)=\lim\limits_{x\to-\infty}F(x, y)=0$;

$$F(-\infty, -\infty)=\lim_{\substack{x\to-\infty\\ y\to-\infty}}F(x, y)=0;$$

$$F(+\infty, +\infty)=\lim_{\substack{x\to+\infty\\ y\to+\infty}}F(x, y)=1.$$

性质 3 $F(x, y)$ 关于 x 右连续,即 $F(x^+, y)=F(x, y)$;

$F(x, y)$ 关于 y 右连续,即 $F(x, y^+)=F(x, y)$.

性质 4 对任意的 (x_1, y_1),(x_2, y_2),若 $x_1<x_2$, $y_1<y_2$,则有

$$F(x_2, y_2)-F(x_1, y_2)-F(x_2, y_1)+F(x_1, y_1)\geqslant 0. \tag{3.2}$$

2. 二维离散型随机变量及其分布

定义 3 若 X 与 Y 均为一维离散型随机变量,则称 (X, Y) 是二维离散型随机变量.

定义 4 设二维离散型随机变量 (X, Y) 所有可能的取值为 $(x_i, y_j)(i, j=1, 2, \cdots)$,且取这个值的概率为 $p_{ij}(i, j=1, 2, \cdots)$,即

$$P\{X=x_i, Y=y_j\}=p_{ij}, \quad i, j=1, 2,\cdots \tag{3.3}$$

$p_{ij}(i, j=1, 2, \cdots)$ 满足下列两个条件:

(1) $p_{ij}\geqslant 0$, $i, j=1, 2,\cdots$; (3.4)

(2) $\sum\limits_{i=1}^{\infty}\sum\limits_{j=1}^{\infty}p_{ij}=1$. (3.5)

我们称式(3.3)为二维离散型随机变量 (X, Y) 的分布律,或随机变量 X 和 Y 的联合分布律.

3. 二维连续型随机变量及其分布

定义 5 设函数 $F(x, y)$ 是二维随机变量 (X, Y) 的分布函数,若存在非负函数 $f(x, y)$,使对于任意实数 x, y,都有

$$F(x, y)=\int_{-\infty}^{x}\int_{-\infty}^{y}f(u, v)\mathrm{d}u\mathrm{d}v, \tag{3.6}$$

则称 (X, Y) 是二维连续型随机变量,称非负函数 $f(x, y)$ 为二维连续型随机变量 (X, Y) 的概率密度,或称为随机变量 X 和 Y 的联合概率密度.

概率密度 $f(x, y)$ 具有下列性质:

(1) 非负性,即

$$f(x, y) \geqslant 0; \tag{3.7}$$

(2) 规范性,即

$$\int_{-\infty}^{+\infty}\int_{-\infty}^{+\infty} f(x, y)\mathrm{d}x\mathrm{d}y = F(+\infty, +\infty) = 1; \tag{3.8}$$

(3)
$$P\{(X, Y) \in D\} = \iint_D f(x, y)\mathrm{d}x\mathrm{d}y, \tag{3.9}$$

其中 D 是 xOy 平面上的一个区域;

(4) 若 $f(x, y)$ 在点 (x, y) 处连续,则有

$$\frac{\partial^2 F(x, y)}{\partial x \partial y} = f(x, y). \tag{3.10}$$

两个常用分布:

(1) 二维均匀分布

若二维连续型随机变量 (X, Y) 具有概率密度

$$f(x, y) = \begin{cases} \dfrac{1}{A}, & (x, y) \in D, \\ 0, & \text{其他}, \end{cases} \tag{3.11}$$

其中 D 表示 xOy 平面上的有界区域,其面积为 A,则称二维连续型随机变量 (X, Y) 在区域 D 上服从(二维)均匀分布.

(2) 二维正态分布

若二维连续型随机变量 (X, Y) 的概率密度为

$$f(x, y) = \frac{1}{2\pi\sigma_1\sigma_2\sqrt{1-\rho^2}} \exp\left\{\frac{-1}{2(1-\rho^2)}\left[\frac{(x-\mu_1)^2}{\sigma_1^2} - 2\rho\frac{(x-\mu_1)(y-\mu_2)}{\sigma_1\sigma_2} + \frac{(y-\mu_2)^2}{\sigma_2^2}\right]\right\},$$

$$-\infty < x < +\infty, \quad -\infty < y < +\infty, \tag{3.12}$$

其中 $\mu_1, \mu_2, \sigma_1, \sigma_2, \rho$ 均为常数,且 $\sigma_1 > 0, \sigma_2 > 0$, $-1 < \rho < 1$,则称 (X, Y) 为服从参数为 $\mu_1, \mu_2, \sigma_1, \sigma_2, \rho$ 的二维正态分布,记作 $(X, Y) \sim N(\mu_1, \mu_2, \sigma_1^2, \sigma_2^2, \rho)$.

4. 二维离散型随机变量的边缘分布

设二维离散型随机变量 (X, Y) 的分布律为

$$P\{X = x_i, Y = y_j\} = p_{ij}, \quad i, j = 1, 2, \cdots$$

若记
$$p_{i\cdot} = \sum_{j=1}^{\infty} p_{ij}, \quad i = 1, 2, \cdots,$$
$$p_{\cdot j} = \sum_{i=1}^{\infty} p_{ij}, \quad j = 1, 2, \cdots,$$
则有
$$P\{X = x_i\} = p_{i\cdot}, \quad i = 1, 2, \cdots, \tag{3.13}$$
$$P\{Y = y_j\} = p_{\cdot j}, \quad j = 1, 2, \cdots \tag{3.14}$$
分别称式(3.13)和式(3.14)为 (X, Y) 关于 X 和关于 Y 的边缘分布律.

5. 二维连续型随机变量的边缘分布

设 (X, Y) 为二维连续型随机变量,其概率密度为 $f(x, y)$,则
$$F_X(x) = F(x, +\infty) = \int_{-\infty}^{x} \left[\int_{-\infty}^{+\infty} f(x, y)\mathrm{d}y\right]\mathrm{d}x,$$
由连续型随机变量的定义知 X 是一个连续型随机变量,其概率密度如下
$$f_X(x) = \int_{-\infty}^{+\infty} f(x, y)\mathrm{d}y. \tag{3.15}$$
同理易知 Y 也是一个连续型随机变量,其概率密度如下
$$f_Y(y) = \int_{-\infty}^{+\infty} f(x, y)\mathrm{d}x, \tag{3.16}$$
分别称函数 $f_X(x)$ 和 $f_Y(y)$ 为 (X, Y) 关于 X 和关于 Y 的边缘概率密度.

6. 二维离散型随机变量的条件分布

定义 6 设 (X, Y) 是二维离散型随机变量,其分布律和边缘分布律分别为
$$P\{X = x_i, Y = y_j\} = p_{ij}, \quad i, j = 1, 2, \cdots,$$
$$P\{X = x_i\} = p_{i\cdot} = \sum_{j=1}^{\infty} p_{ij}, \quad i = 1, 2, \cdots,$$
$$P\{Y = y_j\} = p_{\cdot j} = \sum_{i=1}^{\infty} p_{ij}, \quad j = 1, 2, \cdots.$$
若对于固定的 j, $P\{Y = y_j\} = p_{\cdot j} > 0$, 则称
$$P\{X = x_i \mid Y = y_j\} = \frac{p_{ij}}{p_{\cdot j}}, \quad i = 1, 2, \cdots \tag{3.17}$$
为在 $Y = y_j$ 条件下随机变量 X 的条件分布律.

类似地,若对于固定的 i, $P\{X = x_i\} = p_{i\cdot} > 0$, 则称

$$P\{Y = y_j \mid X = x_i\} = \frac{p_{ij}}{p_{i\cdot}}, \quad j = 1, 2, \cdots \tag{3.18}$$

为在 $X = x_i$ 条件下随机变量 Y 的条件分布律.

上述条件分布律具有分布律的两条基本性质,即非负性和规范性.

7. 二维连续型随机变量的条件分布

定义 7　设 (X, Y) 是二维连续型随机变量,其概率密度为 $f(x, y)$,(X, Y) 关于 Y 的边缘概率密度为 $f_Y(y)$,若对于固定的 y,$f_Y(y) > 0$,则称 $\frac{f(x, y)}{f_Y(y)}$ 为在条件 $Y = y$ 下 X 的条件概率密度,记为

$$f_{X|Y}(x \mid y) = \frac{f(x, y)}{f_Y(y)}, \tag{3.19}$$

称 $\int_{-\infty}^{x} f_{X|Y}(x \mid y)\mathrm{d}x = \int_{-\infty}^{x} \frac{f(x, y)}{f_Y(y)}\mathrm{d}x$ 为在条件 $Y = y$ 下 X 的条件分布函数,记为 $P\{X \leqslant x \mid Y = y\}$ 或 $F_{X|Y}(x \mid y)$,即

$$F_{X|Y}(x \mid y) = P\{X \leqslant x \mid Y = y\} = \int_{-\infty}^{x} \frac{f(x, y)}{f_Y(y)}\mathrm{d}x. \tag{3.20}$$

若对于固定的 x,$f_X(x) > 0$,则称 $\frac{f(x, y)}{f_X(x)}$ 为在条件 $X = x$ 下 Y 的条件概率密度,记为

$$f_{Y|X}(y \mid x) = \frac{f(x, y)}{f_X(x)}, \tag{3.21}$$

称 $F_{Y|X}(y \mid x) = \int_{-\infty}^{y} \frac{f(x, y)}{f_X(x)}\mathrm{d}y$ 为在条件 $X = x$ 下 Y 的条件分布函数,记为 $P\{Y \leqslant y \mid X = x\}$ 或 $F_{Y|X}(y \mid x)$,即

$$F_{Y|X}(y \mid x) = P\{Y \leqslant y \mid X = x\} = \int_{-\infty}^{y} \frac{f(x, y)}{f_X(x)}\mathrm{d}y. \tag{3.22}$$

条件概率密度 $f_{X|Y}(x \mid y)$ 和 $f_{Y|X}(y \mid x)$ 满足概率密度的两条基本性质,即非负性与规范性.

8. 随机变量的独立性

定义 8　设二维随机变量 (X, Y) 的分布函数及边缘分布函数分别为 $F(x, y)$ 及 $F_X(x)$,$F_Y(y)$,若对于任意实数 x,y 都有

$$P\{X \leqslant x, Y \leqslant y\} = P\{X \leqslant x\} \cdot P\{Y \leqslant y\}, \tag{3.23}$$

即 $$F(x, y) = F_X(x) \cdot F_Y(y), \tag{3.24}$$

则称随机变量 X 和 Y 是相互独立的.

9. 离散型随机变量的独立性

若 (X, Y) 是二维离散型随机变量,则 X 和 Y 相互独立的条件等价于

$$P\{X = x_i, Y = y_j\} = P\{X = x_i\} \cdot P\{Y = y_j\}, \tag{3.25}$$

即 $$p_{ij} = p_{i\cdot} p_{\cdot j}, \ i, j = 1, 2, \cdots \tag{3.26}$$

其中 p_{ij}, $p_{i\cdot}$, $p_{\cdot j}$ 分别为 (X, Y), X 和 Y 的分布律.

10. 连续型随机变量的独立性

若 (X, Y) 是二维连续型随机变量,则 X 和 Y 相互独立的条件等价于

$$f(x, y) = f_X(x) \cdot f_Y(y) \tag{3.27}$$

在 $f(x, y)$, $f_X(x)$, $f_Y(y)$ 的一切公共连续点上都成立,其中 $f(x, y)$ 是 (X, Y) 的概率密度, $f_X(x)$, $f_Y(y)$ 是它的边缘概率密度.

二维正态分布 $N(\mu_1, \mu_2, \sigma_1^2, \sigma_2^2, \rho)$ 中的参数 ρ 反映了二维正态分布 $N(\mu_1, \mu_2, \sigma_1^2, \sigma_2^2, \rho)$ 中变量 X 与 Y 之间的相互关系. 实际应用中,只要两个随机变量的取值互不影响,或者影响很小,即可认为这两个随机变量是相互独立的.

二维随机变量的概念和性质,可平行地推广到 $n(n > 2)$ 维随机变量.

11. 二维离散型随机变量函数的分布

设二维离散型随机变量 (X, Y) 的分布律为

$$P\{X = x_i, Y = y_j\} = p_{ij}, \quad (i, j = 1, 2, \cdots)$$

则 X, Y 的函数 $Z = g(X, Y)$ 是离散型随机变量,且其分布律为

$$\begin{aligned} P\{Z = z_k\} = P\{g(X, Y) = z_k\} &= \sum_{\{(x_i, y_j) \mid g(x_i, y_j) = z_k\}} P\{X = x_i, Y = y_j\} \\ &= \sum_{\{(x_i, y_j) \mid g(x_i, y_j) = z_k\}} p_{ij}. \quad (k = 1, 2, \cdots) \end{aligned} \tag{3.28}$$

(1) 和的分布

设二维连续型随机变量 (X, Y) 的概率密度为 $f(x, y)$,则 $Z = X + Y$ 的分布函数为

$$F_Z(z) = P\{Z \leqslant z\} = P\{X + Y \leqslant z\} = \iint_D f(x, y) \mathrm{d}x \mathrm{d}y,$$

其中积分区域 $D=\{(x, y) \mid x+y\leqslant z\}$ 是直线 $x+y=z$ 及其左下方的半平面.

$$F_Z(z)=\int_{-\infty}^{+\infty}\int_{-\infty}^{z} f(x, v-x)\mathrm{d}v\mathrm{d}x=\int_{-\infty}^{z}\left[\int_{-\infty}^{+\infty} f(x, v-x)\mathrm{d}x\right]\mathrm{d}v.$$

由概率密度的定义,可得 Z 的概率密度为

$$f_Z(z)=\int_{-\infty}^{+\infty} f(x, z-x)\mathrm{d}x, \tag{3.29}$$

由 X, Y 的对称性, $f_Z(z)$ 也可写为

$$f_Z(z)=\int_{-\infty}^{+\infty} f(z-y, y)\mathrm{d}y. \tag{3.30}$$

特别地,当 X 和 Y 相互独立时,设 (X, Y) 关于 X 和 Y 的边缘概率密度分别为 $f_X(x)$, $f_Y(y)$, 则式 (3.29)和(3.30)分别可以写为

$$f_Z(z)=\int_{-\infty}^{+\infty} f_X(x)f_Y(z-x)\mathrm{d}x, \tag{3.31}$$

$$f_Z(z)=\int_{-\infty}^{+\infty} f_X(z-y)f_Y(y)\mathrm{d}y, \tag{3.32}$$

称式(3.31)和(3.32)为卷积公式,记为 $f_X * f_Y$, 即

$$f_X * f_Y=\int_{-\infty}^{+\infty} f_X(x)f_Y(z-x)\mathrm{d}x=\int_{-\infty}^{+\infty} f_X(z-y)f_Y(y)\mathrm{d}y.$$

重要结论:

① 若两个随机变量 X, Y 相互独立,且 $X\sim N(\mu_1, \sigma_1^2)$, $Y\sim N(\mu_2, \sigma_2^2)$, 则 $Z=X+Y\sim N(\mu_1+\mu_2, \sigma_1^2+\sigma_2^2)$;

② 将(1) 推广到 n 个随机变量的情形. 若 n 个随机变量 X_1, X_2, …, X_n 相互独立,且 $X_i\sim N(\mu_i, \sigma_i^2)(i=1, 2,\cdots n)$, 则 $Z=\sum\limits_{i=1}^{n}X_i\sim N(\sum\limits_{i=1}^{n}\mu_i, \sum\limits_{i=1}^{n}\sigma_i^2)$;

(2) 最大值与最小值的分布

设两个随机变量 X, Y 相互独立,它们的分布函数分别为 $F_X(x)$, $F_Y(y)$.

随机变量 $M=\max(X, Y)$ 的分布函数为

$$F_{\max}(z)=F_X(z)\cdot F_Y(z). \tag{3.33}$$

随机变量 $N=\min(X, Y)$ 的分布函数为

$$F_{\min}(z)=1-[1-F_X(z)]\cdot[1-F_Y(z)]. \tag{3.34}$$

以上结论可以推广到有限多个独立随机变量的情形. 设 n 个随机变量 X_1,

$X_2, \cdots, X_n$ 相互独立，其分布函数分别为 $F_{X_i}(x_i)(i=1, 2, \cdots, n)$，则 $M=\max(X_1, X_2, \cdots, X_n)$ 及 $N=\min(X_1, X_2, \cdots, X_n)$ 的分布函数分别为

$$F_{\max}(z)=F_{X_1}(z)F_{X_2}(z)\cdots F_{X_n}(z)=\prod_{i=1}^{n}F_{X_i}(z), \tag{3.35}$$

$$\begin{aligned}F_{\min}(z)&=1-[1-F_{X_1}(z)][1-F_{X_2}(z)]\cdots[1-F_{X_n}(z)]\\&=1-\prod_{i=1}^{n}[1-F_{X_i}(z)].\end{aligned} \tag{3.36}$$

特别地，当 $X_1, X_2, \cdots, X_n$ 相互独立且有相同的分布函数 $F(x)$ 时，以下结论成立：

$$F_{\max}(z)=[F(z)]^n, \tag{3.37}$$

$$F_{\min}(z)=1-[1-F(z)]^n. \tag{3.38}$$

三、释 疑 解 难

1. 如何求二维连续型随机变量 (X, Y) 的分布函数？

答 (1) 由式子 $F(x, y)=\int_{-\infty}^{x}\int_{-\infty}^{y}f(u, v)\mathrm{d}u\mathrm{d}v$ 求出；

(2) 当 X 和 Y 相互独立时，可由 $F(x, y)=F_X(x)\cdot F_Y(y)$ 求出.

2. 边缘分布和联合分布有怎样的关系？

答 边缘分布由联合分布唯一确定，但反之不成立，即仅由边缘分布，一般不能确定联合分布. 如二维随机变量 (X, Y)，其分布律为

X \ Y	0	1	$p_{i\cdot}$
0	$\frac{1}{8}$	$\frac{3}{8}$	$\frac{1}{2}$
1	$\frac{3}{8}$	$\frac{1}{8}$	$\frac{1}{2}$
$p_{\cdot j}$	$\frac{1}{2}$	$\frac{1}{2}$	

边缘分布律为

X	0	1
$p_{i\cdot}$	$\frac{1}{2}$	$\frac{1}{2}$

，

Y	0	1
$p_{\cdot j}$	$\frac{1}{2}$	$\frac{1}{2}$

；

二维随机变量 (X, Y)，其分布律为

$X \backslash Y$	0	1	$p_{i\cdot}$
0	$\frac{3}{8}$	$\frac{1}{8}$	$\frac{1}{2}$
1	$\frac{1}{8}$	$\frac{3}{8}$	$\frac{1}{2}$
$p_{\cdot j}$	$\frac{1}{2}$	$\frac{1}{2}$	

边缘分布律为

X	0	1
$p_{i\cdot}$	$\frac{1}{2}$	$\frac{1}{2}$

，

Y	0	1
$p_{\cdot j}$	$\frac{1}{2}$	$\frac{1}{2}$

，

即虽然 X、Y 分别具有相同的分布律，但是它们的联合分布律却不同.

3. 如何判断离散型随机变量 X 和 Y 的相互独立性？

答　可采用如下方法判断：

(1) 当 $P\{X = x_i, Y = y_j\} = P\{X = x_i\} \cdot P\{Y = y_j\}$，即 $p_{ij} = p_{i\cdot}p_{\cdot j}$ $(i, j = 1, 2, \cdots)$ 成立时，X 和 Y 相互独立，否则，X 和 Y 不相互独立；

(2) 由随机试验的独立性直接判断 X 和 Y 的相互独立性.

4. 如何判断连续型随机变量 X 和 Y 的相互独立性？

答　可采用如下方法判断：

(1) 当 $f(x, y) = f_X(x) \cdot f_Y(y)$ 成立时，X 和 Y 相互独立，否则，X 和 Y 不相互独立；

(2) 当 $F(x, y) = F_X(x) \cdot F_Y(y)$ 成立时，X 和 Y 相互独立，否则，X 和 Y 不相互独立；

(3) 设二维连续型随机变量 (X, Y) 的概率密度为 $f(x, y)$，$a \leqslant x \leqslant b$，$c \leqslant y \leqslant d$，则 X 和 Y 相互独立等价于：

① 存在连续函数 $g(x)$ 和 $h(y)$，使 $f(x, y) = g(x) \cdot h(y)$ 成立，

② a，b 是与 y 无关的常数，c，d 是与 x 无关的常数.

5. 任意两个服从正态分布的随机变量的和一定服从正态分布吗?

答 不一定. 但若两个服从正态分布的随机变量相互独立,则其和一定服从正态分布.

6. 二维正态分布有哪些主要结论?

答 设 $(X, Y) \sim N(\mu_1, \mu_2, \sigma_1^2, \sigma_2^2, \rho)$,则:

(1) (X, Y) 的两个边缘分布均为正态分布,即 $X \sim N(\mu_1, \sigma_1^2)$, $Y \sim N(\mu_2, \sigma_2^2)$;

(2) X 和 Y 相互独立的充要条件是 $\rho = 0$;

(3) X 和 Y 的线性组合仍然服从正态分布,即

$$kX + lY \sim N(k\mu_1 + l\mu_2, k^2\sigma_1^2 + l^2\sigma_2^2 + 2kl\rho\sigma_1\sigma_2);$$

(4) 在条件 $Y = y$ 下 X 的条件分布仍为正态分布,在条件 $X = x$ 下 Y 的条件分布也是正态分布.

四、典型例题

【例 1】 甲、乙两人独立地各射击两次,设甲的命中率为 0.2,乙的命中率为 0.5,分别以 X 和 Y 表示甲和乙的命中次数,试求二维随机变量 (X, Y) 的概率分布.

解 由条件得,即

X	0	1	2
p_k	0.64	0.32	0.04

,

Y	0	1	2
p_k	0.25	0.5	0.25

,

因为 X 和 Y 相互独立,故 (X, Y) 的概率分布为

X \ Y	0	1	2
0	0.16	0.32	0.16
1	0.08	0.16	0.08
2	0.01	0.02	0.01

【例 2】 设二维随机变量 (X, Y) 的概率密度为

$$f(x, y)=\begin{cases} cxy, & 0\leqslant x\leqslant 1,\ 0\leqslant y\leqslant 1, \\ 0, & \text{其他}. \end{cases}$$

试求:(1) 常数 c; (2)概率 $P(X<Y)$.

解　(1) 由 $\int_{-\infty}^{+\infty}\int_{-\infty}^{+\infty}f(x, y)\mathrm{d}x\mathrm{d}y=\int_0^1\int_0^1 cxy\mathrm{d}x\mathrm{d}y=c\int_0^1 x\mathrm{d}x\cdot\int_0^1 y\mathrm{d}y=\frac{c}{4}=1$,得 $c=4$.

(2)

$$\begin{aligned} P(X<Y)&=\iint\limits_{x<y}f(x, y)\mathrm{d}x\mathrm{d}y=\iint\limits_{D}4xy\mathrm{d}x\mathrm{d}y \\ &=\int_0^1\mathrm{d}y\int_0^y 4xy\mathrm{d}x=\int_0^1 2y^3\mathrm{d}y \\ &=\frac{1}{2}. \end{aligned}$$

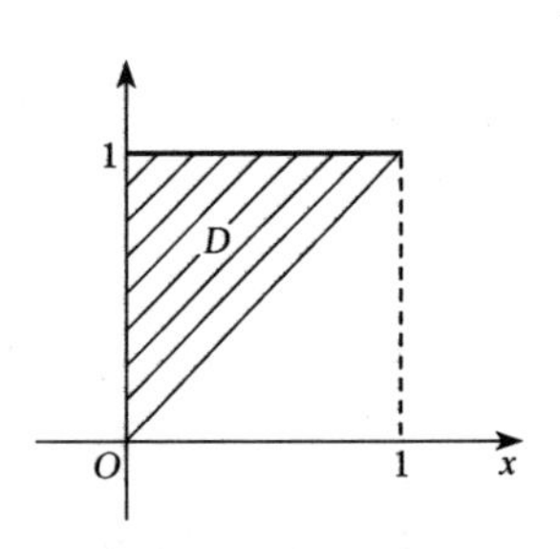

【例 3】　设随机变量 (X, Y) 服从区域 $D=\{(x, y)\mid a<x<b,\ c<y<d\}$ 上的均匀分布,试求:(1)概率密度 $f(x, y)$;(2)边缘概率密度 $f_X(x)$, $f_Y(y)$;(3)判断 X, Y 是否相互独立?

解　(1) 由条件可得

$$f(x, y)=\begin{cases} \frac{1}{(b-a)(d-c)}, & a<x<b,\ c<y<d, \\ 0, & \text{其他}; \end{cases}$$

(2) $$f_X(x)=\int_{-\infty}^{+\infty}f(x, y)\mathrm{d}y=\begin{cases} \int_c^d\frac{\mathrm{d}y}{(b-a)(d-c)}, & a<x<b, \\ 0, & \text{其他}, \end{cases}$$

$$=\begin{cases} \frac{1}{b-a}, & a<x<b, \\ 0, & \text{其他}. \end{cases}$$

$$f_Y(y)=\int_{-\infty}^{+\infty}f(x, y)\mathrm{d}x=\begin{cases} \int_a^b\frac{\mathrm{d}x}{(b-a)(d-c)}, & c<y<d, \\ 0, & \text{其他}, \end{cases}$$

$$=\begin{cases} \frac{1}{d-c}, & c<y<d, \\ 0, & \text{其他}; \end{cases}$$

(3) 由于 $f(x, y)=f_X(x)\cdot f_Y(y)$,故 X 与 Y 是相互独立的.

【例 4】　设二维随机变量 (X, Y) 的概率密度为

$$f(x, y)=\begin{cases}24y(1-x), & 0\leqslant x\leqslant 1, 0\leqslant y\leqslant x,\\ 0, & \text{其他}.\end{cases}$$

试求:(1) (X, Y) 的分布函数;(2)边缘概率密度 $f_X(x)$, $f_Y(y)$;

(3) 判断 X 与 Y 是否相互独立.

解 (1) $F(x, y)=P(X\leqslant x, Y\leqslant y)$

$x<0$ 或 $y<0$ 时, $F(x, y)=0$;

$0\leqslant x<1, 0\leqslant y<x$ 时, $F(x, y)=\int_0^y \mathrm{d}v\int_v^x 24v(1-u)\mathrm{d}u$

$$=12\left(x-\frac{1}{2}x^2\right)y^2-8y^3+3y^4;$$

$x\geqslant 1, 0\leqslant y<1$ 时, $F(x, y)=\int_0^y \mathrm{d}v\int_v^1 24v(1-u)\mathrm{d}u$

$$=6y^2-8y^3+3y^4;$$

$0\leqslant x<1, y\geqslant x$ 时, $F(x, y)=\int_0^x \mathrm{d}u\int_0^u 24v(1-u)\mathrm{d}v$

$$=4x^3-3x^4;$$

$x\geqslant 1, y\geqslant 1$ 时, $F(x, y)=\int_0^1 \mathrm{d}u\int_0^u 24v(1-u)\mathrm{d}u=1$;

故 (X, Y) 的分布函数为

$$F(x, y)=\begin{cases}0, & x<0 \text{ 或 } y<0,\\ 12\left(x-\frac{1}{2}x^2\right)y^2-8y^3+3y^4, & 0\leqslant x<1, 0\leqslant y<x,\\ 6y^2+8y^3+3y^4, & x\geqslant 1, 0\leqslant y<1,\\ 4x^3-3x^4, & 0\leqslant x<1, y\geqslant x,\\ 1, & x\geqslant 1, y\geqslant 1;\end{cases}$$

(2) (X, Y) 关于 X 的边缘概率密度为

$$f_X(x)=\int_{-\infty}^{+\infty} f(x, y)\mathrm{d}y$$

$$=\begin{cases}\int_0^x 24y(1-x)\mathrm{d}y, & 0\leqslant x\leqslant 1,\\ 0, & \text{其他},\end{cases}=\begin{cases}12x^2(1-x), & 0\leqslant x\leqslant 1,\\ 0, & \text{其他},\end{cases}$$

(X, Y) 关于 Y 的边缘概率密度为

$$f_Y(y)=\int_{-\infty}^{+\infty} f(x, y)\mathrm{d}x$$

$$=\begin{cases}\int_y^1 24y(1-x)\mathrm{d}x, & 0\leqslant y\leqslant 1,\\ 0, & \text{其他},\end{cases}=\begin{cases}12y(1-y)^2, & 0\leqslant y\leqslant 1,\\ 0, & \text{其他};\end{cases}$$

(3) 当 $0 \leqslant x \leqslant 1$，$0 \leqslant y \leqslant x$ 时，$f(x, y) \neq f_X(x) f_Y(y)$，所以 X 与 Y 不相互独立.

【例 5】 设二维随机变量 (X, Y) 的分布律为

$X \backslash Y$	0	1
-1	$\frac{1}{4}$	0
0	0	$\frac{1}{2}$
1	$\frac{1}{4}$	0

求 (1) (X, Y) 的边缘分布律；

(2) 在 $X = 1$ 的条件下，Y 的条件分布律；

(3) 在 $Y = 0$ 的条件下，X 的条件分布律.

解 (1)

$X \backslash Y$	0	1	$p_{i\cdot}$
-1	$\frac{1}{4}$	0	$\frac{1}{4}$
0	0	$\frac{1}{2}$	$\frac{1}{2}$
1	$\frac{1}{4}$	0	$\frac{1}{4}$
$p_{\cdot j}$	$\frac{1}{2}$	$\frac{1}{2}$	

边缘分布律即为

X	-1	0	1
$p_{i\cdot}$	$\frac{1}{4}$	$\frac{1}{2}$	$\frac{1}{4}$

，

Y	0	1
$p_{\cdot j}$	$\frac{1}{2}$	$\frac{1}{2}$

；

(2) 在 $X = 1$ 的条件下，Y 的条件分布律为

$Y=k$	0	1
$P\{Y=k \mid X=1\}$	$\frac{1}{4} \Big/ \frac{1}{4}$	$0 \Big/ \frac{1}{4}$

，即

$Y=k$	0	1
$P\{Y=k \mid X=1\}$	1	0

；

(3) 在 $Y=0$ 的条件下,X 的条件分布律为

$X=k$	-1	0	1
$P\{X=k\mid Y=0\}$	$\frac{1}{4}\Big/\frac{1}{2}$	$0\Big/\frac{1}{2}$	$\frac{1}{4}\Big/\frac{1}{2}$

即

$X=k$	-1	0	1
$P\{X=k\mid Y=0\}$	$\frac{1}{2}$	0	$\frac{1}{2}$

.

【例 6】 已知二维随机变量 (X, Y) 的概率密度为

$$f(x, y)=\begin{cases}x^2+\dfrac{1}{3}xy, & 0\leqslant x\leqslant 1, 0\leqslant y\leqslant 2,\\ 0, & \text{其他},\end{cases}$$

试求条件概率密度 $f_{X|Y}(x\mid y)$ 和 $f_{Y|X}(y\mid x)$.

解 由条件得 $$f_X(x)=\int_{-\infty}^{+\infty}f(x, y)\mathrm{d}y=\begin{cases}\displaystyle\int_0^2\left(x^2+\frac{1}{3}xy\right)\mathrm{d}y, & 0\leqslant x\leqslant 1,\\ 0, & \text{其他},\end{cases}$$

$$=\begin{cases}2x^2+\dfrac{2}{3}x, & 0\leqslant x\leqslant 1,\\ 0, & \text{其他},\end{cases}$$

$$f_Y(y)=\int_{-\infty}^{+\infty}f(x, y)\mathrm{d}x=\begin{cases}\displaystyle\int_0^1\left(x^2+\frac{1}{3}xy\right)\mathrm{d}x, & 0\leqslant y\leqslant 2,\\ 0, & \text{其他},\end{cases}$$

$$=\begin{cases}\dfrac{1}{3}+\dfrac{1}{6}y, & 0\leqslant y\leqslant 2\\ 0, & \text{其他},\end{cases}$$

故 $$f_{X|Y}(x\mid y)=\frac{f(x, y)}{f_Y(y)}=\begin{cases}\dfrac{6x^2+2xy}{2+y}, & 0\leqslant x\leqslant 1,\\ 0, & \text{其他},\end{cases}$$

$$f_{Y|X}(y\mid x)=\frac{f(x, y)}{f_X(x)}=\begin{cases}\dfrac{3x+y}{6x+2}, & 0\leqslant y\leqslant 2,\\ 0, & \text{其他}.\end{cases}$$

【例 7】 设二维随机变量 (X, Y) 的概率密度为

$$f(x, y)=\begin{cases}2-x-y, & 0\leqslant x\leqslant 1, 0\leqslant y\leqslant 1,\\ 0, & \text{其他},\end{cases}$$

求 $Z=X+Y$ 的概率密度 $f_Z(z)$.

解　先求 $Z=X+Y$ 的分布函数 $F_Z(z)$，由于

$$F_Z(z)=P\{Z\leqslant z\}=P\{X+Y\leqslant z\}=\iint\limits_{x+y\leqslant z} f(x,\ y)\mathrm{d}x\mathrm{d}y,$$

其中积分区域 $D=\{(x,\ y)\mid x+y\leqslant z\}$ 是直线 $x+y=z$ 及其左下方的半平面.

当 $z\leqslant 0$ 时，$F_Z(z)=\iint\limits_D 0\mathrm{d}x\mathrm{d}y=0$；

当 $0<z\leqslant 1$ 时，

$$F_Z(z)=\int_0^z\left[\int_0^{z-y}(2-x-y)\mathrm{d}x\right]\mathrm{d}y=z^2-\frac{1}{3}z^3;$$

当 $1<z\leqslant 2$ 时，

$$F_Z(z)=1-\int_{z-1}^1\left[\int_{z-y}^1(2-x-y)\mathrm{d}x\right]\mathrm{d}y=1-\frac{1}{3}(2-z)^3;$$

当 $z>2$ 时，$F_Z(z)=1$；

即

$$F_Z(z)=\begin{cases}0, & z\leqslant 0,\\ z^2-\dfrac{1}{3}z^3, & 0<z\leqslant 1,\\ 1-\dfrac{1}{3}(2-z)^3, & 1<z\leqslant 2,\\ 1, & z>2,\end{cases}$$

所以

$$f_Z(z)=\begin{cases}2z-z^2, & 0<z\leqslant 1,\\ (2-z)^2, & 1<z\leqslant 2,\\ 0, & \text{其他}.\end{cases}$$

【例 8】　设二维随机变量 $(X,\ Y)$ 的概率密度为

$$f(x,\ y)=\begin{cases}x+y, & 0\leqslant x\leqslant 1,\ 0\leqslant y\leqslant 1,\\ 0, & \text{其他},\end{cases}$$

设 $M=\max(X,\ Y)$，$N=\min(X,\ Y)$，试求：

(1) M 的分布函数和概率密度；

(2) N 的分布函数和概率密度.

解　(1) M 的分布函数为

$$F_M(z)=P(M\leqslant z)=P(X\leqslant z,\ Y\leqslant z),$$

$z \leqslant 0$ 时，$F_M(z) = 0$；

$z > 1$ 时，$F_M(z) = 1$；

$0 < z \leqslant 1$ 时，$F_M(z) = P(X \leqslant z, Y \leqslant z) = \int_0^z \int_0^z (x+y)\mathrm{d}x\mathrm{d}y$

$$= \int_0^z \int_0^z x\mathrm{d}x\mathrm{d}y + \int_0^z \int_0^z y\mathrm{d}x\mathrm{d}y$$

$$= 2\int_0^z \int_0^z x\mathrm{d}x\mathrm{d}y = z^3.$$

故
$$F_M(z) = \begin{cases} 0, & z \leqslant 0, \\ z^3, & 0 < z \leqslant 1, \\ 1, & z > 1, \end{cases}$$

M 的概率密度为

$$f_M(z) = F'_M(z) = \begin{cases} 3z^2, & 0 < z \leqslant 1, \\ 0, & \text{其他}; \end{cases}$$

(2) N 的分布函数为

$$F_N(z) = P(N \leqslant z) = 1 - P(N > z) = 1 - P(X > z, Y > z),$$

$z \leqslant 0$ 时，$P(X > z, Y > z) = 1$，所以 $F_N(z) = 0$；

$z > 1$ 时，$P(X > z, Y > z) = 0$，所以 $F_N(z) = 1$；

$0 < z \leqslant 1$ 时，$F_N(z) = 1 - P(X > z, Y > z) = 1 - \int_z^1 \int_z^1 (x+y)\mathrm{d}x\mathrm{d}y$

$$= 1 - \left(\int_z^1 \int_z^1 x\mathrm{d}x\mathrm{d}y + \int_z^1 \int_z^1 y\mathrm{d}x\mathrm{d}y\right)$$

$$= 1 - 2\int_z^1 \int_z^1 x\mathrm{d}x\mathrm{d}y$$

$$= z + z^2 - z^3,$$

故
$$F_N(z) = \begin{cases} 0, & z \leqslant 0, \\ z + z^2 - z^3, & 0 < z \leqslant 1, \\ 1, & z > 1, \end{cases}$$

N 的概率密度为

$$f_N(z) = F'_N(z) = \begin{cases} 1 + 2z - 3z^2, & 0 < z \leqslant 1, \\ 0, & \text{其他}. \end{cases}$$

【例 9】 某电子元件由两个部件组成，X 和 Y 分别表示这两个部件的使用寿命(单位：kh)，已知 (X, Y) 的分布函数为

$$F(x, y)=\begin{cases}1-e^{-\frac{1}{2}x}-e^{-\frac{1}{2}y}+e^{-\frac{1}{2}(x+y)}, & x\geqslant 0, y\geqslant 0,\\ 0, & \text{其他},\end{cases}$$

(1) 试判断 X 和 Y 是否相互独立；

(2) 求两个部件的使用寿命均超过 100 h 的概率.

解　(1) 由条件得

$$F_X(x)=F(x, +\infty)=\begin{cases}\lim\limits_{y\to+\infty}(1-e^{-\frac{1}{2}x}-e^{-\frac{1}{2}y}+e^{-\frac{1}{2}(x+y)}), & x\geqslant 0\\ 0, & \text{其他}\end{cases}$$

$$=\begin{cases}1-e^{-\frac{1}{2}x}, & x\geqslant 0,\\ 0, & \text{其他},\end{cases}$$

$$F_Y(y)=F(+\infty, y)=\begin{cases}\lim\limits_{x\to+\infty}(1-e^{-\frac{1}{2}x}-e^{-\frac{1}{2}y}+e^{-\frac{1}{2}(x+y)}), & y\geqslant 0\\ 0, & \text{其他}\end{cases}$$

$$=\begin{cases}1-e^{-\frac{1}{2}y}, & y\geqslant 0,\\ 0, & \text{其他}.\end{cases}$$

由于
$$F(x, y)=F_X(x)\cdot F_Y(y),$$
因此 X 和 Y 相互独立；

(2) 两个部件的使用寿命均超过 100 h 的概率为

$$\begin{aligned}P(X>0.1, Y>0.1)&=P(X>0.1)\cdot P(Y>0.1)\\&=[1-P(X\leqslant 0.1)]\cdot[1-P(Y\leqslant 0.1)]\\&=[1-F_X(0.1)]\cdot[1-F_Y(0.1)]\\&=e^{-\frac{1}{2}\times 0.1}\cdot e^{-\frac{1}{2}\times 0.1}=e^{-0.1}.\end{aligned}$$

五、习 题 解 答

习题 3.1

1. 将一硬币抛掷 3 次，以 X 表示在 3 次中出现正面的次数，以 Y 表示 3 次中出现正面次数与出现反面次数之差的绝对值. 试写出 X 和 Y 的联合分布律.

解　X 和 Y 的联合分布律如表：

$X \backslash Y$	1	3
0	0	$\frac{1}{8}$
1	$C_3^1 \cdot \frac{1}{2} \cdot \frac{1}{2} \cdot \frac{1}{2} = \frac{3}{8}$	0
2	$C_3^2 \cdot \frac{1}{2} \cdot \frac{1}{2} \cdot \frac{1}{2} = \frac{3}{8}$	0
3	0	$\frac{1}{2} \cdot \frac{1}{2} \cdot \frac{1}{2} = \frac{1}{8}$

2. 从 1, 2, 3, 4 中任取一数记为 X,再从 1, …, X 中任取一数记为 Y. 试求

(1) (X, Y) 的分布律;

(2) $P(X=Y)$.

解 (1) (X, Y) 的分布律为

$X \backslash Y$	1	2	3	4
1	$\frac{1}{4}$	0	0	0
2	$\frac{1}{4} \cdot \frac{1}{2} = \frac{1}{8}$	$\frac{1}{4} \cdot \frac{1}{2} = \frac{1}{8}$	0	0
3	$\frac{1}{4} \cdot \frac{1}{3} = \frac{1}{12}$	$\frac{1}{4} \cdot \frac{1}{3} = \frac{1}{12}$	$\frac{1}{4} \cdot \frac{1}{3} = \frac{1}{12}$	0
4	$\frac{1}{4} \cdot \frac{1}{4} = \frac{1}{16}$	$\frac{1}{4} \cdot \frac{1}{4} = \frac{1}{16}$	$\frac{1}{4} \cdot \frac{1}{4} = \frac{1}{16}$	$\frac{1}{4} \cdot \frac{1}{4} = \frac{1}{16}$

(2) $P(X=Y)=P(X=1, Y=1)+P(X=2, Y=2)+P(X=3, Y=3)+P(X=4, Y=4)=\frac{1}{4}+\frac{1}{8}+\frac{1}{12}+\frac{1}{16}=\frac{25}{48}$.

3. 设随机变量 (X, Y) 的概率密度为

$$f(x, y)=\begin{cases} k(6-x-y), & 0<x<2,\ 2<y<4, \\ 0, & \text{其他}. \end{cases}$$

(1) 确定常数 k;　　(2) 求 $P\{X<1, Y<3\}$;

(3) 求 $P\{X<1.5\}$;　　(4) 求 $P\{X+Y \leqslant 4\}$.

解 (1) 由 $\int_{-\infty}^{+\infty}\int_{-\infty}^{+\infty} f(x, y)\mathrm{d}x\mathrm{d}y=\int_0^2\int_2^4 k(6-x-y)\mathrm{d}x\mathrm{d}y=k\int_0^2\left[(6-x)y-\frac{y^2}{2}\right]_2^4\mathrm{d}x$

$$=k\int_0^2(6-2x)\mathrm{d}x=8k=1$$

得

$$k=\frac{1}{8}.$$

(2) $P\{X<1, Y<3\}=\int_0^1\int_2^3 \frac{1}{8}(6-x-y)\mathrm{d}x\mathrm{d}y=\frac{1}{8}\int_0^1\left[(6-x)y-\frac{y^2}{2}\right]_2^3\mathrm{d}x$

$$=\frac{1}{8}\int_0^1\left(\frac{7}{2}-x\right)\mathrm{d}x=\frac{3}{8}.$$

(3) $P\{X<1.5\}=\int_0^{1.5}\int_2^4\frac{1}{8}(6-x-y)\mathrm{d}x\mathrm{d}y=\frac{1}{8}\int_0^{1.5}\left[(6-x)y-\frac{y^2}{2}\right]_2^4\mathrm{d}x$

$$=\frac{1}{8}\int_0^{1.5}(6-2x)\mathrm{d}x=\frac{27}{32}.$$

(4) $P\{X+Y\leqslant 4\}=\int_0^2\int_2^{4-x}\frac{1}{8}(6-x-y)\mathrm{d}x\mathrm{d}y=\frac{1}{8}\int_0^2\left[(6-x)y-\frac{y^2}{2}\right]_2^{4-x}\mathrm{d}x$

$$=\frac{1}{8}\int_0^2\left(6-4x+\frac{x^2}{2}\right)\mathrm{d}x=\frac{2}{3}$$

4. 设随机变量(X, Y)的概率密度为

$$f(x, y)=\begin{cases}Ae^{-(3x+4y)}, & x>0, y>0,\\ 0, & \text{其他}.\end{cases}$$

求:(1) 常数A;

(2) 随机变量(X, Y)的分布函数;

(3) $P\{0\leqslant X<1, 0\leqslant Y<2\}$.

解 (1) 由$\int_{-\infty}^{+\infty}\int_{-\infty}^{+\infty}f(x, y)\mathrm{d}x\mathrm{d}y=\int_0^{+\infty}\int_0^{+\infty}Ae^{-(3x+4y)}\mathrm{d}x\mathrm{d}y=\frac{A}{12}=1$

得 $A=12$.

(2) 由定义,有

$$F(x, y)=\int_{-\infty}^{y}\int_{-\infty}^{x}f(u, v)\mathrm{d}u\mathrm{d}v=\begin{cases}\int_0^y\int_0^x 12e^{-(3u+4v)}\mathrm{d}u\mathrm{d}v\\ 0,\end{cases}$$

$$=\begin{cases}(1-e^{-3x})(1-e^{-4y}) & y>0, x>0,\\ 0, & \text{其他}.\end{cases}$$

(3) $P\{0\leqslant X<1, 0\leqslant Y<2\}=P\{0<X\leqslant 1, 0<Y\leqslant 2\}=\int_0^1\int_0^2 12e^{-(3x+4y)}\mathrm{d}x\mathrm{d}y$

$$=(1-e^{-3})(1-e^{-8})\approx 0.949\,9.$$

习题 3.2

1. 求习题 3.1 中第 1 题中随机变量 (X, Y) 的边缘分布律.

解

X \ Y	1	3	$p_{i\cdot}$
0	0	$\frac{1}{8}$	$\frac{1}{8}$
1	$C_3^1\cdot\frac{1}{2}\cdot\frac{1}{2}\cdot\frac{1}{2}=\frac{3}{8}$	0	$\frac{3}{8}$
2	$C_3^2\cdot\frac{1}{2}\cdot\frac{1}{2}\cdot\frac{1}{2}=\frac{3}{8}$	0	$\frac{3}{8}$
3	0	$\frac{1}{2}\cdot\frac{1}{2}\cdot\frac{1}{2}=\frac{1}{8}$	$\frac{1}{8}$
$p_{\cdot j}$	$\frac{3}{4}$	$\frac{1}{4}$	

边缘分布律即是

X	0	1	2	3
$p_{i\cdot}$	$\frac{1}{8}$	$\frac{3}{8}$	$\frac{3}{8}$	$\frac{1}{8}$

，

Y	1	3
$p_{\cdot j}$	$\frac{3}{4}$	$\frac{1}{4}$

.

2. 设二维随机变量(X, Y)的概率密度为

$$f(x, y)=\begin{cases}4.8y(2-x), & 0\leqslant x\leqslant 1,\ 0\leqslant y\leqslant x,\\ 0, & \text{其他}.\end{cases}$$

求边缘概率密度 $f_X(x)$，$f_Y(y)$.

解 $f_X(x)=\int_{-\infty}^{+\infty}f(x, y)\mathrm{d}y=\begin{cases}\int_0^x 4.8y(2-x)\mathrm{d}y\\ 0,\end{cases}=\begin{cases}2.4x^2(2-x), & 0\leqslant x\leqslant 1,\\ 0, & \text{其他}.\end{cases}$

$$f_Y(y)=\int_{-\infty}^{+\infty}f(x, y)\mathrm{d}x=\begin{cases}\int_y^1 4.8y(2-x)\mathrm{d}x\\ 0,\end{cases}=\begin{cases}2.4y(3-4y+y^2), & 0\leqslant y\leqslant 1,\\ 0, & \text{其他}.\end{cases}$$

3. 设二维随机变量 (X, Y) 具有概率密度

$$f(x, y)=\begin{cases}x^2+cxy, & 0\leqslant x\leqslant 1, 0\leqslant y\leqslant 2,\\ 0, & \text{其他}.\end{cases}$$

求边缘概率密度 $f_X(x)$，$f_Y(y)$.

解 (X, Y) 关于 X 的边缘概率密度为

$$f_X(x)=\int_{-\infty}^{+\infty}f(x, y)\mathrm{d}y=\begin{cases}\int_0^2(x^2+cxy)\mathrm{d}y\\ 0\end{cases}=\begin{cases}2x^2+2cx, & 0\leqslant x\leqslant 1,\\ 0, & \text{其他},\end{cases}$$

(X, Y) 关于 Y 的边缘概率密度为

$$f_Y(y)=\int_{-\infty}^{+\infty}f(x, y)\mathrm{d}x=\begin{cases}\int_0^1(x^2+cxy)\mathrm{d}x\\ 0\end{cases}=\begin{cases}\frac{1}{3}+\frac{cy}{2}, & 0\leqslant y\leqslant 2,\\ 0, & \text{其他}.\end{cases}$$

4. 设二维随机变量 (X, Y) 的概率密度为

$$f(x, y)=\begin{cases}1, & 0< x< 1, |y|< x,\\ 0, & \text{其他}.\end{cases}$$

求边缘概率密度 $f_X(x)$,$f_Y(y)$.

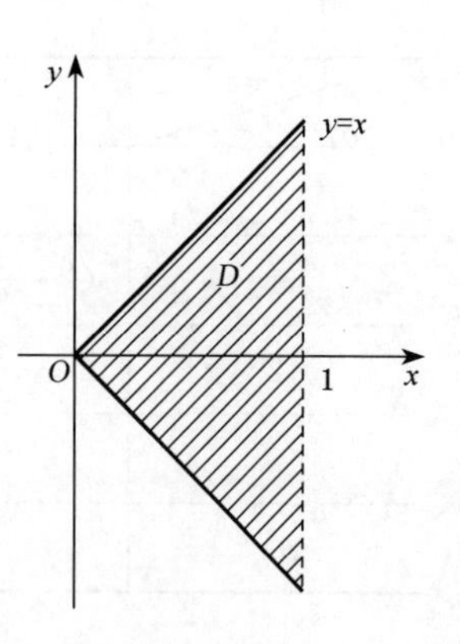

解 $f(x, y)$ 如右图所示.

则 (X, Y) 关于 X 的边缘概率密度为

$$f_X(x)=\int_{-\infty}^{+\infty}f(x, y)\mathrm{d}y=\begin{cases}\int_{-x}^x 1\mathrm{d}y\\ 0\end{cases}=\begin{cases}2x, & 0\leqslant x\leqslant 1,\\ 0, & \text{其他},\end{cases}$$

(X, Y) 关于 Y 的边缘概率密度为

$$f_Y(y)=\int_{-\infty}^{+\infty}f(x, y)\mathrm{d}x=\begin{cases}\int_y^1 1\mathrm{d}x, & 0<y\leqslant 1,\\ \int_{-y}^1 1\mathrm{d}x, & -1\leqslant y\leqslant 0,\\ 0, & \text{其他}\end{cases}=\begin{cases}1-y, & 0<y\leqslant 1,\\ 1+y, & -1\leqslant y\leqslant 0,\\ 0, & \text{其他}.\end{cases}$$

习题 3.3

1. 在习题 3.1 第 1 题中求

(1) 已知事件 $\{Y=1\}$ 发生时 X 的条件分布律；

(2) 已知事件 $\{X=2\}$ 发生时 Y 的条件分布律.

解　边缘分布律已在习题 3.2 第 1 题的解答中给出.

(1) 在 $Y=1$ 的条件下 X 的条件分布律为

$$P\{X=0\mid Y=1\}=\frac{P\{X=0, Y=1\}}{P\{Y=1\}}=\frac{0}{\frac{3}{4}}=0;$$

$$P\{X=1\mid Y=1\}=\frac{P\{X=1, Y=1\}}{P\{Y=1\}}=\frac{\frac{3}{8}}{\frac{3}{4}}=\frac{1}{2};$$

$$P\{X=2\mid Y=1\}=\frac{P\{X=2, Y=1\}}{P\{Y=1\}}=\frac{\frac{3}{8}}{\frac{3}{4}}=\frac{1}{2};$$

$$P\{X=3\mid Y=1\}=\frac{P\{X=3, Y=1\}}{P\{Y=1\}}=\frac{0}{\frac{3}{4}}=0.$$

即在 $Y=1$ 的条件下,X 的条件分布律为

$X=k$	0	1	2	3
$P\{X=k\mid Y=1\}$	0	$\frac{1}{2}$	$\frac{1}{2}$	0

.

(2) 同(1) 可得在 $X=2$ 的条件下,Y 的条件分布律为

$Y=k$	1	3
$P\{Y=k\mid X=2\}$	1	0

.

2. 设二维随机变量 (X, Y) 的概率密度为

$$f(x, y)=\begin{cases}1, & 0<x<1,\ |y|<x,\\ 0, & \text{其他}.\end{cases}$$

求条件概率密度 $f_{X|Y}(x \mid y)$ 和 $f_{Y|X}(y \mid x)$.

解

$$f_X(x)=\int_{-\infty}^{+\infty} f(x,y)\mathrm{d}y=\begin{cases}\int_{-x}^{x} 1\mathrm{d}y=2x, & 0<x<1,\\ 0, & \text{其他}.\end{cases}$$

$$f_Y(y)=\int_{-\infty}^{+\infty} f(x,y)\mathrm{d}x=\begin{cases}\int_{-y}^{1} 1\mathrm{d}x=1+y, & -1<y<0,\\ \int_{y}^{1} 1\mathrm{d}x=1-y, & 0\leqslant y<1,\\ 0, & \text{其他}.\end{cases}$$

所以

$$f_{Y|X}(y \mid x)=\frac{f(x,y)}{f_X(x)}=\begin{cases}\frac{1}{2x}, & |y|<x<1,\\ 0, & \text{其他}.\end{cases}$$

$$f_{X|Y}(x \mid y)=\frac{f(x,y)}{f_Y(y)}=\begin{cases}\frac{1}{1-y}, & y<x<1,\\ \frac{1}{1+y}, & -y<x<1,\\ 0, & \text{其他}.\end{cases}$$

3. 设二维随机变量 (X,Y) 的概率密度为

$$f(x,y)=\begin{cases}4, & 0\leqslant x\leqslant 1,\ 0\leqslant y\leqslant \frac{1}{2}(1-x),\\ 0, & \text{其他}.\end{cases}$$

求条件概率密度 $f_{X|Y}(x \mid y)$ 和 $f_{Y|X}(y \mid x)$.

解 $f_X(x)=\begin{cases}2(1-x), & 0\leqslant x\leqslant 1,\\ 0, & \text{其他},\end{cases}$ $\quad f_Y(y)=\begin{cases}4(1-2y), & 0\leqslant y\leqslant \frac{1}{2},\\ 0, & \text{其他},\end{cases}$

于是当 $0\leqslant y<\frac{1}{2}$ 时,有

$$f_{X|Y}(x \mid y)=\begin{cases}\frac{4}{4(1-2y)}=\frac{1}{1-2y}, & 0\leqslant x\leqslant 1-2y,\\ 0, & \text{其他}.\end{cases}$$

当 $0\leqslant x<1$ 时,有

$$f_{Y|X}(y \mid x)=\begin{cases}\frac{4}{2(1-x)}=\frac{2}{1-x}, & 0\leqslant y\leqslant \frac{1}{2}(1-x),\\ 0, & \text{其他}.\end{cases}$$

4. 设二维随机变量 (X,Y) 的概率密度为

$$f(x,y)=\begin{cases}\frac{21}{4}x^2 y, & x^2\leqslant y\leqslant 1,\\ 0, & \text{其他}.\end{cases}$$

试求:(1) 条件概率密度 $f_{X|Y}(x \mid y)$ 和 $f_{Y|X}(y \mid x)$；(2) $P\left\{Y \geqslant \frac{1}{4} \middle| X = \frac{1}{2}\right\}$.

解　(1) 由条件得 $f_X(x) = \int_{-\infty}^{+\infty} f(x, y)\mathrm{d}y = \begin{cases} \int_{x^2}^{1} \frac{21}{4}x^2 y\mathrm{d}y, & -1 \leqslant x \leqslant 1, \\ 0, & \text{其他} \end{cases}$

$$= \begin{cases} \frac{21}{8}x^2(1 - x^4), & -1 \leqslant x \leqslant 1, \\ 0, & \text{其他}, \end{cases}$$

$$f_Y(y) = \int_{-\infty}^{+\infty} f(x, y)\mathrm{d}x = \begin{cases} \int_{-\sqrt{y}}^{\sqrt{y}} \frac{21}{4}x^2 y\mathrm{d}x, & 0 \leqslant y \leqslant 1, \\ 0, & \text{其他} \end{cases}$$

$$= \begin{cases} \frac{21}{2}y \cdot \frac{1}{3}(\sqrt{y})^3, & 0 \leqslant y \leqslant 1, \\ 0, & \text{其他} \end{cases} = \begin{cases} \frac{7}{2}y^{\frac{5}{2}}, & 0 \leqslant y \leqslant 1, \\ 0, & \text{其他}. \end{cases}$$

所以　$$f_{X|Y}(x \mid y) = \frac{f(x, y)}{f_Y(y)} = \begin{cases} \frac{3}{2}x^2 y^{-\frac{3}{2}}, & -\sqrt{y} < x < \sqrt{y}, 0 \leqslant y \leqslant 1, \\ 0, & \text{其他}, \end{cases}$$

$$f_{Y|X}(y \mid x) = \frac{f(x, y)}{f_X(x)} = \begin{cases} \frac{2y}{1 - x^4}, & x^2 < y < 1, -1 < x < 1, \\ 0, & \text{其他}. \end{cases}$$

(2)

$$P\left\{Y \geqslant \frac{1}{4} \middle| X = \frac{1}{2}\right\} = \int_{\frac{1}{4}}^{+\infty} f_{Y|X}\left(y \mid x = \frac{1}{2}\right)\mathrm{d}y = \int_{\frac{1}{4}}^{1} \frac{32}{15}y\mathrm{d}y = 1.$$

习题 3.4

1. 设二维随机变量 (X, Y) 的概率密度为

$$f(x, y) = \begin{cases} c(x + y), & 0 \leqslant y \leqslant x \leqslant 1, \\ 0, & \text{其他}. \end{cases}$$

(1) 试确定常数 c；(2)判断 X 与 Y 是否相互独立.

解　(1) 由 $\int_{-\infty}^{+\infty}\int_{-\infty}^{+\infty} f(x, y)\mathrm{d}x\mathrm{d}y = \int_0^1 \int_0^x c\,(x + y)\mathrm{d}x\mathrm{d}y$

$$= c\int_0^1 \left[xy + \frac{y^2}{2}\right]_0^x \mathrm{d}x = c\int_0^1 \frac{3}{2}x^2\mathrm{d}x = \frac{c}{2} = 1,$$

得 $c = 2$；

(2) (X, Y) 关于 X 的边缘概率密度为

$$f_X(x) = \int_{-\infty}^{+\infty} f(x, y)\mathrm{d}y = \begin{cases} \int_0^x 2(x + y)\mathrm{d}y \\ 0 \end{cases} = \begin{cases} 3x^2, & 0 \leqslant x \leqslant 1, \\ 0, & \text{其他}, \end{cases}$$

(X, Y) 关于 Y 的边缘概率密度为

$$f_Y(y) = \int_{-\infty}^{+\infty} f(x, y)\mathrm{d}x = \begin{cases} \int_y^1 2(x+y)\mathrm{d}x \\ 0 \end{cases} = \begin{cases} 1+2y-3y^2, & 0 \leqslant y \leqslant 1, \\ 0, & \text{其他}, \end{cases}$$

由于 $f(x, y) \neq f_X(x) f_Y(y)$，所以 X 与 Y 不相互独立.

2. 设随机变量 X 和 Y 的联合分布律为

$X \backslash Y$	1	2
1	$\frac{1}{6}$	$\frac{1}{3}$
2	$\frac{1}{9}$	α
3	$\frac{1}{18}$	β

试问:当 α, β 取何值时,X 与 Y 相互独立?

解

$X \backslash Y$	1	2	$p_{i\cdot}$
1	$\frac{1}{6}$	$\frac{1}{3}$	$\frac{1}{2}$
2	$\frac{1}{9}$	α	$\frac{1}{9}+\alpha$
3	$\frac{1}{18}$	β	$\frac{1}{18}+\beta$
$p_{\cdot j}$	$\frac{1}{3}$	$\frac{1}{3}+\alpha+\beta$	

X 与 Y 相互独立等价于 $P\{X = x_i, Y = y_j\} = P\{X = x_i\} \cdot P\{Y = y_j\}$,

由 $P\{X=2, Y=1\} = P\{X=2\} \cdot P\{Y=1\}$ 得 $\frac{1}{9} = \left(\frac{1}{9}+\alpha\right) \cdot \frac{1}{3}$,解得 $\alpha = \frac{2}{9}$,

由 $P\{X=3, Y=1\} = P\{X=3\} \cdot P\{Y=1\}$ 得 $\frac{1}{18} = \left(\frac{1}{18}+\beta\right) \cdot \frac{1}{3}$,解得 $\beta = \frac{1}{9}$.

3. 设随机变量 (X, Y) 在区域 G 上服从均匀分布,其中 G 由直线 $y=-2x+2$ 及 x 轴,y 轴所围成.

(1) 求 X 与 Y 的联合概率密度;

(2) 求 X、Y 的边缘概率密度;

(3) 问 X 与 Y 相互独立吗? 为什么?

解 (1) 由均匀分布的定义,X 与 Y 的联合概率密度为

$$f(x, y) = \begin{cases} 1, & (x, y) \in D, \\ 0, & \text{其他}. \end{cases}$$

(2) 关于 X 的边缘概率密度为

$$f_X(x)=\int_{-\infty}^{+\infty}f(x,y)\mathrm{d}y=\begin{cases}\int_0^{2(1-x)}\mathrm{d}y, & 0\leqslant x\leqslant 1,\\ 0, & \text{其他}\end{cases}=\begin{cases}2(1-x), & 0\leqslant x\leqslant 1,\\ 0, & \text{其他},\end{cases}$$

(X, Y) 关于 Y 的边缘概率密度为

$$f_Y(y)=\int_{-\infty}^{+\infty}f(x,y)\mathrm{d}x=\begin{cases}\int_0^{1-\frac{y}{2}}\mathrm{d}x, & 0\leqslant y\leqslant 2\\ 0, & \text{其他}\end{cases}=\begin{cases}1-\frac{y}{2}, & 0\leqslant y\leqslant 2,\\ 0, & \text{其他}.\end{cases}$$

(3) 在 $f(x, y)$，$f_X(x)$，$f_Y(y)$ 的连续点 $\left(\frac{1}{2}, \frac{3}{2}\right)$ 处,由于

$$f\left(\frac{1}{2}, \frac{3}{2}\right)=0\neq f_X\left(\frac{1}{2}\right)f_Y\left(\frac{3}{2}\right)=1\times\frac{1}{4}=\frac{1}{4},$$

所以 X, Y 不相互独立.

4. 设 X 和 Y 是两个相互独立的随机变量,X 在 $(0, 1)$ 上服从均匀分布,Y 的概率密度为

$$f_Y(y)=\begin{cases}\frac{1}{2}\mathrm{e}^{-\frac{y}{2}}, & y>0,\\ 0, & y\leqslant 0.\end{cases}$$

(1) 求 (X, Y) 的概率密度 $f(x, y)$；

(2) 求概率 $P(X^2\geqslant Y)$.

解　(1) 由均匀分布的定义得

$$f_X(x)=\begin{cases}1, & 0<x<1,\\ 0, & \text{其他}\end{cases}$$

因为 X 和 Y 相互独立,所以 X 和 Y 的联合概率密度为

$$f(x,y)=f_X(x)\cdot f_Y(y)=\begin{cases}\frac{1}{2}\mathrm{e}^{-\frac{y}{2}}, & 0<x<1,\ y>0,\\ 0, & \text{其他};\end{cases}$$

(2)
$$P(X^2\geqslant Y)=\iint_D f(x,y)\mathrm{d}x\mathrm{d}y=\int_0^1\mathrm{d}x\int_0^{x^2}\frac{1}{2}\mathrm{e}^{-\frac{y}{2}}\mathrm{d}y$$
$$=1-\sqrt{2\pi}(\Phi(1)-\Phi(0))=0.144\,5.$$

习题 3.5

1. 设 X 和 Y 是两个相互独立的随机变量,其分布律分别为

X	0	1
p_k	0.6	0.4

,

Y	−1	0	1
p_k	0.2	0.3	0.5

.

试分别求 $Z_1 = X+Y$ 和 $Z_2 = \max(X, Y)$ 的分布律.

解 由于 X 和 Y 相互独立,所以 $P\{X = x_i, Y = y_j\} = P\{X = x_i\} \cdot P\{Y = y_j\}$,得

p_{ij}	0.12	0.18	0.3	0.08	0.12	0.2
(X, Y)	$(0, -1)$	$(0, 0)$	$(0, 1)$	$(1, -1)$	$(1, 0)$	$(1, 1)$
$Z_1=X+Y$	-1	0	1	0	1	2
$Z_2=\max(X, Y)$	0	0	1	1	1	1

因此,$Z_1 = X+Y$ 的分布律为

Z_1	-1	0	1	2
p_k	0.12	$0.18+0.08=0.26$	$0.3+0.12=0.42$	0.2

,

$Z_2 = \max(X, Y)$ 的分布律为

Z_3	0	1
p_k	$0.12+0.18=0.3$	$0.3+0.08+0.12+0.2=0.7$

.

2. 若随机变量 $X \sim \pi(\lambda_1)$,$Y \sim \pi(\lambda_2)$,且 X 与 Y 相互独立,试证

$$Z = X+Y \sim \pi(\lambda_1 + \lambda_2).$$

证明 由条件得 $$P\{X = k\} = \frac{\lambda_1^k e^{-\lambda_1}}{k!}, \quad k = 0, 1, 2, \cdots,$$

$$P\{Y = l\} = \frac{\lambda_2^l e^{-\lambda_2}}{l!}, \quad l = 0, 1, 2, \cdots$$

由于
$$\begin{aligned} P\{Z = i\} &= P\{X+Y = i\} = \sum_{k=0}^{i} P\{X = k, Y = i-k\} \\ &= \sum_{k=0}^{i} P\{X = k\} \cdot P\{Y = i-k\} = \sum_{k=0}^{i} \frac{\lambda_1^k e^{-\lambda_1}}{k!} \cdot \frac{\lambda_2^{i-k} e^{-\lambda_2}}{(i-k)!} \\ &= \frac{e^{-(\lambda_1+\lambda_2)}}{i!} \cdot \sum_{k=0}^{i} C_i^k \lambda_1^k \lambda_2^{i-k} \\ &= \frac{e^{-(\lambda_1+\lambda_2)}}{i!} \cdot (\lambda_1 + \lambda_2)^i, \quad i = 0, 1, 2, \cdots \end{aligned}$$

因此 $$Z = X+Y \sim \pi(\lambda_1 + \lambda_2).$$

3. 设随机变量 X 和 Y 相互独立,其概率密度分别为

$$f_X(x) = \begin{cases} \frac{1}{2} e^{\frac{1}{2}x}, & x \geqslant 0, \\ 0, & x < 0, \end{cases} \qquad f_Y(y) = \begin{cases} \frac{1}{3} e^{\frac{y}{3}}, & y \geqslant 0, \\ 0, & y < 0. \end{cases}$$

求 $Z = X+Y$ 的概率密度.

解　由卷积公式得 $Z=X+Y$ 的概率密度为

$$\begin{aligned}f_Z(z)&=\int_{-\infty}^{+\infty}f_X(x)f_Y(z-x)\mathrm{d}x\\&=\int_{-\infty}^{0}0\cdot f_Y(z-x)\mathrm{d}x+\int_{0}^{+\infty}\frac{1}{2}\mathrm{e}^{\frac{1}{2}x}f_Y(z-x)\mathrm{d}x\\&=\int_{0}^{+\infty}\frac{1}{2}\mathrm{e}^{\frac{1}{2}x}f_Y(z-x)\mathrm{d}x,\end{aligned}$$

令 $u=z-x$，则 $x=z-u$，$\mathrm{d}x=-\mathrm{d}u$，故

$$f_Z(z)=\int_{z}^{-\infty}\frac{1}{2}\mathrm{e}^{\frac{1}{2}(z-u)}f_Y(u)(-\mathrm{d}u)=\int_{-\infty}^{z}\frac{1}{2}\mathrm{e}^{\frac{1}{2}(z-u)}f_Y(u)\mathrm{d}u,$$

当 $z\leqslant 0$ 时，$f_Z(z)=\int_{-\infty}^{z}0\mathrm{d}u=0$；

当 $z>0$ 时，
$$\begin{aligned}f_Z(z)&=\int_{-\infty}^{z}\frac{1}{2}\mathrm{e}^{\frac{1}{2}(z-u)}\cdot f_Y(u)\mathrm{d}u\\&=\int_{-\infty}^{0}\frac{1}{2}\mathrm{e}^{\frac{1}{2}(z-u)}\cdot 0\mathrm{d}u+\int_{0}^{z}\frac{1}{2}\mathrm{e}^{\frac{1}{2}(z-u)}\cdot\frac{1}{3}\mathrm{e}^{\frac{u}{3}}\mathrm{d}u\\&=\int_{0}^{z}\frac{1}{2}\mathrm{e}^{\frac{1}{2}(z-u)}\cdot\frac{1}{3}\mathrm{e}^{\frac{u}{3}}\mathrm{d}u=\int_{0}^{z}\frac{1}{6}\mathrm{e}^{\frac{1}{2}(z-u)}\mathrm{e}^{\frac{u}{3}}\mathrm{d}u\\&=\mathrm{e}^{\frac{1}{2}z}\int_{0}^{z}\frac{1}{6}\mathrm{e}^{-\frac{u}{6}}\mathrm{d}u=\mathrm{e}^{\frac{1}{2}z}\left[-\mathrm{e}^{-\frac{u}{6}}\right]_0^z=\mathrm{e}^{\frac{z}{2}}-\mathrm{e}^{\frac{z}{3}},\end{aligned}$$

因此 $f_Z(z)=\begin{cases}\mathrm{e}^{\frac{z}{2}}-\mathrm{e}^{\frac{z}{3}}, & z>0,\\ 0, & z\leqslant 0.\end{cases}$

4. 随机变量 X 表示某种商品一星期内的需要量，其概率密度为

$$f(x)=\begin{cases}x\mathrm{e}^{-x}, & x>0,\\ 0, & x\leqslant 0.\end{cases}$$

已知这种商品每星期的需要量相互独立，求两星期的需要量 Z 的概率密度.

解　设第一星期的需要量为 X，第二星期的需要量为 Y，则两星期的需要量 $Z=X+Y$，由卷积公式得 $Z=X+Y$ 的概率密度为

$$\begin{aligned}f_Z(z)&=\int_{-\infty}^{+\infty}f_X(x)f_Y(z-x)\mathrm{d}x\\&=\int_{-\infty}^{0}0\cdot f_Y(z-x)\mathrm{d}x+\int_{0}^{+\infty}x\mathrm{e}^{-x}\cdot f_Y(z-x)\mathrm{d}x\\&=\int_{0}^{+\infty}x\mathrm{e}^{-x}\cdot f_Y(z-x)\mathrm{d}x,\end{aligned}$$

令 $u=z-x$，则 $x=z-u$，$\mathrm{d}x=-\mathrm{d}u$，故

$$f_Z(z)=\int_{z}^{-\infty}(z-u)\mathrm{e}^{-(z-u)}\cdot f_Y(u)(-\mathrm{d}u)=\int_{-\infty}^{z}(z-u)\mathrm{e}^{-(z-u)}\cdot f_Y(u)\mathrm{d}u,$$

当 $z\leqslant 0$ 时，$f_Z(z)=\int_{-\infty}^{z}0\mathrm{d}u=0$；

当 $z>0$ 时，$f_Z(z)=\int_{-\infty}^{z}(z-u)\mathrm{e}^{-(z-u)}\cdot f_Y(u)\mathrm{d}u$

$$=\int_{-\infty}^{0}(z-u)\mathrm{e}^{-(z-u)}\cdot 0\mathrm{d}u+\int_{0}^{z}(z-u)\mathrm{e}^{-(z-u)}\cdot u\mathrm{e}^{-u}\mathrm{d}u$$

$$=\int_{0}^{z}\mathrm{e}^{-z}(zu-u^2)\mathrm{d}u=\mathrm{e}^{-z}\left[\frac{z}{2}u^2-\frac{1}{3}u^3\right]_0^z=\frac{z^3}{6}\mathrm{e}^{-z},$$

因此
$$f_Z(z)=\begin{cases}\dfrac{z^3}{6}\mathrm{e}^{-z}, & z>0,\\ 0, & z\leqslant 0.\end{cases}$$

5. 设随机变量 X 与 Y 相互独立，且均服从区间 $[0,3]$ 上的均匀分布，求 $Z=\min(X,Y)$ 的概率密度及概率 $P\{\max(X,Y)\leqslant 1\}$.

解 由已知条件求得 X 的分布函数为

$$F(x)=\begin{cases}0, & x<0,\\ \dfrac{x}{3}, & 0\leqslant x<3,\\ 1, & x\geqslant 3,\end{cases}$$

Y 的分布函数为

$$F(y)=\begin{cases}0, & y<0,\\ \dfrac{y}{3}, & 0\leqslant y<3,\\ 1, & y\geqslant 3,\end{cases}$$

$Z=\min(X,Y)$ 的分布函数为

$$F_{\min}(z)=1-[1-F(z)]^2=1-\begin{cases}1, & z<0,\\ \left(1-\dfrac{z}{3}\right)^2, & 0\leqslant z<3,\\ 0, & z\geqslant 3\end{cases}=\begin{cases}0, & z<0,\\ \dfrac{2z}{3}-\dfrac{z^2}{9}, & 0\leqslant z<3,\\ 1, & z\geqslant 3,\end{cases}$$

故 $Z=\min(X,Y)$ 的概率密度为

$$f_{\min}(z)=\begin{cases}\dfrac{2}{3}-\dfrac{2z}{9}, & 0\leqslant z<3,\\ 0, & \text{其他},\end{cases}$$

$\max(X,Y)$ 的分布函数为

$$F_{\max}(z)=[F(z)]^2=\begin{cases}0, & z<0,\\ \dfrac{z^2}{9}, & 0\leqslant z<3,\\ 1, & z\geqslant 3,\end{cases}$$

故 $P\{\max(X,Y)\leqslant 1\}=F_{\max}(1)=\dfrac{1}{9}$.

6. 设随机变量 X 和 Y 相互独立，且都服从正态分布 $N(0,\sigma^2)$，试验证随机变量 $Z=$

$\sqrt{X^2+Y^2}$ 具有概率密度

$$f_Z(z)=\begin{cases}\dfrac{z}{\sigma^2}\mathrm{e}^{-\frac{z^2}{2\sigma^2}}, & z\geqslant 0,\\ 0, & z<0.\end{cases}$$

我们称 Z 服从参数为$\sigma(\sigma>0)$的瑞利分布.

证明　由条件得

$$f(x,y)=f_X(x)\cdot f_Y(y)=\frac{1}{\sqrt{2\pi}\sigma}\mathrm{e}^{-\frac{x^2}{2\sigma^2}}\cdot\frac{1}{\sqrt{2\pi}\sigma}\mathrm{e}^{-\frac{y^2}{2\sigma^2}}=\frac{1}{2\pi\sigma^2}\mathrm{e}^{-\frac{1}{2\sigma^2}(x^2+y^2)},$$

对 $Z=\sqrt{X^2+Y^2}$

当 $z<0$ 时，$F_Z(z)=P\{Z\leqslant z\}=0$，

当 $z\geqslant 0$ 时，$F_Z(z)=P\{Z\leqslant z\}=P\{\sqrt{X^2+Y^2}\leqslant z\}=P\{X^2+Y^2\leqslant z^2\}$

$$=\iint\limits_{x^2+y^2\leqslant z^2,z\geqslant 0}f(x,y)\mathrm{d}x\mathrm{d}y=\iint\limits_{x^2+y^2\leqslant z^2,z\geqslant 0}\frac{1}{2\pi\sigma^2}\mathrm{e}^{-\frac{1}{2\sigma^2}(x^2+y^2)}\mathrm{d}x\mathrm{d}y$$

$$=\int_0^{2\pi}\mathrm{d}\theta\int_0^z\frac{1}{2\pi\sigma^2}\mathrm{e}^{-\frac{r^2}{2\sigma^2}}r\mathrm{d}r=1-\mathrm{e}^{-\frac{z^2}{2\sigma^2}},$$

即

$$F_Z(z)=\begin{cases}1-\mathrm{e}^{-\frac{z^2}{2\sigma^2}}, & z\geqslant 0,\\ 0, & 其他,\end{cases}$$

因此

$$f_Z(z)=F'_Z(z)=\begin{cases}\dfrac{z}{\sigma^2}\mathrm{e}^{-\frac{z^2}{2\sigma^2}}, & z\geqslant 0,\\ 0, & 其他.\end{cases}$$

六、补充习题

1. 选择题

(1) 设二维离散型随机变量 (X,Y) 的分布律为

X \ Y	0	1
0	0.4	a
1	b	0.1

若事件$\{X=0\}$与$\{X+Y=1\}$相互独立,则(　　).

(A) $a=0.4$，$b=0.1$；　　(B) $a=0.1$，$b=0.4$；

(C) $a=0.2$，$b=0.3$；　　(D) $a=0.3$，$b=0.2$.

(2) 设随机变量 X 与 Y 的分布律分别为

X	-1	0	1
p_k	$\frac{1}{4}$	$\frac{1}{2}$	$\frac{1}{4}$

，

Y	-1	0	1
p_k	$\frac{1}{4}$	$\frac{1}{2}$	$\frac{1}{4}$

且满足条件 $P(XY=0)=1$，则(　　).

(A) 0　　(B) $\frac{1}{4}$　　(C) 1　　(D) $\frac{1}{2}$

(3) 设二维随机变量 (X, Y) 的概率密度为

$$f(x, y)=\begin{cases} k(x^2+y^2), & 0<x<2, 1<y<4, \\ 0, & \text{其他}, \end{cases}$$

则 $k=$(　　).

(A) $\frac{1}{20}$　　(B) $\frac{1}{40}$　　(C) $\frac{1}{50}$　　(D) $\frac{1}{60}$

(4) 设 X 与 Y 相互独立，且均服从 $[1, 3]$ 上的均匀分布，记 $A=\{X\leqslant t\}$，$B=\{Y>t\}$，若 $P(A\cup B)=\frac{7}{9}$，则 $t=$(　　).

(A) $\frac{5}{3}$ 或 $\frac{7}{3}$　　(B) $\frac{5}{9}$ 或 $\frac{7}{9}$　　(C) $\frac{5}{3}$　　(D) $\frac{7}{6}$

(5) 设二维连续型随机变量 (X_1, X_2) 的概率密度为 $f_1(x, y)$，(Y_1, Y_2) 的概率密度为 $f_2(x, y)$，令 $f(x, y)=af_1(x, y)+bf_2(x, y)$，若 $f(x, y)$ 为某个二维连续型随机变量的概率密度，则 a，b 必须满足条件(　　).

(A) $a>0$，$b>0$；　　(B) $0\leqslant a\leqslant 1$，$0\leqslant b\leqslant 1$；

(C) $a\geqslant 0$，$b\geqslant 0$ 且 $a+b=1$；　　(D) $a+b=1$.

(6) 设二维随机变量 (X, Y) 服从二维正态分布，且 X 与 Y 相互独立，则在 $Y=y$ 的条件下，X 的概率密度 $f_{X|Y}(x|y)$ 为(　　).

(A) $f_Y(y)$　　(B) $f_X(x)$　　(C) $f_X(x)f_Y(y)$　　(D) $\frac{f_X(x)}{f_Y(y)}$

2. 填空题

(1) 设 $X\sim N(\mu, \sigma^2)$，已知关于 y 的方程 $y^2+y+x=0$ 有实根的概率为 $\frac{1}{2}$，则 $\mu=$ ________.

(2) 设二维随机变量 (X, Y) 在区域 D 上服从均匀分布，其中区域 D 由 $y=\frac{1}{x}$，$y=0$，$x=1$ 和 $y=e^x$ 所围成，则 (X, Y) 关于 X 的边缘概率密度在 $x=2$ 的值为 ________.

(3) 设二维随机变量 (X, Y) 的概率密度为

$$f(x, y)=\begin{cases} \frac{1}{16}xy, & 0\leqslant x\leqslant 4, 0\leqslant y\leqslant \sqrt{x}, \\ 0, & \text{其他}. \end{cases}$$

则 $P(X\leqslant 2 \mid Y=1)=$ ________.

(4) 设二维随机变量 (X, Y) 的概率密度为

$$f(x, y) = \begin{cases} 6x, & 0 \leqslant x \leqslant y \leqslant 1, \\ 0, & \text{其他}. \end{cases}$$

则 $P(X+Y \leqslant 1) =$ ＿＿＿＿＿＿.

(5) 设随机变量 X 与 Y 相互独立,且 $X \sim N(\mu, \sigma^2)$,Y 服从区间 $[-\pi, \pi]$ 上的均匀分布,其和 $Z = X+Y$ 的概率密度为 ＿＿＿＿＿＿＿.

(6) 设随机变量 X 与 Y 相互独立,且

$$P(X \geqslant 0, Y \geqslant 0) = \frac{3}{7}, P(X \geqslant 0) = P(Y \geqslant 0) = \frac{4}{7},$$

则 $P(\max(X, Y) \geqslant 0) =$ ＿＿＿＿＿＿＿＿.

3. 计算题

(1) 设随机变量 X 与 Y 相互独立,试填出下表中空白处的数值,

$X \backslash Y$	y_1	y_2	y_3	$p_{i\cdot}$
x_1		$\frac{1}{8}$		
x_2	$\frac{1}{8}$			
$p_{\cdot j}$	$\frac{1}{6}$			1

(2) 设二维离散型随机变量 (X, Y) 的分布律为

$X \backslash Y$	1	2	3
1	0.1	0.2	0.1
2	0.15	0.3	0.15

试求:①边缘分布律;②判断 X 与 Y 是否相互独立;③ $P\{|X-Y|=1\}$.

(3) 设二维随机变量 (X, Y) 具有概率密度

$$f(x, y) = \begin{cases} A(x+y), & 0 \leqslant x \leqslant 1, 0 \leqslant y \leqslant 2, \\ 0, & \text{其他}. \end{cases}$$

求:① 常数 A; ② 边缘概率密度 $f_X(x)$, $f_Y(y)$.

(4) 设二维随机变量 (X, Y) 的概率密度为

$$f(x, y) = \begin{cases} x\mathrm{e}^{-y}, & 0 \leqslant x \leqslant y, \\ 0, & \text{其他}. \end{cases}$$

试求:① (X, Y) 的分布函数; ② $f_{X|Y}(x \mid y)$, $f_{Y|X}(y \mid x)$;

③ $P(X<1 \mid Y<2)$, $P(X<1 \mid Y=2)$.

(5) 设二维随机变量 (X, Y) 具有概率密度

$$f(x,\ y)=\begin{cases}A(1+y+xy), & 0\leqslant x\leqslant 1,\ 0\leqslant y\leqslant 1,\\ 0, & \text{其他}.\end{cases}$$

试求:① 常数 A; ② 判断 X 与 Y 是否相互独立;③ 和 $Z=X+Y$ 的概率密度.

(6) 设随机变量 X 服从区间 $[0,\ 1]$ 上的均匀分布,在 $X=x(0<x<1)$ 的条件下,Y 服从区间 $[0,\ x]$ 上的均匀分布,

试求:① $(X,\ Y)$ 的概率密度; ② $P(X+Y>1)$.

(7) 一电路装有 3 个相同的电气元件,假设其是否正常工作相互独立,且无故障工作时间均服从参数为 $\lambda\ (\lambda>0)$ 的指数分布. 当 3 个元件都无故障时,整个电路正常工作,否则不能正常工作,以随机变量 T 表示电路正常工作的时间,试求 T 的概率分布.

第四章　随机变量的数字特征

一、基 本 要 求

1. 理解数学期望与方差的概念及其概率意义，熟练掌握它们的性质与计算.

2. 会计算随机变量函数的数学期望.

3. 掌握并熟记(0-1)分布、二项分布、泊松分布、均匀分布、正态分布、指数分布的数学期望与方差.

4. 了解契比雪夫不等式，并会利用它来估计某些概率；了解协方差与相关系数的概念，掌握它们的性质与计算.

二、学 习 要 点

1. 随机变量的数学期望

(1) 数学期望的定义：

① 设离散型随机变量 X 的分布律为

$$P\{X=x_k\}=p_k,\ k=1,\ 2,\ \cdots.$$

若级数 $\sum\limits_{k=1}^{\infty}x_kp_k$ 绝对收敛，则称 $\sum\limits_{k=1}^{\infty}x_kp_k$ 为随机变量 X 的数学期望或均值，记为 $E(X)$.

② 设连续型随机变量 X 的概率密度为 $f(x)$，若积分 $\int_{-\infty}^{+\infty}xf(x)\mathrm{d}x$ 绝对收敛，则称积分 $\int_{-\infty}^{+\infty}xf(x)\mathrm{d}x$ 的值为随机变量 X 的数学期望，记为 $E(X)$.

(2) 随机变量函数的数学期望：

$$① \ E(Y)=E[g(X)]=\begin{cases}\sum\limits_{k=1}^{\infty}g(x_k)p_k,\\ \int_{-\infty}^{+\infty}g(x)f(x)\mathrm{d}x,\end{cases}$$

② 若(X, Y)为二维离散型随机变量，其分布律为$P\{X=x_i, Y=y_j\}=p_{ij}$，$i, j=1, 2, \cdots$，则$E[g(X, Y)]=\sum_{i=1}^{\infty}\sum_{j=1}^{\infty}g(x_i, y_j)p_{ij}$.

③ 若(X, Y)为二维连续型随机变量，其概率密度为$f(x, y)$，则

$$E[g(X, Y)]=\int_{-\infty}^{+\infty}\int_{-\infty}^{+\infty}g(x, y)f(x, y)\mathrm{d}x\mathrm{d}y$$

(3) 数学期望的性质

① $E(C)=C$, C是常数.

② $E(CX)=CE(X)$，其中C是常数.

③ $E(X+Y)=E(X)+E(Y)$.

④ $E(XY)=E(X)E(Y)$.

推论 1 若随机变量$X_1, X_2, \cdots, X_n$相互独立，则有

$$E\left(\prod_{i=1}^{n}X_i\right)=\prod_{i=1}^{n}E(X_i).$$

推论 2 设随机变量X, Y相互独立，$g(x), h(y)$是连续函数，且$E[g(x)h(y)]$, $E[g(x)]$, $E[h(y)]$存在，则

$$E[g(x)h(y)]=E[g(x)]E[h(y)].$$

2. 随机变量的方差

(1) 方差的定义：设X是一个随机变量，若$E\{[X-E(X)]^2\}$存在，则称$E\{[X-E(X)]^2\}$为X的方差，记为$D(X)$或$Var(X)$. $\sqrt{D(X)}$称为X的标准差或均方差，记作$\sigma(X)$.

(2) 方差的性质及公式：

① 设C是常数，则有$D(C)=0$.

② 设X是一个随机变量，a, b是常数，则有$D(aX+b)=a^2D(X)$

注：$D(-X)=D(X)$

③ 设X, Y是两个相互独立的随机变量，则有$D(X+Y)=D(X)+D(Y)$

若$X_1, X_2, \cdots, X_n$是n个相互独立的随机变量，则

$$D(X_1+X_2+\cdots+X_n)=D(X_1)+D(X_2)+\cdots+D(X_n).$$

④ $D(X)=0 \Leftrightarrow X$以概率1取常数，即$P\{X=C\}=1$，其中C即为$E(X)$.

⑤ $D(X)=E(X^2)-[E(X)]^2$

⑥ $D(X\pm Y)=D(X)+D(Y)\pm 2Cov(X, Y)$

3. 常用分布及其数学期望和方差

分布	分布律或概率密度	数学期望	方差
(0-1)分布	$P\{X=k\}=p^k q^{1-k}$, $k=0, 1$ $(0<p<1, p+q=1)$	p	pq
二项分布 $B(n, p)$	$P\{X=k\}=\binom{n}{k}p^k q^{n-k}$, $k=0, 1, \cdots, n$ $(n\geqslant 1, 0<p<1, p+q=1)$	np	npq
几何分布 $G(p)$	$P\{X=k\}=pq^{k-1}$, $k=1, 2, \cdots$ $(0<p<1, p+q=1)$	$\frac{1}{p}$	$\frac{q}{p^2}$
超几何分布 $H(n, M, N)$	$P\{X=k\}=\frac{\binom{M}{k}\binom{N-M}{n-k}}{\binom{N}{n}}$, $k=0, 1, 2, \cdots, \min(n, M)$ (n, M, N为正整数,$n\leqslant N, M\leqslant N$)	$\frac{nM}{N}$	$\frac{nM}{N}\left(1-\frac{M}{N}\right)\left(\frac{N-n}{N-1}\right)$
泊松分布 $\pi(\lambda)$	$P\{X=k\}=\frac{\lambda^k}{k!}e^{-\lambda}$, $k=0, 1, 2, \cdots$ $(\lambda>0)$	λ	λ
均匀分布 $U(a, b)$	$f(x)=\begin{cases}\frac{1}{b-a}, & a<x<b\\ 0, & \text{其他}\end{cases}$	$\frac{a+b}{2}$	$\frac{(b-a)^2}{12}$
指数分布 $E(\lambda)$	$f(x)=\begin{cases}\lambda e^{-\lambda x}, & x>0\\ 0, & x\leqslant 0\end{cases}$ $(\lambda>0)$	$\frac{1}{\lambda}$	$\frac{1}{\lambda^2}$
正态分布 $N(\mu, \sigma^2)$	$f(x)=\frac{1}{\sqrt{2\pi}\sigma}e^{-\frac{(x-\mu)^2}{2\sigma^2}}$, $-\infty<x<+\infty$ $(\sigma>0)$	μ	σ^2

4. 协方差、相关系数

(1) 协方差的定义：$Cov(X, Y)=E\{[X-E(X)][Y-E(Y)]\}$

(2) 协方差的性质：

① $Cov(X, Y)=Cov(Y, X)$；

② $Cov(aX, bY)=abCov(X, Y)$，a, b是常数；

③ $Cov(X_1+X_2, Y)=Cov(X_1, Y)+Cov(X_2, Y)$；

④ 若X与Y相互独立，则$Cov(X, Y)=0$.

(3) 协方差的计算公式：$Cov(X, Y) = E(XY) - E(X)E(Y)$

(4) 相关系数的定义：设(X, Y)是一个二维随机变量，若 X 与 Y 的协方差 $Cov(X, Y)$ 存在，且 $D(X) > 0$, $D(Y) > 0$，则

$$\rho_{XY} = \frac{Cov(X, Y)}{\sqrt{D(X)}\sqrt{D(Y)}}$$

(5) 相关系数的性质：

① $|\rho_{XY}| \leqslant 1$.

② $|\rho_{XY}| = 1$ 的充分必要条件是，存在常数 a, b 使 $P\{Y = aX + b\} = 1$.

三、释 疑 解 难

1. 为什么要了解随机变量的数字特征？

答 随机变量的数字特征体现了它的概率分布的一些典型特征如平均程度、偏离程度等，讨论数字特征比讨论概率分布更容易，在概率分布不能直接得到的时候就显得很重要了.

2. 数学期望和方差的区别和联系？

答 (1) 数学期望描述的是随机变量 X 的平均值，而方差则是刻画了随机变量 X 与数学期望$E(X)$的平均偏离程度；

(2) 方差是用期望来定义的，是随机变量 X 的函数$(X-EX)^2$ 的期望；

(3) 数学期望$E(X)$不存在，则方差$D(X)$一定不存在，即使数学期望$E(X)$存在，方差$D(X)$也有可能不存在

3. 如何理解方差、标准差的意义？

答 方差和标准差都是描述随机变量取值与其期望值的偏离程度. 标准差的单位和样本值的单位是一样的，也即它的量纲与数学期望是一致的，这点在实际应用中很重要，而方差的单位是其平方.

4. 协方差、相关系数之间的关系？

答 协方差和相关系数都是描述两个随机变量之间的相依关系的程度，只是协方差是值与样本值的单位有关，如：假设体重 X(kg)与身高 Y(cm)组成二维随机变量(X, Y)，服从二维正态分布，参数为$\mu_1 = 55$, $\mu_2 = 170$, $\sigma_1^2 = 10^2$, $\sigma_2^2 = 8^2$,

$\rho = 0.9$，则通过计算可得协方差为 $Cov(X, Y) = 72$，如果将身高的单位改为米(m)，则 $\mu_2 = 1.70$，$\sigma_2^2 = 0.08^2$，从而协方差 $Cov(X, Y) = 0.72$. 这种现象对于评价两个随机变量之间相依关系的程度大小是不利的. 相关系数 ρ 是随机变量 X、Y 的标准化随机变量 $X^* = \dfrac{X - EX}{\sqrt{DX}}$，$Y^* = \dfrac{Y - EY}{\sqrt{DY}}$ 的协方差，与协方差相比，相关系数 ρ 是一个无量纲的量，因此不受样本值所取单位的影响，用相关系数来反映随机变量之间的联系是十分合理的.

5. 相关系数 ρ_{XY} 反映随机变量 X 和 Y 的什么关系？

答　ρ_{XY} 是用来反映随机变量 X 和 Y 之间线性关系程度的数字特征，并且当 $|\rho_{XY}| = 1$ 时，存在常数 a，b 使 $P\{Y = ax + b\} = 1$；$|\rho_{XY}|$ 越接近于 1，X 和 Y 的线性相关程度越好；当 $|\rho_{XY}|$ 越接近于 0，X 和 Y 的线性相关程度越差；当 $\rho_{XY} = 0$ 时，X 和 Y 不相关.

6. 两个随机变量相互独立和不相关有什么关系？

答　ρ_{XY} 是用来反映随机变量 X 和 Y 之间线性关系程度的，若 $\rho_{XY} = 0$，则 X 和 Y 不相关，是指两随机变量之间不存在线性关系，但可能存在其它关系，所以这两个随机变量并不一定互相独立.

四、典 型 例 题

【例 1】　在射击比赛中，每人规定射 4 次，每次射一发，约定全都不中得 0 分，只中 1 弹得 15 分，中 2 弹得 30 分，中 3 弹得 55 分，中 4 弹得 100 分，甲每次射击命中率为 0.6，问他期望得多少分？

解　设 X 表示 4 次射击中命中的次数，Y 表示每次射击的得分，则

$$P\{X = k\} = C_4^k 0.6^k 0.4^{4-k} \quad (k = 0, 1, 2, 3, 4)$$

所以 Y 的分布律为

Y	0	15	30	55	100
p_k	0.025 6	0.153 6	0.345 6	0.345 6	0.129 6

因此　$$E(Y) = 0 \times 0.0256 + 1 \times 0.1536 + 2 \times 0.3456 + 3 \times 0.3456 + 4 \times 0.1296 = 44.64$$

即他的期望得分为 44.64 分.

【例 2】 设随机变量 X 的概率密度为

$$f(x)=\begin{cases}a+bx, & 0<x<1\\0, & \text{其他}\end{cases}$$

$E(X)=0.6$,求常数 a, b 及 $D(X)$.

解 $\int_{-\infty}^{+\infty}f(x)\mathrm{d}x=\int_0^1(a+bx)\mathrm{d}x=a+\frac{1}{2}b=1$

$$E(X)=\int_{-\infty}^{+\infty}xf(x)\mathrm{d}x=\int_0^1x(a+bx)\mathrm{d}x=\frac{1}{2}a+\frac{1}{3}b=0.6$$

解得 $a=\frac{2}{5}$, $b=\frac{6}{5}$

$$E(X^2)=\int_{-\infty}^{+\infty}x^2f(x)\mathrm{d}x=\int_0^1x^2\left(\frac{2}{5}+\frac{6}{5}x\right)\mathrm{d}x=\frac{13}{30}$$

所以 $D(X)=E(X^2)-(E(X))^2=\frac{13}{30}-\left(\frac{3}{5}\right)^2=\frac{11}{150}$

【例 3】 设随机变量 X 的概率密度为

$$f(x)=\begin{cases}\frac{1}{2}\cos\frac{x}{2}, & 0\leqslant x\leqslant\pi,\\0, & \text{其他},\end{cases}$$

对 X 独立地重复观察 4 次,用 Y 表示观察值大于$\frac{\pi}{3}$的次数,求 $E(Y^3)$.

解 $P\left\{X>\frac{\pi}{3}\right\}=\int_{\frac{\pi}{3}}^{+\infty}f(x)\mathrm{d}x=\int_{\frac{\pi}{3}}^{\pi}\frac{1}{2}\cos\frac{x}{2}\mathrm{d}x=\sin\frac{x}{2}\Big|_{\frac{\pi}{3}}^{\pi}=0.5$,

由题意知,$Y\sim B(4,\ 0.5)$

所以

$$E(Y^3)=\sum_{k=0}^{4}k^3C_4^k0.5^k0.5^{4-k}=\frac{1}{16}\sum_{k=0}^{4}k^3C_4^k$$

$$=\frac{1}{16}(1^3\times4+2^3\times6+3^3\times4+4^3\times1)=14$$

【例 4】 已知 $X\sim N(3,\ 4)$,Y 服从指数分布即 $f_Y(y)=\begin{cases}\frac{1}{2}\mathrm{e}^{-\frac{y}{2}}, & y>0\\0, & y\leqslant0\end{cases}$,$X$ 和 Y 的相关系数 $\rho=\frac{1}{2}$, $Z=3X-4Y$,求 $D(Z)$.

解 由题意知,$D(X)=4$, $D(Y)=4$

$$
\begin{aligned}
D(Z) &= D(3X-4Y) = 9D(X)+16D(Y)-2Cov(3X, 4Y) \\
&= 9\cdot 4+16\cdot 4-2\cdot 3\cdot 4\cdot \rho\cdot\sqrt{D(X)D(Y)} \\
&= 36+64-12\cdot\sqrt{4\cdot 4} = 52
\end{aligned}
$$

【例 5】 设随机变量 X 和 Y 独立同分布，记 $U=X-Y$, $V=X+Y$，则随机变量 U 与 V ________.

(A) 独立；　　(B) 不独立；　　(C) 相关；　　(D) 不相关.

解　选(D)

$$
\begin{aligned}
Cov(U, V) &= Cov(X-Y, X+Y) \\
&= Cov(X, X)-Cov(Y, X)+Cov(X, Y)-Cov(Y, Y) \\
&= D(X)-D(Y)
\end{aligned}
$$

因为随机变量 X 和 Y 独立同分布，所以 $D(X)=D(Y)$

即：$Cov(U, V)=0$，因此 $\rho_{UV}=0$.

【例 6】 设随机变量 $X_1, X_2, \cdots, X_n (n>1)$ 独立同分布，且其方差 $\sigma^2>0$. 令 $Y=\frac{1}{n}\sum_{i=1}^{n}X_i$，则(　　).

(A) $Cov(X_1, Y)=\frac{\sigma^2}{n}$；　　(B) $Cov(X_1, Y)=\sigma^2$；

(C) $D(X_1+Y)=\frac{n+2}{n}\sigma^2$；　　(D) $D(X_1-Y)=\frac{n+1}{n}\sigma^2$.

解　选(A)

$$
\begin{aligned}
Cov(X_1, Y) &= Cov\left(X_1, \frac{1}{n}\sum_{i=1}^{n}X_i\right) \\
&= \frac{1}{n}[Cov(X_1, X_1)+Cov(X_1, X_2)+\cdots+Cov(X_1, X_n)] \\
&= \frac{\sigma^2}{n}
\end{aligned}
$$

$$
\begin{aligned}
D(X_1+Y) &= D\left(X_1+\frac{1}{n}\sum_{i=1}^{n}X_i\right) \\
&= D\left(\frac{n+1}{n}X_1+\frac{1}{n}X_2+\cdots\frac{1}{n}X_n\right) \\
&= \left(\frac{n+1}{n}\right)^2 D(X_1)+\left(\frac{1}{n}\right)^2 D(X_2)+\cdots+\left(\frac{1}{n}\right)^2 D(X_n) \\
&= \frac{n+3}{n}\sigma^2
\end{aligned}
$$

$$\begin{aligned}D(X_1-Y)&=D\left(X_1-\frac{1}{n}\sum_{i=1}^{n}X_i\right)\\&=D\left(\frac{n-1}{n}X_1-\frac{1}{n}X_2-\cdots-\frac{1}{n}X_n\right)\\&=\left(\frac{n-1}{n}\right)^2D(X_1)+\left(\frac{1}{n}\right)^2D(X_2)+\cdots+\left(\frac{1}{n}\right)^2D(X_n)\\&=\frac{n-1}{n}\sigma^2\end{aligned}$$

【例 7】 某保险公司设置某一险种，规定每一保单有效期为一年，有效理赔一次，每个保单收取保费 500 元，理赔额为 40 000 元. 据估计每个保单索赔概率为 0.01，设公司共卖出这种保单 8 000 个，求该公司在该险种上获得的平均利润.

解 设每个保单的收益为随机变量 X，则 X 服从概率分布为

$$P\{X=500\}=0.99,$$
$$P\{X=-40\,000+500\}=0.01,$$

则每个保单的期望收益为

$$E(X)=500\times0.99-39\,500\times0.01=100\text{ 元},$$

由于卖出保单 8 000 个，故该公司在该险种上获得的平均利润为

$$100\times8\,000=800\,000\text{ 元}.$$

【例 8】 设随机变量 U 在$[-2,\ 2]$上服从均匀分布，随机变量

$$X=\begin{cases}-1, & U\leqslant-1\\1, & U>-1\end{cases},\quad Y=\begin{cases}-1, & U\leqslant1\\1, & U>1\end{cases}.$$

求(1)X 与 Y 的联合分布律；(2)$D(X+Y)$.

解 （分析　这里 X 与 Y 是同一随机变量 U 的不同的分段函数，一方面由随机变量 U 决定了 X(或 Y)的分布，另一方面通过同时与 U 相联系决定了 X 与 Y 的联合分布）

(1) $P\{X=-1,Y=-1\}=P\{U\leqslant-1,U\leqslant1\}=P\{U\leqslant-1\}=\int_{-2}^{-1}\frac{1}{4}\mathrm{d}x$

$$=\frac{1}{4},$$

$$P\{X=-1,Y=1\}=P\{U\leqslant-1,U>1\}=0,$$
$$P\{X=1,Y=-1\}=P\{U>-1,U\leqslant1\}=P\{-1<U\leqslant1\}$$
$$=\int_{-1}^{1}\frac{1}{4}\mathrm{d}x=\frac{1}{2},$$

$$P\{X=1,Y=1\}=P\{U>-1,U>1\}=P\{U>1\}=\int_1^2\frac{1}{4}\mathrm{d}x=\frac{1}{4},$$

综上可得 X 与 Y 的联合分布律

$X \backslash Y$	-1	1	$p_{i\cdot}$
-1	$\frac{1}{4}$	0	$\frac{1}{4}$
1	$\frac{1}{2}$	$\frac{1}{4}$	$\frac{3}{4}$
$p_{\cdot j}$	$\frac{3}{4}$	$\frac{1}{4}$	

(2) $E(X)=(-1)\times\frac{1}{4}+1\times\frac{3}{4}=\frac{1}{2}$, $E(Y)=(-1)\times\frac{3}{4}+1\times\frac{1}{4}=-\frac{1}{2}$

$$E(X^2)=(-1)^2\times\frac{1}{4}+1^2\times\frac{3}{4}=1,\ E(Y^2)=(-1)^2\times\frac{3}{4}+1^2\times\frac{1}{4}=1$$

$$D(X)=E(X^2)-[E(X)]^2=1-\left(\frac{1}{2}\right)^2=\frac{3}{4},$$

$$D(Y)=E(Y^2)-[E(Y)]^2=1-\left(-\frac{1}{2}\right)^2=\frac{3}{4}$$

$$E(XY)=(-1)\times(-1)\times\frac{1}{4}+(-1)\times1\times0+1\times(-1)\times\frac{1}{2}+$$
$$1\times1\times\frac{1}{4}=0,$$

故 $Cov(X,Y)=E(XY)-E(X)E(Y)=\frac{1}{4}$,

于是有

$$\begin{aligned}D(X+Y)&=D(X)+D(Y)+2Cov(X,Y)\\&=\frac{3}{4}+\frac{3}{4}-2\times\left(\frac{1}{4}\right)=1.\end{aligned}$$

【例 9】 设随机变量 Z 的分布律为

Z	$-\frac{\pi}{2}$	0	$\frac{\pi}{2}$
p_k	0.3	0.4	0.3

且设 $X=\sin Z$, $Y=\cos Z$,验证 X 和 Y 是不相关的,但 X 和 Y 不是相互独立的.

解 X 的分布律为：

X	-1	0	1
p_k	0.3	0.4	0.3

Y 的分布律为：

Y	0	1
p_k	0.6	0.4

因为
$$XY = \sin Z \cos Z,$$
所以 XY 的分布律为：

XY	0
p_k	1

$E(X) = 0$, $E(Y) = 0.4$, $E(XY) = 0$,

$Cov(X, Y) = E(XY) - E(X)E(Y) = 0$

$$\rho_{XY} = \frac{Cov(X, Y)}{\sqrt{D(X)D(Y)}} = 0$$

因而 X 和 Y 不相关

另一方面：X 和 Y 的联合概率密度为：

X \ Y	0	1
-1	0.3	0
0	0	0.4
1	0.3	0

显然 $P\{X=-1, Y=0\} \neq P\{X=-1\} \cdot P\{Y=0\}$

因而 X 和 Y 不相互独立.

【例 10】 设 $(X, Y) \sim N(1, 6, 3, 4, 0)$，$Z = 2X - Y + 2$，且 $\dfrac{Z-A}{B} \sim N(0, 1)$，求 A, B 及 $E(|2X - Y + 2 - A|)$.

解 Z 是 X, Y 的线性函数，因此也服从正态分布，且 $\dfrac{Z - E(Z)}{\sqrt{D(Z)}} \sim N(0, 1)$.

由 $\rho = 0$ 得 X, Y 独立.

$$A = E(Z) = E(2X - Y + 2) = 2E(X) - E(Y) + 2 = 2 \times 1 - 6 + 2 = -2,$$
$$D(Z) = D(2X - Y + 2) = 4D(X) + D(Y) = 4 \times 3 + 4 = 16,$$
$$B = \sqrt{D(Z)} = \sqrt{16} = 4,$$

令 $V = \dfrac{2X - Y + 2 - A}{4}$，则 $V \sim N(0, 1)$.

$$E(|2X-Y+2-A|)=4E(|V|)=4\int_{-\infty}^{+\infty}|v|\frac{1}{\sqrt{2\pi}}e^{-\frac{v^2}{2}}dv$$
$$=8\int_{0}^{+\infty}\frac{1}{\sqrt{2\pi}}e^{-\frac{v^2}{2}}d\left(\frac{v^2}{2}\right)=-8\cdot\frac{1}{\sqrt{2\pi}}e^{-\frac{v^2}{2}}\Big|_{0}^{+\infty}$$
$$=\frac{8}{\sqrt{2\pi}}$$

注:求随机变量的数学期望有 3 种典型的方法:

① 利用期望性质和常用分布的期望,如例 11 中求 $E(Z)$;

② 先求它的密度函数或分布律,然后用积分求期望,如例 11 中不直接求 $|2X-Y+2-A|$ 的密度,而是先求出 $V=\dfrac{2X-Y+2-A}{4}$ 的密度,再用积分求 $E(|V|)$;

③ 将所求随机变量分解为若干个简单随机变量的和,然后再利用和的性质求期望方差. 如例 8.

【例 11】 设 $X\sim\pi(16)$, $Y\sim E(2)$, $\rho_{XY}=-0.5$, 求 $Cov(X,Y+1)$, $E(Y^2+XY)$, $D(X-Y)$.

解 由题意知, $E(X)=D(X)=16$, $E(Y)=\dfrac{1}{2}$, $D(Y)=\dfrac{1}{4}$.

$$Cov(X,Y+1)=Cov(X,Y)=\rho_{XY}\cdot\sqrt{D(X)D(Y)}=-0.5\times\sqrt{16\times\frac{1}{4}}=-1,$$
$$E(Y^2+XY)=E(Y^2)+E(XY)$$
$$=\{D(Y)+[E(Y)]^2\}+[Cov(X,Y)+E(X)E(Y)]$$
$$=\left[\frac{1}{4}+\left(\frac{1}{2}\right)^2\right]+\left(-1+16\times\frac{1}{2}\right)=\frac{15}{2},$$
$$D(X-2Y)=D(X)+4D(Y)-4Cov(X,Y)=16+4\times\frac{1}{4}-4\times(-1)=21.$$

五、习 题 解 答

习题 4-1

1. 设随机变量 X 的分布律为

X	-2	0	2
p_k	0.4	0.3	0.3

,

求 $E(X)$, $E(3X^2+5)$.

解 $E(X)=(-2)\times0.4+0\times0.3+2\times0.3=-0.2$,

$E(3X^2+5)=[3\times(-2)^2+5]\times0.4+[3\times0^2+5]\times0.3+[3\times2^2+5]\times0.3=13.4.$

$E(X^2)=(-2)^2\times0.4+0^2\times0.3+2^2\times0.3=2.8$

$D(X)=E(X^2)-[E(X)]^2=2.76$

2. 在 7 台仪器中,有 2 台是次品. 现从中任取 3 台,X 为取得的次品数,求取得次品的数学期望台数 $E(X)$.

解 X 的分布律为

X	0	1	2
p_k	$\frac{C_5^3}{C_7^3}$	$\frac{C_5^2\cdot C_2^1}{C_7^3}$	$\frac{C_5^1\cdot C_2^2}{C_7^3}$

$$E(X)=0\times\frac{C_5^3}{C_7^3}+1\times\frac{C_5^2\cdot C_2^1}{C_7^3}+2\times\frac{C_5^1\cdot C_2^2}{C_7^3}=\frac{6}{7}$$

$$E(X^2)=0^2\times\frac{C_5^3}{C_7^3}+1^2\times\frac{C_5^2\cdot C_2^1}{C_7^3}+2^2\times\frac{C_5^1\cdot C_2^2}{C_7^3}=\frac{8}{7}$$

$$D(X)=E(X^2)-[E(X)]^2=\frac{20}{49}$$

3. 设随机变量 X 的概率密度为 $f(x)=\begin{cases}\frac{3x^2}{2}, & -1<x<1\\ 0, & \text{其他}\end{cases}$,求 $E(X)$, $E(X^2)$.

解 $E(X)=\int_{-1}^{1}x\cdot\frac{3x^2}{2}\mathrm{d}x=0$,

$$E(X^2)=\int_{-1}^{1}x^2\cdot\frac{3x^2}{2}\mathrm{d}x=\frac{3}{5}.$$

$$D(X)=E(X^2)-[E(X)]^2=\frac{3}{5}$$

4. 设随机变量 X 的概率密度为

$$f(x)=\begin{cases}\mathrm{e}^{-x}, & x>0,\\ 0, & x\leqslant0,\end{cases}$$

求(1)$Y_1=2X$,(2)$Y_2=\mathrm{e}^{-2X}$ 的数学期望.

解 $E(Y_1)=\int_{-\infty}^{+\infty}2xf(x)\mathrm{d}x=\int_0^{+\infty}2x\cdot\mathrm{e}^{-x}\mathrm{d}x=-2(x+1)\mathrm{e}^{-x}\Big|_0^{+\infty}=2$

$$E(Y_2)=\int_{-\infty}^{+\infty}\mathrm{e}^{-2x}f(x)\mathrm{d}x=\int_0^{+\infty}\mathrm{e}^{-2x}\cdot\mathrm{e}^{-x}\mathrm{d}x=-\frac{1}{3}\mathrm{e}^{-3x}\Big|_0^{+\infty}=\frac{1}{3}$$

5. 设(X, Y)的分布律为

X \ Y	1	3	5
2	0.1	0.2	0.1
4	0.15	0.3	0.15

(1) 求 $E(X)$，$E(Y)$；(2) 求 $E(XY^2)$.

解　由题意知，X，Y 的边缘分布律为

X	2	4
p_k	0.4	0.6

Y	1	3	5
p_k	0.25	0.5	0.25

$$E(X)=2\times 0.4+4\times 0.6=3.2$$
$$E(Y)=1\times 0.25+3\times 0.5+5\times 0.25=3$$
$$\begin{aligned}E(XY^2)&=2\times 1^2\times 0.10+2\times 3^2\times 0.20+2\times 5^2\times 0.10+4\times 1^2\times 0.15+\\&\quad 4\times 3^2\times 0.30+4\times 5^2\times 0.15\\&=35.2\end{aligned}$$

6. 设二维随机变量(X, Y)的概率密度为

$$f(x, y)=\begin{cases}8xy, & 0\leqslant y\leqslant x,\ 0\leqslant x\leqslant 1\\ 0, & \text{其他}\end{cases}$$

求 $E(X)$，$E(Y)$，$E(X+Y)^2$.

解　$E(X)=\int_0^1 \mathrm{d}x\int_0^x x\cdot 8xy\mathrm{d}y=\dfrac{4}{5}$

$E(Y)=\int_0^1 \mathrm{d}x\int_0^x y\cdot 8xy\mathrm{d}y=\dfrac{8}{15}$

$E(X+Y)^2=\int_0^1 \mathrm{d}x\int_0^x (x+y)^2\cdot 8xy\mathrm{d}y=\dfrac{17}{9}$

7. 设(X, Y)在 G 上服从均匀分布，其中 G 为 x 轴、y 轴及直线 $x+y=1$ 围成，试求 $E(X)$，$E(3X+2Y)$，$E(XY)$.

解　$f(x, y)=\begin{cases}2 & (x, y)\in G\\ 0 & \text{其他}\end{cases}$

$E(X)=\int_0^1 x\mathrm{d}x\int_0^{1-x} 2\mathrm{d}y=\dfrac{1}{3}$

$E(3X+2Y)=\int_0^1 \mathrm{d}x\int_0^{1-x}(3x+2y)\cdot 2\mathrm{d}y=\dfrac{5}{3}$

$E(XY)=\int_0^1 \mathrm{d}x\int_0^{1-x} 2xy\mathrm{d}y=\dfrac{1}{12}$

8. 设一电路中电流 I(A)与电阻 R(Ω)是两个相互独立的随机变量，其概率密度分别为

$$g(i)=\begin{cases}2i, & 0\leqslant i\leqslant 1\\ 0, & \text{其他}\end{cases},\quad h(r)=\begin{cases}\dfrac{r^2}{9}, & 0\leqslant r\leqslant 3\\ 0, & \text{其他}\end{cases}$$

求电压 $V=IR$ 的均值.

解　$E(V)=E(IR)=E(I)\cdot E(R)=\int_{-\infty}^{+\infty} ig(i)\mathrm{d}i\int_{-\infty}^{+\infty} rh(r)\mathrm{d}r=\int_0^1 2i^2\mathrm{d}i\int_0^3 \dfrac{r^3}{9}\mathrm{d}r=1.5$(伏)

9. 将 n 封信随机放入 n 个写好地址的信封，以 X 表示配对的封数，求 $E(X)$.

解　令 $X_i=\begin{cases}1 & \text{第 } i \text{ 封信配对}\\ 0 & \text{第 } i \text{ 封信未配对}\end{cases}$

则 $P(X_i=1)=\frac{1}{n}$, $P(X_i=0)=1-\frac{1}{n}$,且 $X=X_1+\cdots+X_n$

而 $E(X_i)=\frac{1}{n}$, $i=1, 2, \cdots, n$

故 $E(X)=\sum_{i=1}^{n}E(X_i)=1$

10. 若有 n 把看上去样子相同的钥匙,其中只有一把能打开门上的锁,用它们去试开门上的锁,设取到每把钥匙是等可能的,若每把钥匙试开一次后除去,求试开次数 X 的数学期望.

解 X 的可能取值为 $1, 2, \cdots, n$

且 $P\{X=k\}=\frac{n-1}{n}\cdot\frac{n-2}{n-1}\cdot\cdots\cdot\frac{n-k+1}{n-k+1}\cdot\frac{1}{n-k+1}=\frac{1}{n}$

所以,$E(X)=1\cdot\frac{1}{n}+2\cdot\frac{1}{n}+\cdots+n\cdot\frac{1}{n}=\frac{n(n+1)}{2}\cdot\frac{1}{n}=\frac{n+1}{2}$

习题 4-2

1. 计算习题 4-1 的第 1 题,第 2 题,第 3 题中随机变量 X 的方差及标准差.

2. 设随机变量 X 在区间 (a, b) 上服从均匀分布,求 $D(X)$.

解 X 的概率密度为

$$f(x)=\begin{cases}\frac{1}{b-a}, & a<x<b,\\ 0, & \text{其他},\end{cases}$$

$$E(X)=\int_{-\infty}^{+\infty}xf(x)\mathrm{d}x=\int_a^b\frac{x}{b-a}\mathrm{d}x=\frac{b+a}{2}$$

$$E(X^2)=\int_a^b x^2\frac{1}{b-a}\mathrm{d}x=\frac{1}{3}(a^2+ab+b^2),$$

所以

$$D(X)=E(X^2)-[E(X)]^2=\frac{1}{3}(a^2+ab+b^2)-\left(\frac{a+b}{2}\right)^2$$

3. 设随机变量 X 服从参数为 λ 的指数分布,求 $E(X)$, $D(X)$.

解 X 的概率密度为

$$f(x)=\begin{cases}\lambda\mathrm{e}^{-\lambda x}, & x>0,\\ 0, & x\leqslant 0,\end{cases}\quad(\lambda>0)$$

所以

$$\begin{aligned}E(X)&=\int_{-\infty}^{+\infty}xf(x)\mathrm{d}x=\lambda\int_0^{+\infty}x\mathrm{e}^{-\lambda x}\mathrm{d}x=-\int_0^{+\infty}x\mathrm{d}\mathrm{e}^{-\lambda x}\\&=-x\mathrm{e}^{-\lambda x}\Big|_0^{+\infty}+\int_0^{+\infty}\mathrm{e}^{-\lambda x}\mathrm{d}x=\frac{1}{\lambda}.\end{aligned}$$

$$\begin{aligned}E(X^2)&=\int_{-\infty}^{+\infty}x^2f(x)\mathrm{d}x=\int_0^{+\infty}x^2\cdot\lambda\mathrm{e}^{-\lambda x}\mathrm{d}x=-\int_0^{+\infty}x^2\mathrm{d}(\mathrm{e}^{-\lambda x})\\&=-x^2\mathrm{e}^{-\lambda x}\Big|_0^{+\infty}+2\int_0^{+\infty}x\mathrm{e}^{-\lambda x}\mathrm{d}x=\frac{2}{\lambda^2},\end{aligned}$$

所以

$$D(X)=E(X^2)-[E(X)]^2=\frac{2}{\lambda^2}-\frac{1}{\lambda^2}=\frac{1}{\lambda^2}$$

4. 设 X 和 Y 相互独立，且 $X\sim N(\mu_1,\sigma_1^2)$，$Y\sim N(\mu_2,\sigma_2^2)$，证明：$X+Y\sim N(\mu_1+\mu_2,\sigma_1^2+\sigma_2^2)$.

证明：因为 $X\sim N(\mu_1,\sigma_1^2)$，$Y\sim N(\mu_2,\sigma_2^2)$

因此 $E(X)=\mu_1$，$D(X)=\sigma_1^2$，$E(Y)=\mu_2$，$D(Y)=\sigma_2^2$

又因为 X 与 Y 相互独立，

所以 $E(X+Y)=\mu_1+\mu_2$，$D(X+Y)=\sigma_1^2+\sigma_2^2$

即：$X+Y\sim N(\mu_1+\mu_2,\sigma_1^2+\sigma_2^2)$.

5. 已知 $X\sim N(-2,0.4^2)$，求 $E(X+3)^2$.

解　因为 $X\sim N(-2,0.4^2)$，所以

$$E(X)=-2,\ D(X)=0.4^2,$$

因此，
$$\begin{aligned}E(X+3)^2&=E(X^2+6X+9)\\&=E(X^2)+6E(X)+9\\&=D(X)+E(X)^2+6E(X)+9\\&=0.16+4+6(-2)+9\\&=1.16\end{aligned}$$

6. 设 X_1，X_2，X_3 相互独立，且服从参数 $\lambda=3$ 的泊松分布，令 $Y=\frac{1}{3}(X_1+X_2+X_3)$，求 $E(Y^2)$.

解　$E(Y)=E\left[\frac{1}{3}(X_1+X_2+X_3)\right]=\frac{1}{3}\times3\times\lambda=3$

$D(Y)=D\left[\frac{1}{3}(X_1+X_2+X_3)\right]=\frac{1}{9}\times3\times\lambda=1$

$E(Y^2)=D(Y)+E(Y)^2=1+9=10.$

7. 设随机变量 X 服从参数为 1 的指数分布，且 $Y=X+e^{-2X}$. 求 $E(Y)$，$D(Y)$.

解　$E(Y)=E(X)+E(e^{-2x})=1+\int_0^{+\infty}e^{-2x}\cdot e^{-x}dx=\frac{4}{3}$

$E(Y^2)=E(X^2)+2E(xe^{-2x})+E(e^{-4x})=2+2\int_0^{+\infty}xe^{-2x}\cdot e^{-x}dx+\int_0^{+\infty}e^{-4x}\cdot e^{-x}dx$

$=\frac{109}{45}$

$D(Y)=E(Y^2)-[E(Y)]^2=\frac{29}{45}$

8. 设随机变量 X 服从泊松分布，且 $P\{X=1\}=P\{X=2\}$，求 $E(X)$，$D(X)$.

解　因为 $X\sim\pi(\lambda)$，$P\{X=k\}=\frac{\lambda^k}{k!}e^{-\lambda}$，所以 $\frac{\lambda}{1}e^{-\lambda}=\frac{\lambda^2}{2}e^{-\lambda}$，

即：$\lambda=2$. 因此 $E(X)=2$，$D(X)=2$.

9. 已知 $X\sim N(1,2)$，$Y\sim\pi(3)$，且 X 与 Y 相互独立. 求 $D(XY)$.

解 因为 X 与 Y 相互独立,所以

$$D(XY)=E(X^2Y^2)-[E(XY)]^2=E(X^2)E(Y^2)-[E(X)]^2[E(Y)]^2$$

因 $X\sim N(1,2)$, $Y\sim \pi(3)$,则 $E(X)=1$, $D(X)=2$; $E(Y)=3$, $D(Y)=3$.
所以 $E(X^2)=1+2=3$, $E(Y^2)=3^2+3=12$. 因此,

$$D(XY)=E(X^2)E(Y^2)-[E(X)]^2[E(Y)]^2=3\times 12-1\times 9=27.$$

10. 设随机变量 X,Y 的概率密度分别为

$$f_X(x)=\begin{cases}2\mathrm{e}^{-2x}, & x>0,\\ 0, & x\leqslant 0;\end{cases}\quad f_Y(x)=\begin{cases}4\mathrm{e}^{-4y}, & y>0,\\ 0, & y\leqslant 0,\end{cases}$$

求(1)$E(X+Y)$;(2) 设 X, Y 相互独立,求 $D(X+Y)$, $E(XY)$.

解 $E(X)=\dfrac{1}{\lambda}=\dfrac{1}{2}$, $D(X)=\dfrac{1}{\lambda^2}=\dfrac{1}{4}$, $E(Y)=\dfrac{1}{4}$, $D(Y)=\dfrac{1}{16}$

$$E(X+Y)=E(X)+E(Y)=\frac{1}{2}+\frac{1}{4}=\frac{3}{4}$$

$$D(X+Y)=D(X)+D(Y)=\frac{1}{4}+\frac{1}{16}=\frac{5}{16}$$

$$E(XY)=E(X)E(Y)=\frac{1}{2}\cdot\frac{1}{4}=\frac{1}{8}$$

11. 设随机变量 X 与 Y 相互独立,且 $X\sim N(720,30^2)$, $Y\sim N(640,25^2)$. 设 $Z_1=2X+Y$, $Z_2=X-Y$,求 Z_1, Z_2 的概率分布,并求概率 $P\{X>Y\}$, $P\{X+Y>1\,400)$.

解 $E(2X+Y)=2E(X)+E(Y)=2\,080$,

$D(2X+Y)=4D(X)+D(Y)=4\,225=65^2$

$Z_1\sim N(2\,080,65^2)$ 同理,$Z_2\sim N(80,1\,525)$

$$P\{X>Y\}=P\{X-Y>0\}=P\{Z_2>0\}=1-\Phi\left(\frac{0-80}{\sqrt{1\,525}}\right)=\Phi(2.05)=0.979\,8$$

记 $Z_3=X+Y$,则 $Z_3\sim N(1\,360,1\,525)$

$$P\{X+Y>1\,400\}=P\{Z_3>1\,400\}=1-\Phi\left(\frac{1\,400-1\,360}{\sqrt{1\,525}}\right)$$
$$=1-\Phi(1.02)=1-0.846\,1=0.153\,9$$

12. 利用切比雪夫不等式估计 200 个新生儿中,男孩多于 80 个且少于 120 个的概率.(假定生男孩和生女孩的概率均为 0.5)

解 因为 $X\sim B(200,0.5)$,所以

$$E(X)=200\times 0.5=100,\ D(X)=200\times 0.5\times 0.5=50$$
$$P\{80<X<120\}=P\{80-100<X-100<120-100\}$$
$$=P\{|X-100|<20\}\geqslant 1-\frac{50}{20^2}=0.875$$

13. 设 X 是具有数学期望和方差的连续性随机变量,C 为常数,证明:

$$E(CX)=CE(X),\ D(CX)=C^2D(X).$$

证明　$E(CX)=\int_{-\infty}^{+\infty}cxf(x)\mathrm{d}x=c\int_{-\infty}^{+\infty}xf(x)\mathrm{d}x=CE(X)$

$D(CX)=E\{[CX-E(CX)]^2\}=E\{C^2[X-E(X)]^2\}=C^2E\{[X-E(X)]^2\}=C^2D(X)$

习题 4-3

1. 已知 $Y=X^2$，分别求以下两种情况下 X 和 Y 的相关系数 ρ_{XY}：

(1) $X\sim U(0,1)$；(2) $X\sim U(-1,1)$.

解　(1) $X\sim U(0,1)$，则 $E(X)=\frac{1}{2}$，$D(X)=\frac{1}{12}$

$$E(Y)=E(X^2)=\frac{1}{12}+\frac{1}{4}=\frac{1}{3},$$

$$D(Y)=D(X^2)=E[(X^2)^2]-[E(X^2)]^2=\frac{1}{5}-\frac{1}{9}=\frac{4}{45}$$

$$Cov(X,Y)=E(XY)-E(X)E(Y)=E(X^3)-E(X)E(X^2)=\frac{1}{4}-\frac{1}{2}\times\frac{1}{3}=\frac{1}{12}$$

$$\rho_{XY}=\frac{Cov(X,Y)}{\sqrt{D(X)D(Y)}}=\frac{\frac{1}{12}}{\sqrt{\frac{1}{12}\times\frac{4}{45}}}=\frac{\sqrt{15}}{4}$$

(2) $X\sim U(-1,1)$，则 $E(X)=0$，$D(X)=\frac{1}{3}$

$$E(Y)=E(X^2)=\frac{1}{3},$$

$$D(Y)=D(X^2)=E[(X^2)^2]-[E(X^2)]^2=\frac{2}{5}-\frac{1}{9}=\frac{13}{45}$$

$$Cov(X,Y)=E(XY)-E(X)E(Y)=E(X^3)-E(X)E(X^2)=0-0=0$$

$$\rho_{XY}=\frac{Cov(X,Y)}{\sqrt{D(X)D(Y)}}=\frac{0}{\sqrt{\frac{1}{3}\times\frac{13}{45}}}=0$$

2. 已知二元离散型随机变量 (X,Y) 的概率分布如下表所示：

X \ Y	-1	1	2
-1	0.1	0.2	0.3
2	0.2	0.1	0.1

(1) 试求 X 和 Y 的边缘分布律

(2) 试求 X 与 Y 的相关系数 ρ_{XY}.

解　(1) 将联合分布表每行相加得 X 的边缘分布律如下表：

X	-1	2
p	0.6	0.4

将联合分布表每列相加得 Y 的边缘分布律如下表：

Y	-1	1	2
p	0.3	0.3	0.4

(2) $E(X)=-1\times 0.6+2\times 0.4=0.2$, $E(X^2)=1\times 0.6+4\times 0.4=2.2$,

$D(X)=E(X^2)-[E(X)]^2=2.2-0.04=2.16$

$E(Y)=-1\times 0.3+1\times 0.3+2\times 0.4=0.8$, $E(Y^2)=1\times 0.3+1\times 0.3+4\times 0.4=2.2$

$D(Y)=E(Y^2)-[E(Y)]^2=2.2-0.64=1.56$

$$E(XY)=(-1)\times(-1)\times 0.1+(-1)\times 1\times 0.2+(-1)\times 2\times 0.3+2\times(-1)\times 0.2+2\times 1\times 0.1+2\times 2\times 0.1$$
$$=0.1-0.2-0.6-0.4+0.2+0.4=-0.5$$

$Cov(X, Y)=E(XY)-E(X)E(Y)=-0.5-0.16=-0.66$

$$\rho_{XY}=\frac{Cov(X, Y)}{\sqrt{D(X)D(Y)}}=\frac{-0.66}{\sqrt{2.16\times 1.56}}=-\frac{0.66}{1.836}=-0.36$$

3. 设二维随机变量(X, Y)的分布律

X \ Y	0	1
0	0.1	0.2
1	0.3	0.4

试求 $E(X)$，$E(Y)$，$D(X)$，$D(Y)$，$Cov(X, Y)$，ρ_{XY}.

解 由(X, Y)的分布律可得 X 和 Y 的边缘分布律

X	0	1
P	0.3	0.7

Y	0	1
P	0.4	0.6

所以 $E(X)=0.7$, $E(X^2)=0.7$, $D(X)=0.7-0.49=0.21$

$E(Y)=0.6$, $E(Y^2)=0.6$, $D(X)=0.6-0.36=0.24$

$Cov(X, Y)=E(XY)-E(X)E(Y)=0.4-0.7\times 0.6=-0.02$

$$\rho_{XY}=\frac{Cov(X, Y)}{\sqrt{D(X)D(Y)}}=\frac{-0.02}{\sqrt{0.21\times 0.24}}=-0.0089$$

4. 设二维随机变量(X, Y)的密度函数为：

$$f(x, y)=\begin{cases}\frac{1}{8}(x+y), & 0\leqslant x\leqslant 2,\ 0\leqslant y\leqslant 2\\ 0, & 其他,\end{cases}$$

试求 $E(X)$，$E(Y)$，$D(X)$，$D(Y)$，$Cov(X, Y)$，ρ_{XY}.

解 $E(X)=\int_0^2\int_0^2\frac{1}{8}(x+y)x\mathrm{d}x\mathrm{d}y=\frac{7}{6}$

$$E(X^2)=\int_0^2\int_0^2\frac{1}{8}(x+y)\cdot x^2\mathrm{d}x\mathrm{d}y=\frac{5}{3}$$

故
$$D(X)=E(X^2)-[E(X)]^2=\frac{3}{5}-\frac{49}{36}=\frac{11}{36}$$

由 X 和 Y 的对称性知，

$$E(Y)=E(X)=\frac{7}{6},\ D(Y)=D(X)=\frac{11}{36}$$

$$E(XY)=\int_0^2\int_0^2 xy\cdot\frac{1}{8}(x+y)\mathrm{d}x\mathrm{d}y=\frac{4}{3}$$

$$Cov(X,Y)=\frac{4}{3}-\frac{7}{6}\times\frac{7}{6}=-\frac{1}{36}$$

$$\rho_{XY}=\frac{-1/36}{11/36}=-\frac{1}{11}$$

5. 设 $D(X)=25$，$D(Y)=36$，$\rho_{XY}=0.4$,试求 $D(X+Y)$ 以及 $D(X-Y)$.

解 $Cov(X,Y)=0.4\times\sqrt{25}\times\sqrt{36}=12$

$D(X+Y)=D(X)+D(Y)+2Cov(X,Y)=25+36+2\times12=85$

$D(X-Y)=D(X)+D(Y)-2Cov(X,Y)=25+36-2\times12=37$

6. 设随机变量(X,Y)的概率密度为

$$f(x,y)=\begin{cases}12y^2, & 0\leqslant y\leqslant x\leqslant 1\\ 0, & \text{其他}\end{cases},$$

求(1)$E(X)$，$E(Y)$;(2)$Cov(X,Y)$，ρ_{XY}.

解
$$E(X)=\int_{-\infty}^{+\infty}\int_{-\infty}^{+\infty}xf(x,y)\mathrm{d}x\mathrm{d}y=\int_0^1\mathrm{d}x\int_0^x x\cdot12y^2\mathrm{d}y=\frac{4}{5}$$

$$E(Y)=\int_{-\infty}^{+\infty}\int_{-\infty}^{+\infty}yf(x,y)\mathrm{d}x\mathrm{d}y=\int_0^1\mathrm{d}x\int_0^x y\cdot12y^2\mathrm{d}y=\frac{3}{5}$$

$$E(XY)=\int_{-\infty}^{+\infty}\int_{-\infty}^{+\infty}xyf(x,y)\mathrm{d}x\mathrm{d}y=\int_0^1\mathrm{d}x\int_0^x xy\cdot12y^2\mathrm{d}y=\int_0^1 3x^5\mathrm{d}x=\frac{1}{2}$$

$$E(X^2)=\int_{-\infty}^{+\infty}\int_{-\infty}^{+\infty}x^2\cdot f(x,y)\mathrm{d}x\mathrm{d}y=\int_0^1\mathrm{d}x\int_0^x x^2\cdot12y^2\mathrm{d}y=\frac{2}{3}$$

$$E(Y^2)=\int_{-\infty}^{+\infty}\int_{-\infty}^{+\infty}y^2\cdot f(x,y)\mathrm{d}x\mathrm{d}y=\int_0^1\mathrm{d}x\int_0^x y^2\cdot12y^2\mathrm{d}y=\frac{2}{5}$$

$$D(X)=E(X^2)-[E(X)]^2=\frac{2}{3}-\frac{16}{25}=\frac{2}{75}$$

$$D(Y)=E(Y^2)-[E(Y)]^2=\frac{2}{5}-\frac{9}{25}=\frac{1}{25}$$

$$Cov(X,Y)=E(XY)-E(X)E(Y)=\frac{1}{2}-\frac{4}{5}\times\frac{3}{5}=\frac{1}{50}$$

$$\rho_{XY}=\frac{Cov(X,Y)}{\sqrt{D(X)D(Y)}}=\frac{\frac{1}{50}}{\sqrt{\frac{2}{75}\times\frac{1}{25}}}=\frac{\sqrt{6}}{4}$$

7. 已知二维随机变量$(X, Y) \sim N\left(1, 0, 3^2, 4^2, -\frac{1}{2}\right)$,设$Z=\frac{X}{3}+\frac{Y}{2}$,试求:

(1) Z的数学期望与方差;

(2) X与Z的相关系数ρ_{XZ};

(3) 问X与Z是否相互独立.

由题意知,$E(X)=1$, $D(X)=3^2$

$E(Y)=0$, $D(Y)=4^2$, $\rho_{XY}=-\frac{1}{2}$

解 (1) $E(Z)=E\left(\frac{X}{3}+\frac{Y}{2}\right)=\frac{1}{3}E(X)+\frac{1}{2}E(Y)=\frac{1}{3}$

$$D(Z)=D\left(\frac{X}{3}+\frac{Y}{2}\right)=\frac{1}{9}D(X)+\frac{1}{4}D(Y)=5$$

(2) $Cov(X, Y)=\rho_{XY}\cdot\sqrt{D(X)D(Y)}=-\frac{1}{2}\times 3\times 4=-6$

$$\begin{aligned} Cov(X, Z)&=Cov\left(X, \frac{X}{3}+\frac{Y}{2}\right)\\ &=\frac{1}{3}D(X)+\frac{1}{2}Cov(X, Y)\\ &=\frac{1}{3}\times 3^2+\frac{1}{2}\times(-6)=0 \end{aligned}$$

故$\rho_{XZ}=0$

(3) 因为(X, Y)是二维正态随机变量,X, Z均为X, Y的线性组合,故(X, Z)也是二维正态随机变量.

由于$\rho_{XZ}=0$,即X, Z不相关.

故X与Z相互独立.

六、补充习题

一、选择题

1. 已知(X, Y)服从二维正态分布,$E(X)=E(Y)=\mu$, $D(X)=D(Y)=\sigma^2$, $\rho_{XY}\neq 0$,则$X+Y$与$X-Y$(　　).

(A) 不相关且有相同的分布;　　(B) 不相关且有不同的分布;

(C) 相关且有相同的分布;　　(D) 相关且有不同的分布.

2. 将一枚硬币重复掷n次,以X和Y分别表示正面向上和反面向上的次数,则X和Y的相关系数等于(　　).

(A) -1;　　(B) 0;　　(C) $\frac{1}{2}$;　　(D) 1.

3. 设随机变量$X\sim N(0, 1)$, $Y\sim N(1, 4)$,且相关系数$\rho_{XY}=1$,则(　　).

(A) $P\{Y=-2X-1\}=1$　　(B) $P\{Y=2X-1\}=1$

(C) $P\{Y=-2X+1\}=1$　　(D) $P\{Y=2X+1\}=1$

二、填空题

1. 设随机变量 X 服从参数为 1 的泊松分布，则 $P\{X = E(X^2)\} =$ ________.

2. 设随机变量 X 在区间$[-1, 2]$上服从均匀分布，随机变量

$$Y = \begin{cases} 1, & X > 0 \\ 0, & X = 0, \\ -1, & X < 0 \end{cases}$$

则方差 $D(Y) =$ ________.

3. 已知 $X \sim N(0, \sigma^2)$，Y 在区间$[0, \sqrt{3}\sigma]$上服从均匀分布，且 $D(X-Y) = \sigma^2$，则 X 和 Y 的相关系数 $\rho_{XY} =$ ________.

4. 已知(X, Y)在以$(0, 0)$，$(1, 0)$，$(1, 1)$为顶点的三角形区域上服从均匀分布，对(X, Y)作 4 次独立重复观察，观察值 $X+Y$ 不超过 1 出现的次数为 Z，则 $E(Z^2) =$ ________.

5. 设 ξ 和 η 是两个相互独立且均服从正态分布 $N\left(0, \dfrac{1}{2}\right)$的随机变量，则 $E(|\xi-\eta|) =$ ________.

三、计算题

1. 箱内有 6 个球，其中红、白、黑球的个数分别为 1，2，3 个，现从箱中随机的取出 2 个球，记 X 为取出的红球个数，Y 为取出的白球个数.

(1) 求随机变量(X, Y)的概率分布；

(2) 求 $Cov(X, Y)$.

2. 设二维随机变量(X, Y)在区域 D：$0 < x < 1$，$|y| < x$ 内服从均匀分布，求关于 X 的边缘概率密度函数及随机变量 $Z = 2X + 1$ 的方差 $D(Z)$.

四、证明题

设随机变量 X 的概率密度为

$$f(x) = \frac{1}{2}e^{-|x|}, -\infty < x < +\infty$$

(1) 证明 $E(X) = 0$，$D(X) = 2$；

(2) 证明 X 与$|X|$不相互独立；

(3) 证明 X 与$|X|$不相关.

第五章　大数定律与中心极限定理

一、基 本 要 求

1. 了解大数定律和中心极限定理的概念.

2. 了解贝努利大数定律和切比雪夫大数定律.

3. 知道独立同分布的中心极限定理和德莫佛-拉普拉斯中心极限定理,并会利用它们来计算有关随机事件的概率.

二、学 习 要 点

1. 大数定律

(1) 随机变量序列$\{X_n\}$依概率收敛于a

设$X_1, X_2, \cdots, X_n, \cdots$是一个随机变量序列,$a$是一个常数,若对于任意正数$\varepsilon$,有

$$\lim_{n\to\infty} P\{|X_n - a| < \varepsilon\} = 1,$$

则称随机变量序列$\{X_n\}$依概率收敛于a,记为

$$X_n \xrightarrow{P} a.$$

(2) 随机变量序列$\{X_n\}$服从大数定律

如果随机变量序列$X_1, X_2, \cdots, X_n, \cdots$的数学期望都存在,且对于任意$\varepsilon > 0$,有

$$\lim_{n\to\infty} P\left\{\left|\frac{1}{n}\sum_{k=1}^{n} X_k - \frac{1}{n}\sum_{k=1}^{n} E(X_k)\right| < \varepsilon\right\} = 1,$$

则称随机变量序列$\{X_n\}$服从大数定律.

(3) 贝努利大数定律

设 n 重贝努利试验中事件 A 发生的次数为 n_A，事件 A 在每次试验中发生的概率为 p，则对于任意正数 ε，有

$$\lim_{n\to\infty} P\left\{\left|\frac{n_A}{n}-p\right|<\varepsilon\right\}=1,$$

即

$$\frac{n_A}{n}\xrightarrow{P}p.$$

(4) 切比雪夫大数定律的特殊情形

设随机变量序列 $X_1, X_2, \cdots, X_n, \cdots$ 相互独立，且具有数学期望和方差：$E(X_k)=\mu$，$D(X_k)=\sigma^2$，$k=1, 2, \cdots$，作前 n 个随机变量的算术平均 $\overline{X}=\frac{1}{n}\sum_{k=1}^{n}X_k$，则对于任意正数 ε，总成立

$$\lim_{n\to\infty} P\{|\overline{X}-\mu|<\varepsilon\}=1,$$

即

$$\overline{X}\xrightarrow{P}\mu.$$

(5) 切比雪夫大数定律的一般情形

设随机变量序列 $X_1, X_2, \cdots, X_n, \cdots$ 相互独立，且具有数学期望和方差：$E(X_k)=\mu_k$，$D(X_k)=\sigma_k^2$，且 $\sigma_k^2\leqslant c<+\infty$，$k=1, 2, \cdots$，则对于任意正数 ε，总成立

$$\lim_{n\to\infty} P\left\{\left|\frac{1}{n}\sum_{k=1}^{n}X_k-\frac{1}{n}\sum_{k=1}^{n}\mu_k\right|<\varepsilon\right\}=1,$$

即

$$\frac{1}{n}\sum_{k=1}^{n}X_k-\frac{1}{n}\sum_{k=1}^{n}\mu_k\xrightarrow{P}0.$$

(6) 辛钦大数定律

设随机变量序列 $X_1, X_2, \cdots, X_n, \cdots$ 相互独立，服从同一分布，且具有数学期望：$E(X_k)=\mu$，$(k=1, 2, \cdots,)$，则对于任意正数 ε，有

$$\lim_{n\to\infty} P\left\{\left|\frac{1}{n}\sum_{k=1}^{n}X_k-\mu\right|<\varepsilon\right\}=1,$$

即

$$\frac{1}{n}\sum_{k=1}^{n}X_k\xrightarrow{P}\mu.$$

2. 中心极限定理

(1) 独立同分布的中心极限定理

设随机变量序列 $X_1, X_2, \cdots, X_n, \cdots$相互独立,服从同一分布,具有数学期望和方差:$E(X_k)=\mu,\ D(X_k)=\sigma^2>0(k=1,2,\cdots,)$,则随机变量

$$Y_n=\frac{\sum_{k=1}^{n}X_k-E\left(\sum_{k=1}^{n}X_k\right)}{\sqrt{D\left(\sum_{k=1}^{n}X_k\right)}}=\frac{\sum_{k=1}^{n}X_k-n\mu}{\sqrt{n}\sigma}$$

的分布函数 $F_n(x)$对于任意实数 x,总成立

$$\lim_{n\to\infty}F_n(x)=\lim_{n\to\infty}P\left\{\frac{\sum_{k=1}^{n}X_k-n\mu}{\sqrt{n}\sigma}\leqslant x\right\}=\int_{-\infty}^{x}\frac{1}{\sqrt{2\pi}}\mathrm{e}^{-\frac{t^2}{2}}\mathrm{d}t=\Phi(x).$$

(2) 应用独立同分布中心极限定理的概率计算

设随机变量 $X_1, X_2, \cdots, X_n$ 相互独立,服从同一分布,具有数学期望和方差:$E(X_k)=\mu,\ D(X_k)=\sigma^2>0(k=1,2,\cdots,n)$,在 n 较大时,对任意实数 a, $b(a<b)$

$$P\left\{a\leqslant\sum_{k=1}^{n}X_k\leqslant b\right\}=P\left\{\frac{a-n\mu}{\sqrt{n}\sigma}\leqslant\frac{\sum_{k=1}^{n}X_k-n\mu}{\sqrt{n}\sigma}\leqslant\frac{b-n\mu}{\sqrt{n}\sigma}\right\}$$
$$\approx\Phi\left(\frac{b-n\mu}{\sqrt{n}\sigma}\right)-\Phi\left(\frac{a-n\mu}{\sqrt{n}\sigma}\right).$$

(3) 德莫佛-拉普拉斯(DeMoivre-Laplace)中心极限定理

设随机变量 $X_n(n=1,2,\cdots)$服从参数为 n, $p(0<p<1)$的二项分布,则对于任意实数 x,总成立

$$\lim_{n\to\infty}P\left\{\frac{X_n-np}{\sqrt{np(1-p)}}\leqslant x\right\}=\int_{-\infty}^{x}\frac{1}{\sqrt{2\pi}}\mathrm{e}^{-\frac{t^2}{2}}\mathrm{d}t=\Phi(x).$$

(4) 应用德莫佛-拉普拉斯中心极限定理的概率计算

设随机变量 $X_n\sim B(n,p)$,在 n 较大时,对任意实数 a, $b(a<b)$

$$P\{a\leqslant X_n\leqslant b\}=P\left\{\frac{a-np}{\sqrt{np(1-p)}}\leqslant\frac{X_n-np}{\sqrt{np(1-p)}}\leqslant\frac{b-np}{\sqrt{np(1-p)}}\right\}$$
$$\approx\Phi\left(\frac{b-np}{\sqrt{np(1-p)}}\right)-\Phi\left(\frac{a-np}{\sqrt{np(1-p)}}\right).$$

(5) 李雅普诺夫(Lyapunov)中心极限定理

设随机变量序列 $X_1, X_2, \cdots, X_n, \cdots$相互独立,它们具有数学期望和方差:$E(X_k)=\mu_k, D(X_k)=\sigma_k^2>0(k=1, 2, \cdots,)$,记 $B_n^2=\sum\limits_{k=1}^{n}\sigma_k^2$,若存在正数$\delta$,使得当 $n\to\infty$ 时,

$$\frac{1}{B_n^{2+\delta}}\sum_{k=1}^{n}E\{|X_k-\mu_k|^{2+\delta}\}\to 0,$$

则随机变量

$$Z_n=\frac{\sum\limits_{k=1}^{n}X_k-E\left(\sum\limits_{k=1}^{n}X_k\right)}{\sqrt{D\left(\sum\limits_{k=1}^{n}X_k\right)}}=\frac{\sum\limits_{k=1}^{n}X_k-\sum\limits_{k=1}^{n}\mu_k}{B_n}$$

的分布函数 $F_n(x)$对于任意实数 x,总成立

$$\lim_{n\to\infty}F_n(x)=\lim_{n\to\infty}P\left\{\frac{\sum\limits_{k=1}^{n}X_k-\sum\limits_{k=1}^{n}\mu_k}{B_n}\leqslant x\right\}=\int_{-\infty}^{x}\frac{1}{\sqrt{2\pi}}\mathrm{e}^{-\frac{t^2}{2}}\mathrm{d}t=\Phi(x).$$

三、释 疑 解 难

1. 依概率收敛与微积分中的收敛有什么区别?

答　微积分中的收敛是确定性现象,而依概率收敛则是随机的. $\lim\limits_{n\to\infty}P\{|X_n-a|<\varepsilon\}=1$ 表明,对任意 $\varepsilon>0$,当 n 充分大时,事件$\{|X_n-a|>\varepsilon\}$ 发生的概率很小,但是无论$\varepsilon>0$ 多么小,事件$\{|X_n-a|>\varepsilon\}$还是有可能发生,只是在 n 很大时,发生的可能性很小.

2. 如何理解贝努利大数定律?

答　贝努利大数定律说明,当试验次数 n 很大时,事件发生的频率$\frac{n_A}{n}$与概率 p 有较大偏差的可能性很小,即

$$\lim_{n\to\infty}P\left\{\left|\frac{n_A}{n}-p\right|\geqslant\varepsilon\right\}=0.$$

这就以严格的数学形式描述了频率的稳定性. 在实际应用中,当试验次数很大时,事件发生的频率接近于事件的概率,因此可以用频率来代替事件的概率.

3. 用频率估计概率的误差有多大?

设 n_A 为 n 重贝努利试验中事件 A 发生的次数,p 为每次试验中事件 A 发生的概率,$q=1-p$,由德莫佛-拉普拉斯中心极限定理,

$$P\left\{\left|\frac{n_A}{n}-p\right|<\varepsilon\right\}=P\left\{\left|\frac{n_A-np}{\sqrt{npq}}\right|<\varepsilon\sqrt{\frac{n}{pq}}\right\}\approx\Phi\left(\varepsilon\sqrt{\frac{n}{pq}}\right)-\Phi\left(-\varepsilon\sqrt{\frac{n}{pq}}\right)$$

$$=2\Phi\left(\varepsilon\sqrt{\frac{n}{pq}}\right)-1.$$

4. 如何理解切比雪夫大数定律(特殊情形)?

答 切比雪夫大数定律指出,n 个相互独立且具有相同的数学期望与方差的随机变量,当 n 充分大时,它们的算术平均以较大的概率接近它们的数学期望. 在实际应用中,当试验次数很大时,试验结果的算术平均几乎是一个常数,可以用这个常数来估计随机变量的数学期望.

5. 如何理解独立同分布的中心极限定理?

答 定理说明,均值为 μ, 方差为 $\sigma^2>0$ 的独立同分布的随机变量 X_1, X_2, $\cdots$, X_n 的和 $\sum\limits_{k=1}^{n}X_k$,在 n 充分大时,近似服从正态分布 $N(n\mu, n\sigma^2)$. 虽然在一般情况下,很难求出 $X_1+X_2+\cdots+X_n$ 的分布的确切形式,但当 n 很大时,可求出其近似分布. 同时我们还可以看到,随机变量 X_1, X_2, $\cdots$, X_n 的算术平均 $\overline{X}$,当 n 充分大时近似服从正态分布 $N\left(\mu, \frac{\sigma^2}{n}\right)$. 这一结果是数理统计中大样本统计推断的理论基础.

6. 如何理解德莫佛-拉普拉斯中心极限定理?

答 定理说明,正态分布是二项分布的极限分布. 服从二项分布的随机变量 X_n,在 n 充分大时,近似服从正态分布 $N(np, np(1-p))$,这个结论较好地解决了二项分布的近似计算.

7. 大数定律和中心极限定理之间有什么联系?

答 大数定律是研究随机变量序列$\{X_n\}$依概率收敛的极限问题,而中心极限

定理是研究随机变量序列$\{X_n\}$依分布收敛的极限定理,它们都是讨论大量的随机变量之和的极限情形. 当$X_1, X_2, \cdots, X_n\cdots$相互独立又同分布,并且有大于0的有限方差时,大数定律和中心极限定理同时成立.

设$E(X_i)=\mu$, $D(X_i)=\sigma^2>0$,则由切比雪夫大数定律知,对于任意给定的$\varepsilon>0$,有

$$\lim_{n\to\infty} P\left\{\left|\frac{1}{n}\sum_{k=1}^{n}X_k-\mu\right|<\varepsilon\right\}=1.$$

而由独立同分布的中心极限定理

$$P\left\{\left|\frac{1}{n}\sum_{k=1}^{n}X_k-\mu\right|<\varepsilon\right\}=p\left\{\left|\frac{\sum_{k=1}^{n}X_k-n\mu}{\sigma\sqrt{n}}\right|<\frac{\sqrt{n}\varepsilon}{\sigma}\right\}$$

$$\approx\Phi\left(\frac{\sqrt{n}\varepsilon}{\sigma}\right)-\Phi\left(-\frac{\sqrt{n}\varepsilon}{\sigma}\right)=2\Phi\left(\frac{\sqrt{n}\varepsilon}{\sigma}\right)-1.$$

可以看到,在所假设的条件下,中心极限定理比大数定律更为精确.

四、典 型 例 题

【例 1】 证明马尔柯夫(Markow)大数定律:如果随机变量序列$X_1, X_2, \cdots, X_n, \cdots$中的每个随机变量的期望和方差都存在,并且满足

$$\lim_{n\to\infty}\frac{1}{n^2}D\left(\sum_{k=1}^{n}X_k\right)=0,$$

则对于任意$\varepsilon>0$,有

$$\lim_{n\to\infty} P\left\{\left|\frac{1}{n}\sum_{k=1}^{n}X_k-\frac{1}{n}\sum_{k=1}^{n}E(X_k)\right|<\varepsilon\right\}=1.$$

证 令$Y_n=\frac{1}{n}\sum_{k=1}^{n}X_k$,则

$$E(Y_n)=\frac{1}{n}\sum_{k=1}^{n}E(X_k),\quad D(Y_n)=\frac{1}{n^2}D(\sum_{k=1}^{n}X_k),$$

对于任意$\varepsilon>0$,由切比雪夫不等式得

$$P\{|Y_n-E(Y_n)|<\varepsilon\}\geqslant 1-\frac{D\left(\sum_{k=1}^{n}X_k\right)}{n^2\varepsilon^2}.$$

由所给条件，在上式中令 $n\to\infty$，并注意到概率不能大于 1，即得

$$\lim_{n\to\infty} P\left\{\left|\frac{1}{n}\sum_{k=1}^{n}X_k-\frac{1}{n}\sum_{k=1}^{n}E(X_k)\right|<\varepsilon\right\}=1.$$

【例 2】 一生产线生产的产品成箱包装，每箱的重量是随机的. 假设每箱平均重 50 kg，标准差为 5 kg. 若用最大载重量为 5 t 的汽车承运，试利用中心极限定理说明每辆车最多可以装多少箱，才能保障不超载的概率大于 0.977.

解 设装运的第 k 箱的重量是 $X_k(k=1,\ 2,\ \cdots,\ n,)$（单位：kg），$n$ 为所求箱数. 将 $X_1,\ X_2,\ \cdots,\ X_n$ 看作独立同分布的随机变量，则 n 箱总重量为

$$Y_n=X_1+X_2+\cdots+X_n.$$

由已知，$E(X_k)=50$，$\sqrt{D(X_k)}=5$，所以

$$E(Y_n)=50n,\quad \sqrt{D(Y_n)}=5\sqrt{n}.$$

由独立同分布的中心极限定理，

$$\frac{Y_n-50n}{5\sqrt{n}}\overset{\text{近似}}{\sim}N(0,\ 1).$$

由题意，n 取决于条件 $P\{Y_n\leqslant 5\,000\}>0.977$，而

$$P\{Y_n\leqslant 5\,000\}=P\left\{\frac{Y_n-50n}{5\sqrt{n}}\leqslant\frac{5\,000-50n}{5\sqrt{n}}\right\}$$
$$\approx\Phi\left(\frac{1\,000-10n}{\sqrt{n}}\right)>0.977=\Phi(2),$$

所以

$$\frac{1\,000-10n}{\sqrt{n}}>2.$$

解得 $n<98.02$，即最多可以装 98 箱.

【例 3】 试利用(1)切比雪夫不等式(2)中心极限定理分别确定投掷一枚均匀硬币的次数，使得出现正面向上的频率为 0.4～0.6 的概率不小于 0.9.

解 设 X_n 表示投掷一枚硬币 n 次后正面向上的次数，则 $X_n\sim B(n,\ 0.5)$，且

$$E(X_n)=0.5n,\quad D(X_n)=0.25n.$$

(1) $P\left\{0.4<\frac{X_n}{n}<0.6\right\}=P\{0.4n<X_n<0.6n\}$

$$=P\{-0.1n<X_n-0.5n<0.1n\}$$
$$=P\{|X_n-0.5n|<0.1n\}$$

由切比雪夫不等式

$$P\{|X_n-0.5n|<0.1n\}\geqslant 1-\frac{0.25n}{0.01n^2}=1-\frac{25}{n},$$

据题意

$$1-\frac{25}{n}\geqslant 0.9,$$

解得 $n\geqslant 250$.

(2) 由德莫佛-拉普拉斯中心极限定理,

$$\frac{X_n-0.5n}{0.5\sqrt{n}}\overset{\text{近似}}{\sim}N(0,1).$$

所以

$$\begin{aligned}P\left\{0.4<\frac{X_n}{n}<0.6\right\}&=P\{0.4n<X_n<0.6n\}\\&\approx\Phi\left(\frac{0.6n-0.5n}{0.5\sqrt{n}}\right)-\Phi\left(\frac{0.4n-0.5n}{0.5\sqrt{n}}\right)\\&\approx\Phi(0.2\sqrt{n})-\Phi(-0.2\sqrt{n})\\&=2\Phi(0.2\sqrt{n})-1\geqslant 0.9,\end{aligned}$$

由此得 $\Phi(0.2\sqrt{n})\geqslant 0.95$,查表得 $0.2\sqrt{n}\geqslant 1.645$,解得 $n\geqslant 67.65$,取 $n=68$.

将(1)和(2)比较,可知中心极限定理所估计的 n 比用切比雪夫不等式估计出的 n 要精确得多.

【例 4】 对于一个学生而言,来参加家长会的家长人数是一个随机变量.设一个学生无家长、1 名家长、2 名家长来参加会议的概率分别为 0.05、0.8、0.15.若学校共有 400 名学生,设各学生参加会议的家长数相互独立,且服从同一分布.求

(1) 参加会议的家长数 X 超过 450 的概率;

(2) 有一名家长来参加会议的学生数不多于 340 的概率.

解 (1) 以 $X_k(k=1,2,\cdots,400)$ 记第 k 个学生来参加会议的家长数,则 X_k 的分布律为

X_k	0	1	2
P_k	0.05	0.8	0.15

易知 $E(X_k)=1.1$, $D(X_k)=0.19$, $k=1,2,\cdots 400$.记 $X=\sum\limits_{k=1}^{400}X_k$,由中心极限定理

$$\frac{\sum_{k=1}^{400} X_k - 400 \times 1.1}{\sqrt{400}\sqrt{0.19}} = \frac{X - 400 \times 1.1}{\sqrt{400}\sqrt{0.19}} \overset{\text{近似}}{\sim} N(0,\ 1)$$

于是

$$P\{X > 450\} = P\left\{\frac{X - 400 \times 1.1}{\sqrt{400}\sqrt{0.19}} > \frac{450 - 400 \times 1.1}{\sqrt{400}\sqrt{0.19}}\right\}$$
$$= 1 - P\left\{\frac{X - 400 \times 1.1}{\sqrt{400}\sqrt{0.19}} \leqslant 1.15\right\} \approx 1 - \Phi(1.15) = 0.1251.$$

(2) 以 Y 记有一名家长来参加会议的学生数,则 $Y \sim B(400,\ 0.8)$,由中心极限定理,

$$\frac{Y - 400 \times 0.8}{\sqrt{400 \times 0.8 \times 0.2}} \overset{\text{近似}}{\sim} N(0,\ 1).$$

所以

$$P\{Y \leqslant 340\} = P\left\{\frac{Y - 400 \times 0.8}{\sqrt{400 \times 0.8 \times 0.2}} \leqslant \frac{340 - 400 \times 0.8}{\sqrt{400 \times 0.8 \times 0.2}}\right\}$$
$$= P\left\{\frac{Y - 400 \times 0.8}{\sqrt{400 \times 0.8 \times 0.2}} \leqslant 2.5\right\} \approx \Phi(2.5) = 0.9938.$$

五、习 题 解 答

1. 证明切比雪夫大数定律的特殊情形:设随机变量序列 $X_1, X_2, \cdots, X_n, \cdots$ 相互独立且具有相同的数学期望和方差:$E(X_i) = \mu$, $D(X_i) = \sigma^2$, $i = 1, 2, \cdots$. 则对于任给 $\varepsilon > 0$,总成立

$$\lim_{n \to \infty} P\left\{\left|\frac{1}{n}\sum_{k=1}^{n} X_k - \mu\right| < \varepsilon\right\} = 1.$$

证 $E\left(\frac{1}{n}\sum_{k=1}^{n} X_k\right) = \frac{1}{n}\sum_{k=1}^{n} E(X_k) = \frac{1}{n} \cdot n\mu = \mu,$

$D\left(\frac{1}{n}\sum_{k=1}^{n} X_k\right) = \frac{1}{n^2}\sum_{k=1}^{n} D(X_k) = \frac{1}{n^2} \cdot n\sigma^2 = \frac{\sigma^2}{n}$

由切比雪夫不等式,对任意 $\varepsilon > 0$,有

$$P\left\{\left|\frac{1}{n}\sum_{k=1}^{n} X_k - \mu\right| < \varepsilon\right\} \geqslant 1 - \frac{\frac{\sigma^2}{n}}{\varepsilon^2} = 1 - \frac{\sigma^2}{n\varepsilon^2}.$$

由于 $\lim\limits_{n \to \infty}\left(1 - \frac{\sigma^2}{n\varepsilon^2}\right) = 1$,且概率不能大于 1,所以 $\lim\limits_{n \to \infty} P\left\{\left|\frac{1}{n}\sum_{k=1}^{n} X_k - \mu\right| < \varepsilon\right\} = 1.$

2. 统计资料表明，某地区小麦的平均亩产量为 620 千克，方差为 80^2 千克^2. 现任取 400 亩麦地，试计算这 400 亩麦地的产量为 24～24.5 万千克的概率.

解　设第 i 亩的产量为 X_i，$i=1, 2, \cdots, 400$，则 $E(X_i)=620$，$D(X_i)=80^2$. 由中心极限定理，

$$\frac{\sum_{i=1}^{400}X_i-400\times 620}{\sqrt{400}\times 80}=\frac{\sum_{i=1}^{400}X_i-248\,000}{1\,600}\overset{\text{近似}}{\sim}N(0, 1).$$

所以

$$P\{240\,000\leqslant\sum_{i=1}^{400}X_i\leqslant 245\,000\}=P\left\{-5\leqslant\frac{\sum_{i=1}^{400}X_i-248\,000}{1\,600}\leqslant -1.875\right\}$$
$$\approx\Phi(-1.875)-\Phi(-5)=1-\Phi(1.875)-0=1-0.969\,7=0.030\,3.$$

3. 根据以往的经验，某种电器元件的寿命服从均值为 100 小时的指数分布. 现随机取 16 只，设它们的寿命是相互独立的，求这 16 只元件的寿命的总和大于 1 920 小时的概率.

解　设第 i 个元件的寿命为 X_i，$i=1, 2, \cdots, 16$，则 $E(X_i)=100$，$D(X_i)=100^2$. 由中心极限定理，

$$\frac{\sum_{i=1}^{16}X_i-16\times 100}{\sqrt{16}\times 100}=\frac{\sum_{i=1}^{16}X_i-1\,600}{400}\overset{\text{近似}}{\sim}N(0, 1).$$

所以

$$P\left\{\sum_{i=1}^{16}X_i>1\,920\right\}=P\left\{\frac{\sum_{i=1}^{16}X_i-1\,600}{400}>0.8\right\}\approx 1-\Phi(0.8)=1-0.788\,1=0.211\,9.$$

4. 某银行的统计资料表明，每个定期存款储户的存款的平均数为 5 000 元，均方差为 500 元，

(1) 任意抽取 100 个储户，问每户平均存款超过 5 100 元的概率为多少？

(2) 至少要抽取多少储户，才能以 90%以上的概率保证，使每户平均存款数超过 4 950 元.

解　(1) 设第 i 户储户的存款为 X_i，$i=1, 2, \cdots, 100$，则 $E(X_i)=5\,000$，$D(X_i)=500^2$. 由中心极限定理，

$$\frac{\sum_{i=1}^{100}X_i-100\times 5\,000}{\sqrt{100}\times 500}=\frac{\sum_{i=1}^{100}X_i-500\,000}{5\,000}\overset{\text{近似}}{\sim}N(0, 1).$$

所以

$$P\left\{\frac{1}{100}\sum_{i=1}^{100}X_i>5\,100\right\}=P\left\{\sum_{i=1}^{100}X_i>510\,000\right\}=P\left\{\frac{\sum_{i=1}^{100}X_i-500\,000}{5\,000}>2\right\}$$
$$\approx 1-\Phi(2)=1-0.977\,2=0.022\,8.$$

（2）由中心极限定理，

$$\frac{\sum_{i=1}^{n} X_i - 5\,000n}{500\sqrt{n}} \overset{\text{近似}}{\sim} N(0,\ 1),$$

所以

$$P\left\{\frac{1}{n}\sum_{i=1}^{n} X_i > 4\,950\right\} = P\left\{\frac{\sum_{i=1}^{n} X_i - 5\,000n}{500\sqrt{n}} > \frac{4\,950n - 5\,000n}{500\sqrt{n}}\right\}$$

$$\approx 1 - \Phi(-0.1\sqrt{n}) = \Phi(0.1\sqrt{n}) > 0.9,$$

查表得 $0.1\sqrt{n} > 1.282$，所以 $n > 164.4$. 即至少要抽取 165 户储户，才能以 90%以上的概率保证，使每户平均存款数超过 4 950 元.

5. 一加法器同时收到 20 个噪声电压 v_k($k = 1, 2, \cdots 20$，单位：伏). 设它们是相互独立的随机变量，且都在区间(0, 10) 上服从均匀分布，求加法器收到的噪声电压的总和超过 105 伏的概率.

解 $E(v_k) = 5$, $D(v_k) = \frac{10^2}{12} = \frac{25}{3}$. 由中心极限定理，

$$\frac{\sum_{k=1}^{20} v_k - 20 \times 5}{\sqrt{20 \times \frac{25}{3}}} = \frac{\sum_{k=1}^{20} v_k - 100}{\sqrt{\frac{500}{3}}} \overset{\text{近似}}{\sim} N(0,\ 1),$$

故所求概率为

$$P\left\{\sum_{k=1}^{20} v_k > 105\right\} = P\left\{\frac{\sum_{k=1}^{20} v_k - 100}{\sqrt{\frac{500}{3}}} > 0.39\right\} \approx 1 - \Phi(0.39) = 1 - 0.651\,7 = 0.348\,3.$$

6. 有一批建筑房屋用的木柱，其中 80%的长度不小于 3 m. 现从这批木柱中随机取出 100 根，问其中至少有 30 根短于 3 m 的概率是多少？

解 设短于 3 米的根数为 X，则 $X \sim B(100,\ 0.2)$，且 $E(X) = 100 \times 0.2 = 20$, $D(X) = 100 \times 0.2 \times 0.8 = 16$，由中心极限定理，

$$\frac{X - 20}{\sqrt{16}} = \frac{X - 20}{4} \overset{\text{近似}}{\sim} N(0,\ 1).$$

故所求概率为

$$P\{X \geqslant 30\} = P\left\{\frac{X - 20}{4} \geqslant 2.5\right\} \approx 1 - \Phi(2.5) = 1 - 0.993\,8 = 0.006\,2.$$

7. 设某电视台某项电视节目的收视率为 32%，现任意采访 500 户城乡居民，问其中有 150～170户收视该项节目的概率为多少？

解　设收视该项节目的户数为 X，则 $X\sim B(500,\ 0.32)$，且 $E(X)=500\times0.32=160$，$D(X)=500\times0.32\times0.68=108.8$. 由中心极限定理，

$$\frac{X-160}{\sqrt{108.8}}\overset{\text{近似}}{\sim}N(0,\ 1)$$

故所求概率为

$$P\{150\leqslant X\leqslant170\}=P\left\{-0.96\leqslant\frac{X-160}{\sqrt{108.8}}\leqslant0.96\right\}\approx2\Phi(0.96)-1$$
$$=2\times0.8315-1=0.6630.$$

8. 某电话总机设置 12 条外线，总机共有 200 架电话分机. 设每架电话分机每时刻有 5% 的概率要使用外线，并且相互独立，问在任一时刻每架电话分机可使用外线的概率是多少？

解　设任意时刻使用外线的电话机数为 X，则 $X\sim B(200,\ 0.05)$，且 $E(X)=200\times0.05=10$，$D(X)=200\times0.05\times0.95=9.5$. 由中心极限定理，

$$\frac{X-10}{\sqrt{9.5}}\overset{\text{近似}}{\sim}N(0,\ 1)$$

故所求概率为

$$P\{X\leqslant12\}=P\left\{\frac{X-10}{\sqrt{9.5}}\leqslant0.65\right\}\approx\Phi(0.65)=0.7422.$$

9. 某电视机厂每月生产一万台电视机，但它的显像管车间的正品率为 0.8，为了以 0.997 的概率保证出厂的电视机都装上正品的显像管，问该车间每月至少应生产多少只显像管？

解　设该车间每月生产 n 只显像管，其中正品的个数为 X，则 $X\sim B(n,\ 0.8)$，且 $E(X)=0.8n$，$D(X)=0.8\times0.2\times n=0.16n$. 由中心极限定理，

$$\frac{X-0.8n}{\sqrt{0.16n}}\overset{\text{近似}}{\sim}N(0,\ 1).$$

故

$$P\{X\geqslant10\,000\}=P\left\{\frac{X-0.8n}{\sqrt{0.16n}}\geqslant\frac{10\,000-0.8n}{\sqrt{0.16n}}\right\}\approx1-\Phi\left\{\frac{10\,000-0.8n}{\sqrt{0.16n}}\right\}$$
$$=\Phi\left\{\frac{0.8n-10\,000}{\sqrt{0.16n}}\right\}\geqslant0.997.$$

查表得 $\frac{0.8n-10\,000}{\sqrt{0.16n}}\geqslant2.75$，解得 $n\geqslant12\,654.7$. 所以该车间每月至少应生产 12 655 只显像管，才能以 0.997 的概率保证出厂的电视机都装上正品的显像管.

10. 设有 1 000 台纺纱机彼此独立地工作，每台纺纱机在任意时刻都可能发生棉纱断头(其概率为 0.02)，因而需要工人去及时接头. 问至少应配备多少工人，才能以 95% 的概率保证，当纺纱机发生断头时有工人及时地去接头.

解　设任意时刻发生棉纱断头的纺纱机为 X 台，则 $X\sim B(1\,000,\ 0.02)$，且 $E(X)=1\,000\times0.02=20$，$D(X)=1\,000\times0.02\times0.98=19.6$. 由中心极限定理，

$$\frac{X-20}{\sqrt{19.6}} \overset{\text{近似}}{\sim} N(0,1).$$

设需要配备 n 个工人，则

$$P\{X \leqslant n\} = P\left\{\frac{X-20}{\sqrt{19.6}} \leqslant \frac{n-20}{\sqrt{19.6}}\right\} \approx \Phi\left(\frac{n-20}{\sqrt{19.6}}\right) \geqslant 0.95.$$

查表得 $\frac{n-20}{\sqrt{19.6}} \geqslant 1.65$，解得 $n \geqslant 27.3$. 所以至少要配备 28 个工人，才能以 95%的概率保证，当纺纱机发生断头时有工人及时地去接头.

11. 一复杂的系统由 n 个相互独立起作用的部件所组成，每个部件的可靠性(即正常工作的概率)为 0.9，且必须至少有 80%的部件正常工作才能使整个系统工作. 问 n 为多大时，才能使系统的可靠性不低于 95%.

解 设正常工作的部件数为 X，则 $X \sim B(n, 0.9)$，且 $E(X) = 0.9n$，$D(X) = 0.09n$. 由中心极限定理，

$$\frac{X-0.9n}{\sqrt{0.09n}} \overset{\text{近似}}{\sim} N(0,1).$$

由题意，

$$P\{X \geqslant 0.8n\} = P\left\{\frac{X-0.9n}{\sqrt{0.09n}} \geqslant -\frac{\sqrt{n}}{3}\right\} \approx 1-\Phi\left(-\frac{\sqrt{n}}{3}\right) = \Phi\left(\frac{\sqrt{n}}{3}\right) \geqslant 0.95,$$

查表得 $\frac{\sqrt{n}}{3} \geqslant 1.65$，解得 $n \geqslant 24.5$. 所以 n 至少为 25 时，才能使系统的可靠性不低于 95%.

六、补 充 习 题

1. 设 $\{X_k\}$ 为相互独立的随机变量序列，且分布律为

X_k	-2^k	0	2^k
p	$\frac{1}{2^{2k+1}}$	$1-\frac{1}{2^{2k}}$	$\frac{1}{2^{2k+1}}$

，$k=1, 2, \cdots$，

试证 $\{X_k\}$ 服从大数定律.

2. 一盒同型号螺丝钉共有 100 个，已知该型号的螺丝钉的质量是一个随机变量，期望值是 100 g，标准差是 10 g，求一盒螺丝钉的质量超过 10.2 kg 的概率.

3. 一学校有 1 000 名住校生，每人都以 80%的概率去图书馆上自习，问图书馆至少设多少个座位，才能以 99%的概率保证上自习的学生都有座位?

4. 设有 1 000 人各自独立地参加防空演习，每个人能够按时进入掩蔽体的概率为 0.9. 以 95%概率估计，在一次演习中：

(1) 至少有多少人能进入掩蔽体?

(2) 至多有多少人能进入掩蔽体?

5. 在抽样检查某种产品质量时,如果发现次品多于 10 个,则拒绝接受这批产品.设产品的次品率为 10%,问:至少应抽取多少个产品进行检查,才能保证拒绝接受这批产品的概率达到 0.9?

6. 随机选取两组学生,每组 80 人,分别在两个实验室里测量某种化合物的 pH 值,各人测量的结果是随机变量,它们相互独立,服从同一分布,数学期望为 5,方差为 0.3,以$\overline{X}$和$\overline{Y}$分别表示第一组和第二组所得结果的算术平均.求:

(1) $P\{4.9<\overline{X}<5.1\}$;

(2) $P\{-0.1<\overline{X}-\overline{Y}<0.1\}$.

第六章　数理统计的基本概念

一、基本要求

1. 理解总体、简单随机样本、统计量的概念，掌握样本均值、样本方差的计算，了解经验分布函数的概念；

2. 了解 χ^2 分布、t 分布和 F 分布的定义及性质，了解分位点的概念并能查表计算；

3. 掌握正态总体一些常用统计量的分布.

二、学习要点

1. 总体、样本

称研究对象的全体为总体. 通常将研究对象的某一指标 X 视为总体，所以总体可用随机变量 X 来表示，X 的分布称为总体分布. 总体中的每一个元素称为个体. 从总体中抽取 n 个个体作试验，称 $X_1, X_2, \cdots, X_n$ 为样本，样本是 n 个相互独立且与总体 X 同分布的随机变量，称 n 为样本容量，称试验的具体结果 $x_1, x_2, \cdots, x_n$ 为样本的一组观察值.

2. 统计量

称样本 $X_1, X_2, \cdots, X_n$ 的不含任何未知参数的函数 $g(X_1, X_2, \cdots, X_n)$ 为统计量.

3. 抽样分布

统计量的分布称为抽样分布.

4. 经验分布函数

设 $X_1, X_2, \cdots, X_n$ 为取自总体 X 的样本，$x_1, x_2, \cdots, x_n$ 为总体 X 的样本

值.对于每个固定的 x,设事件$\{X\leqslant x\}$在 n 次观察中出现的次数为 $\nu_n(x)$,称

$$F_n(x)=\frac{\nu_n(x)}{n}\quad(-\infty<x<+\infty)$$

为样本 X_1, X_2, …, X_n 的经验分布函数.

5. 常用统计量

样本均值 $$\overline{X}=\frac{1}{n}\sum_{i=1}^{n}X_i$$

样本方差 $$S^2=\frac{1}{n-1}\sum_{i=1}^{n}(X_i-\overline{X})^2=\frac{1}{n-1}\left(\sum_{i=1}^{n}X_i^2-n\overline{X}^2\right)$$

样本标准差 $$S=\sqrt{S^2}=\sqrt{\frac{1}{n-1}\sum_{i=1}^{n}(X_i-\overline{X})^2}$$

样本 k 阶(原点)矩 $$A_k=\frac{1}{n}\sum_{i=1}^{n}X_i^k\quad(k=1,2,\cdots)$$

样本 k 阶中心矩 $$B_k=\frac{1}{n}\sum_{i=1}^{n}(X_i-\overline{X})^k\quad(k=1,2,\cdots)$$

6. 分位点

设随机变量 X 概率密度为 $f(x)$,对于任意给定的 $\alpha(0<\alpha<1)$,若存在实数 x_α,使得

$$P\{X\geqslant x_\alpha\}=\int_{x_\alpha}^{+\infty}f(x)\mathrm{d}x=\alpha$$

则称点 x_α 为该概率分布的**上 $\boldsymbol{\alpha}$ 分位点.**

7. 抽样分布定理

定理 1　设总体 $X\sim N(\mu,\sigma^2)$,样本为 X_1, X_2, …, X_n,则

(1) 样本均值 $\overline{X}\sim N\left(\mu,\dfrac{\sigma^2}{n}\right)$

(2) $\overline{X}$ 与样本方差 S^2 相互独立

(3) 随机变量$\dfrac{(n-1)S^2}{\sigma^2}=\dfrac{\sum\limits_{i=1}^{n}(X_i-\overline{X})^2}{\sigma^2}\sim\chi^2(n-1)$

注意：当 σ^2 为未知时，$\frac{(n-1)S^2}{\sigma^2}$ 不是统计量，只有当 σ^2 为已知时，才是统计量.

定理 2 设总体 $X \sim N(\mu, \sigma^2)$，样本为 $X_1, X_2, \cdots, X_n$，$\overline{X}$ 和 S^2 分别是样本均值和样本方差，则 $\frac{(\overline{X}-\mu)}{S}\sqrt{n} \sim t(n-1)$

定理 3 设总体 $X \sim N(\mu_1, \sigma_1^2)$，总体 $Y \sim N(\mu_2, \sigma_2^2)$，$X, Y$ 相互独立，且两个方差相等，即 $\sigma_1^2=\sigma_2^2$，则随机变量 $\frac{\overline{X}-\overline{Y}-(\mu_1-\mu_2)}{S_w \cdot \sqrt{\frac{1}{n_1}+\frac{1}{n_2}}} \sim t(n_1+n_2-2)$

其中 $S_w^2 = \frac{(n_1-1)S_1^2+(n_2-1)S_2^2}{n_1+n_2-2}$，$n_1, n_2$ 分别是总体 X, Y 的样本容量，S_1^2, S_2^2 分别是 X, Y 的样本方差.

定理 4 设总体 $X \sim N(\mu_1, \sigma_1^2)$，样本容量 n_1，样本方差 S_1^2，总体 $Y \sim N(\mu_2, \sigma_2^2)$，样本容量 n_2，样本方差 S_2^2，且 S_1^2 与 S_2^2 相互独立，则随机变量

$$F = \frac{S_1^2/\sigma_1^2}{S_2^2/\sigma_2^2} = \frac{S_1^2\sigma_2^2}{S_2^2\sigma_1^2} \sim F(n_1-1, n_2-1)$$

三、释疑解难

1. 数理统计的研究对象和目的是什么?

答 数理统计是数学的一个分支，它的任务是研究怎样用有效的方法去收集和使用带随机性影响的数据，具体含义包括以下几层意思：

(1) 能否假定数据有随机性是区别数理统计方法与其他数据处理方法的根本点. 数据的随机性来源有两种：

a) 问题中涉及的研究对象为数很大，只能抽取部分样品加以研究. 如要求测定 10 000 支灯管的寿命，只能抽取其中 100 支进行测试(当测试结束，这 100 支灯管也就失去了使用价值)，而这 100 支灯管的抽取是带有随机性的.

b) 数据的随机性来源于测量误差或者试验的随机误差，如考察产品的质量，温度和压力是重要因素. 但当温度和压力取为定值时，质量仍因受大量其他因素的影响，如原料的差异，使用的设备和操作人员的经验差异等而有一定的波动，试验结果仍包含有随机误差.

(2) 所谓“用有效的方法收集数据”可归结为

a) 建立一个数学上易于处理的尽可能简单的模型描述所得的数据.

b) 要使数据包含尽可能多的与研究问题有关的信息. 例如对某市的居民收入状况进行研究时,应调查多少户居民比较合适,太少了没有代表性,太多了费用昂贵,究竟确定几户合适就要用统计方法. 另外若确定了选取 1000 户,如何选取? 如果只从高收入人群调查,就失去了代表性,数据也就谈不上有效性. 如果用纯随机化方法抽取,则数据就有一定的代表性. 是否有更有效的方法,例如高收入人群占 30%、低收入人群占 70%,那么从高收入人群中随机抽 300 户、低收入人群中随机抽 700 户,这时的数据确实更为有效等等. 由此产生了数理统计的两个分支"抽样理论"和"试验设计".

(3) "有效地使用随机数据"的含义即将抽得的随机数据用有效的方式去集中、提取与研究问题有关的信息,并利用它对提出问题作出一定的结论,这种结论称为"统计推断". 但统计推断并不是绝对精确和可靠的,这正是数据随机化带来的影响,然而推断应尽可能的可靠. 显著性水平,置信水平等相应的概率大小正反映这些统计推断方法的"可靠性"的大小. "统计推断"中有许多统计方法来源于实践中产生的"统计思想",如"矩估计法"、"极大使然估计法"等,它有一定的合理性,但又不是"绝对精确". 只有理解了这些统计思想才会对统计方法有深入的理解. 只有对"可靠性"大小的正确理解才能对研究的结论作出正确的阐述.

2. 为什么要提出统计量?

答　样本表现为一大批的数字,很难直接用来解决所要研究的具体问题,所以常常需要把样本数据整理加工成若干个简单明了的数字特征,当样本数据确定后,统计量的值即可知道了. 所以统计量综合了样本的信息,是统计推断的基础.

3. 如何理解自由度?

答　数学中的自由度一般是指能自由选取的变量个数. 数理统计中的自由度是指用样本的统计量来估计总体的参数时,样本中独立或能够自由变化的数据的个数. 例如:假设一个容量为 20 的样本,当没有其他有关样本的约束时,从总体中任意抽取的 20 个观察值都可以形成这样的样本,即这 20 个观察值可以任意地被从总体中抽取的其他观察值所替代. 当计算样本方差时,必须先算出样本均值 $\overline{x}$,设 $\overline{x}=430$,此时这 20 个观察值就不能任意地被总体中抽取的其他观察值所替代了. 因为 $n\overline{x}=430$, 20 个观察值的总和必须等于 430,该样本中只有 19 个观察值可以任意改变. 因为如果任意 19 个观察值确定以后,第 20 个观察值就被这 19 个值所确定了,因此在计算样本方差时自由度等于 19.

4. 三大分布的作用是什么？

χ^2 分布，t 分布，F 分布都是从正态分布中衍生出来的，几种常用的统计量的分布都与这三大分布有关，所以这三大分布在正态总体的统计推断中起着十分重要的作用.

四、典 型 例 题

【例 1】 对任意总体 X，如果总体均值、总体方差存在，记为 $E(X)=\mu$，$D(X)=\sigma^2$，$X_1, X_2, \cdots, X_n$ 为样本，则

(1) $E(\overline{X})=\mu$, $D(\overline{X})=\dfrac{\sigma^2}{n}$

(2) $E(S^2)=\sigma^2$, $E(B_2)=\dfrac{(n-1)\sigma^2}{n}$

解 (1) $E(\overline{X})=E\left(\dfrac{1}{n}\sum\limits_{i=1}^{n}X_i\right)=\dfrac{1}{n}\sum\limits_{i=1}^{n}E(X_i)=\dfrac{1}{n}\sum\limits_{i=1}^{n}\mu=\mu$

$$D(\overline{X})=D\left(\frac{1}{n}\sum_{i=1}^{n}X_i\right)=\frac{1}{n^2}\sum_{i=1}^{n}D(X_i)=\frac{1}{n^2}\sum_{i=1}^{n}\sigma^2=\frac{\sigma^2}{n}.$$

(2) 因为 $B_2=\dfrac{1}{n}\sum\limits_{i=1}^{n}(X_i-\overline{X})^2=\dfrac{1}{n}\sum\limits_{i=1}^{n}(X_i^2-2X_i\overline{X}+(\overline{X})^2)$

$$=\frac{1}{n}\sum_{i=1}^{n}X_i^2-2(\overline{X})^2+(\overline{X})^2=\frac{1}{n}\sum_{i=1}^{n}X_i^2-(\overline{X})^2$$

且
$$E(X_i^2)=D(X_i)+[E(X_i)]^2=\sigma^2+\mu^2$$

$$E(\overline{X}^2)=D(\overline{X})+[E(\overline{X})]^2=\frac{\sigma^2}{n}+\mu^2.$$

所以 $E(B_2)=\dfrac{1}{n}\sum\limits_{i=1}^{n}E(X_i^2)-E(\overline{X}^2)=\sigma^2+\mu^2-\left(\dfrac{\sigma^2}{n}+\mu^2\right)=\dfrac{(n-1)\sigma^2}{n}$.

又由 $S^2=\dfrac{nB_2}{n-1}$，所以有 $E(S^2)=\sigma^2$.

【例 2】 设总体 $X\sim N(8, 4)$，$X_1, X_2, \cdots, X_5$ 为一个样本，求

(1) $P\{X>9\}$　　　(2) $P\{\overline{X}>9\}$

解 (1) 因为 $X\sim N(8, 4)$，则 $\dfrac{X-8}{2}\sim N(0, 1)$

所以 $P\{X>9\}=P\left\{\dfrac{X-8}{2}>\dfrac{9-8}{2}\right\}=1-\Phi(0.5)=0.3085$.

(2) 因为 $\overline{X} \sim N\left(8, \frac{4}{5}\right)$,所以$\frac{\overline{X}-8}{2/\sqrt{5}} \sim N(0, 1)$

所以 $P\{\overline{X} > 9\} = P\left\{\frac{\overline{X}-8}{2/\sqrt{5}} > \frac{9-8}{2/\sqrt{5}}\right\} = 1-\Phi(1.118) = 0.1314$.

【例 3】 设总体 $X \sim N(\mu, 9)$,从中抽取容量为 n 的样本,$\overline{X} = \frac{1}{n}\sum_{i=1}^{n} X_i$

(1) 问 n 为多少时,能使样本均值 $\overline{X}$ 与总体均值 μ 之差的绝对值小于 0.3 的概率大于 0.9?

(2) n 为多少时,使得 $E(\overline{X}-\mu)^2 \leqslant 0.2$?

解　(1) 因为 $\overline{X} \sim N\left(\mu, \frac{9}{n}\right)$,所以 $P\{|\overline{X}-\mu| < 0.3\} \geqslant 0.9$

即
$$P\left\{\frac{|\overline{X}-\mu|}{3/\sqrt{n}} < \frac{0.3}{3/\sqrt{n}}\right\} = 2\Phi\left(\frac{0.3}{3/\sqrt{n}}\right) - 1 \geqslant 0.9$$

$\Phi\left(\frac{0.3}{3/\sqrt{n}}\right) \geqslant 0.95$,即$\frac{0.3}{3/\sqrt{n}} \geqslant 1.64$,得 $n \geqslant 268.96$

故 n 至少应取 269.

(2) 因为
$$\begin{aligned} E(\overline{X}-\mu)^2 &= D(\overline{X}-\mu) + [E(\overline{X}-\mu)]^2 \\ &= D(\overline{X}) + [E(\overline{X})-\mu]^2 = D(\overline{X}) = \frac{9}{n} \leqslant 0.2 \end{aligned}$$

所以 $n \geqslant 45$,故 n 最大取 45.

【例 4】 设 X_1, X_2, X_3, X_4 是取自正态总体 $N(0, 4)$ 的一个样本,试求常数 a 和 b,使得 $Y = a(X_1-2X_2)^2 + b(3X_3-4X_4)^2$ 服从 $\chi^2(2)$ 分布.

解　因为 $X_1 - 2X_2 \sim N(0, 20)$, $3X_3 - 4X_4 \sim N(0, 100)$

所以$\frac{(X_1-2X_2)^2}{20} \sim \chi^2(1)$, $\frac{(3X_3-4X_4)^2}{100} \sim \chi^2(1)$ 且独立,

由此得$\frac{(X_1-2X_2)^2}{20} + \frac{(3X_3-4X_4)^2}{100} \sim \chi^2(2)$

即得 $a = \frac{1}{20}$, $b = \frac{1}{100}$.

【例 5】 设 $X_1, X_2, \cdots, X_{16}$ 是来自正态总体 $N(\mu, \sigma^2)$ 的样本,其中 μ 和 σ^2 均未知.

(1) 求 $P\left\{\frac{S^2}{\sigma^2} \leqslant 2.041\right\}$,其中 S^2 是样本方差;

(2) 求 $D(S^2)$.

解　(1) 由定理 1(3),得$\frac{(16-1)S^2}{\sigma^2} = \frac{15S^2}{\sigma^2} \sim \chi^2(15)$

于是 $P\left\{\frac{S^2}{\sigma^2}\leqslant 2.041\right\}=P\left\{\frac{15S^2}{\sigma^2}\leqslant 30.615\right\}=1-P\left\{\frac{15S^2}{\sigma^2}>30.615\right\}$

查 χ^2 分布表得 $\chi^2_{0.01}(15)=30.578$,

从而有 $P\left\{\frac{S^2}{\sigma^2}\leqslant 2.041\right\}\approx 1-0.01=0.99$

(2) 因为$\frac{15S^2}{\sigma^2}\sim\chi^2(15)$,由 χ^2 分布的性质得 $D\left(\frac{15S^2}{\sigma^2}\right)=2\times 15=30$,

所以 $D(S^2)=\frac{30}{15^2}\sigma^4=\frac{2}{15}\sigma^4$

五、习 题 解 答

习题 6-1

1. 设 $X\sim B(x,p)$, $X_1,X_2,\cdots,X_n$ 为取自总体 X 的样本,试求此样本的联合分布律.

解 由 $X\sim B(x,p)$得

$$P\{X_i=x_i\}=\binom{x}{x_i}p^{x_i}(1-p)^{x-x_i},\ (0\leqslant x_i\leqslant x,\ x_i\in\mathbf{N},\ i=1,2,\cdots,n)$$

$$P\{X_1=x_1,\cdots,X_n=x_n\}=\prod_{i=1}^{n}\binom{x}{x_i}p^{x_i}(1-p)^{x-x_i}.$$

2. 设 $X_1,X_2,\cdots,X_5$ 是来自服从参数为 λ 的泊松分布 $\pi(\lambda)$的样本,试求此样本的联合分布律.

解 $X_i\sim\pi(\lambda)$

$$P\{X_i=x_i\}=\frac{\lambda^{x_i}}{x_i!}e^{-\lambda},\ (i=1,2,\cdots,5,\ x_i\in\mathbf{N})$$

$$P\{X_1=x_1,X_2=x_2,\cdots,X_5=x_5\}=\frac{\lambda^{x_1+x_2+x_3+x_4+x_5}}{x_1!\cdots x_5!}e^{-5\lambda}.$$

3. 设 $X_1,X_2,\cdots,X_5$ 是来自服从$(0,\theta)$ 上均匀分布的样本,$\theta>0$,试求样本的联合分布.

解 $X_i\sim U[0,\theta]$, $f_{X_i}(x)=\begin{cases}\frac{1}{\theta} & 0<x<\theta\\ 0 & \text{其他}\end{cases}\quad(i=1,2,\cdots,5)$

$$f(x_1,x_2,\cdots,x_5)=f_{X_1}(x_1)\cdots f_{X_5}(x_5)=\begin{cases}\frac{1}{\theta^5} & 0<x_i<1\\ 0 & \text{其他.}\end{cases}$$

4. 设 $X_1,X_2,\cdots,X_n$ 为总体 X 的样本,试求样本的联合概率密度函数,其中总体 X 的概率密度如下:

(1) $f(x)=\frac{1}{2\sigma}e^{-\frac{|x|}{\sigma}}\quad(\sigma>0)(-\infty<x<+\infty)$

解　$f(x_1, x_2, \cdots, x_n) = \dfrac{1}{2^n\sigma^n}e^{-\frac{\left(\sum\limits_{i=1}^{n}|x_i|\right)}{\sigma}}$　$(-\infty < x_i < +\infty)$.

(2) $f(x) = \begin{cases}\theta x^{\theta-1} & 0 < x < 1 \\ 0 & \text{其他}\end{cases}$

解　$f(x_1, x_2, \cdots, x_n) = \begin{cases}\theta^n \prod\limits_{i=1}^{n} x_i^{\theta-1} & 0 < x_i < 1 \\ 0 & \text{其他.}\end{cases}$

(3) $f(x) = \begin{cases}2\theta x e^{-\theta x^2} & x > 0 \\ 0 & \text{其他}\end{cases}$

解　$f(x_1, x_2, \cdots, x_n) = \begin{cases}2^n\theta^n\left(\prod\limits_{i=1}^{n} x_i\right)e^{-\left(\sum\limits_{i=1}^{n}x_i^2\right)\theta} & x_i > 0 \\ 0 & \text{其他.}\end{cases}$　$(i = 1, 2, \cdots, n)$

习题 6-2

1. 对总体 X 测得以下 8 个观察值：3.6，3.8，4.0，3.4，3.5，3.3，3.4，3.2，试分别计算样本均值 $\overline{x}$ 及样本方差 s^2.

解　用计算器算出：$\overline{x} = 3.525$，$s^2 = 0.0707$.

2. 在正态总体 $N(80, 20^2)$ 中随机抽取容量为 100 的样本，试计算 $P\{|\overline{X} - 80| > 3\}$ 的值.

解　$\overline{X} \sim N\left(80, \dfrac{20^2}{100}\right)$ 即 $\overline{X} \sim N(80, 4)$，

$$P\{|\overline{X} - 80| > 3\} = 1 - P\{|\overline{X} - 80| \leqslant 3\} = 1 - P\left\{\left|\frac{\overline{X} - 80}{2}\right| \leqslant \frac{3}{2}\right\}$$

$$= 2 - 2\Phi\left(\frac{3}{2}\right) = 0.14.$$

3. 设 $X_1, X_2, \cdots, X_{10}$ 为 $N(0, 0.3^2)$ 的一个样本，求 $P\left\{\sum\limits_{i=1}^{10} X_i^2 > 1.44\right\}$.

解　$\dfrac{X_i - 0}{0.3} = \dfrac{X_i}{0.3} \sim N(0, 1)$，$(i = 1, 2, \cdots, 10)$，且它们是相互独立的.

$$\sum_{i=1}^{10}\left(\frac{X_i}{0.3}\right)^2 \sim \chi^2(10),\ P\left\{\sum_{i=1}^{10} X_i^2 > 1.44\right\} = P\left\{\frac{\sum\limits_{i=1}^{10} X_i^2}{0.09} > \frac{1.44}{0.09}\right\}$$

$$= P\{\chi^2(10) > 16\} = 0.10.$$

4. 求总体 $X \sim N(20, 3)$ 的容量分别为 10，15 的两个相互独立的样本均值差的绝对值大于 0.3 的概率.

解　$\overline{X}_{10} \sim N\left(20, \dfrac{3}{10}\right)$，$\overline{X}_{15} \sim N\left(20, \dfrac{3}{15}\right)$，$\overline{X}_{10}$ 与 $\overline{X}_{15}$ 相互独立，

$$\overline{X}_{10}-\overline{X}_{15}\sim N\left(0,\ \frac{1}{2}\right)$$

$$P\{|\overline{X}_{10}-\overline{X}_{15}|>0.3\}=1-P\{|\overline{X}_{10}-\overline{X}_{15}|\leqslant 0.3\}=1-P\left\{\left|\frac{\overline{X}_{10}-\overline{X}_{15}}{1/\sqrt{2}}\right|\leqslant 0.3\sqrt{2}\right\}$$

$$=2-2\Phi(0.3\sqrt{2})=0.6708.$$

5. 从正态总体 $N(3.4,\ 36)$中抽取容量为 n 的样本,如果要求其样本均值位于区间(1.4,5.4)内的概率不小于0.95,问样本容量 n 至少应取多少?

解 $\overline{X}\sim N\left(3.4,\ \frac{36}{n}\right)$,

$$P\{1.4<\overline{X}<5.4\}=P\{-2<\overline{X}-3.4<2\}$$

$$=1-P\left\{\left|\frac{\overline{X}-3.4}{6/\sqrt{n}}\right|\leqslant\frac{2}{6/\sqrt{n}}\right\}=2\Phi\left(\frac{\sqrt{n}}{3}\right)-1>0.95$$

$\Phi\left(\frac{\sqrt{n}}{3}\right)>0.975$, $\frac{\sqrt{n}}{3}>1.96$, $n>5.88^2$　n 至少是35.

6. 设 $t\sim t(10)$ 求常数 c,使得 $P\{t>c\}=0.95$

解 由 $P\{t>c\}=0.95$, $c=t_{0.95}(10)=-t_{1-0.95}(10)=-1.8125$

7. 查表求值:(1) $t_{0.01}(5)$, $t_{0.95}(6)$

解 $t_{0.01}(5)$直接查表, $t_{0.95}(6)=-t_{1-0.95}(6)$.

(2) $F_{0.1}(10,\ 9)$, $F_{0.05}(10,\ 9)$, $F_{0.9}(28,\ 2)$, $F_{0.999}(10,\ 10)$

解 $F_{0.1}(10,\ 9)$, $F_{0.05}(10,\ 9)$直接查表,

$$F_{0.9}(28,\ 2)=\frac{1}{F_{1-0.9}(2,\ 28)},\ F_{0.99}(10,\ 10)=\frac{1}{F_{1-0.99}(10,\ 10)}.$$

(3) $\chi^2_{0.99}(12)$, $\chi^2_{0.01}(12)$

解 $\chi^2_{0.99}(12)$与$\chi^2_{0.01}(12)$直接查表.

8. 设 $t\sim t(n)$,求证: $t^2\sim F(1,\ n)$

证明 设 $t=\frac{X}{\sqrt{Y/n}}$, $X\sim N(0,\ 1)$, $Y\sim\lambda^2(n)$ 且 X 与 Y 相互独立,

$X^2\sim\lambda^2(1)$, X^2 与 Y 相互独立, $t^2=\frac{X^2}{Y/n}$,所以 $t^2\sim F(1,\ n)$.

9. 设 X_1, X_2, …, X_n 为来自泊松分布 $\pi(\lambda)$的一个样本, $\overline{X}$, S^2 分别为样本均值和样本方差,求 $E(\overline{X})$, $D(\overline{X})$, $E(S^2)$

解 由已知 $E(X)=D(X)=\lambda$, $E(\overline{X})=\lambda$, $D(\overline{X})=\frac{\lambda}{n}$, $E(S^2)=\lambda$.

10. 设总体 $X\sim N(\mu,\sigma^2)$, X_1, X_2, …, X_n 为其样本, $\overline{X}$ 和 S^2 为样本的均值和样本方差,又设 $X_{n+1}\sim N(\mu,\sigma^2)$,且与 X_1, X_2, …, X_n 相互独立,试求统计量$\frac{X_{n+1}-\overline{X}}{S}\sqrt{\frac{n}{n+1}}$的抽样分布.

解 $\overline{X}\sim N\left(\mu,\frac{\sigma^2}{n}\right)$, $X_{n+1}-\overline{X}\sim N\left(0,\ \frac{n+1}{n}\sigma^2\right)$

$$\frac{X_{n+1}-\overline{X}}{\sqrt{\frac{n+1}{n}}\sigma}\sim N(0,\ 1),\ \frac{(n-1)S^2}{\sigma^2}\sim\chi^2(n-1)$$

$$\frac{\dfrac{X_{n+1}-\overline{X}}{\sqrt{\dfrac{n+1}{n}}\sigma}}{\sqrt{\dfrac{(n-1)S^2}{\sigma^2}/n-1}} \sim t(n-1)\text{，即}\frac{X_{n+1}-\overline{X}}{S}\sqrt{\frac{n}{n+1}} \sim t(n-1).$$

11. 设总体 $X \sim N(0, \sigma^2)$，X_1，X_2 为其样本

(1) 证明$(X_1+X_2)^2$ 与$(X_1-X_2)^2$ 相互独立；

证明　$U = X_1 + X_2 \quad V = X_1 - X_2$，$X_1 = \dfrac{U+V}{2} \quad X_2 = \dfrac{U-V}{2}$

$$U \sim N(0, 2\sigma^2) \quad V \sim N(0, 2\sigma^2) \quad \left|\frac{\partial(x_1, x_2)}{\partial(u, v)}\right| = \left\|\begin{matrix} \frac{1}{2} & \frac{1}{2} \\ \frac{1}{2} & -\frac{1}{2} \end{matrix}\right\| = \frac{1}{2}$$

$$\begin{aligned} f(u, v) &= \frac{1}{\sqrt{2\pi}\sigma} \cdot \frac{1}{\sqrt{2\pi}\sigma} e^{-\frac{1}{2\sigma^2} \cdot \frac{(u+v)^2}{4}} \cdot e^{-\frac{1}{2\sigma^2} \cdot \frac{(u-v)^2}{4}} \cdot \frac{1}{2} \\ &= \frac{1}{\sqrt{2\pi}\sqrt{2}\sigma} \cdot e^{-\frac{u^2}{2(\sqrt{2}\sigma)^2}} \cdot \frac{1}{\sqrt{2\pi}\sqrt{2}\sigma} \cdot e^{-\frac{v^2}{2(\sqrt{2}\sigma)^2}} \cdot \\ &= f(u) \cdot f(v) \quad (-\infty < u < +\infty, -\infty < v < +\infty) \end{aligned}$$

所以 U 与 V 相互独立.

$a, b \in \mathbf{R}$，容易证明 $P\{U^2 \leqslant a, V^2 \leqslant b\} = P\{U^2 \leqslant a) \cdot P\{V^2 \leqslant b\}$

U^2 与 V^2 相互独立，即$(X_1+X_2)^2$ 与$(X_1-X_2)^2$ 相互独立.

(2) 求随机变量 $Y = \dfrac{(X_1+X_2)^2}{(X_1-X_2)^2}$的抽样分布.

解　由已知$\dfrac{X_1+X_2}{\sqrt{2}\sigma} \sim N(0, 1) \quad \dfrac{X_1-X_2}{\sqrt{2}\sigma} \sim N(0, 1)$

$\dfrac{(X_1+X_2)^2}{2\sigma^2} \sim \chi^2(1)$，$\dfrac{(X_1-X_2)^2}{2\sigma^2} \sim \chi^2(1)$，

$\dfrac{(X_1+X_2)^2}{2\sigma^2}$ 与$\dfrac{(X_1-X_2)^2}{2\sigma^2}$ 相互独立，

所以，$$\frac{\dfrac{(X_1+X_2)^2}{2\sigma^2}}{1} \bigg/ \frac{\dfrac{(X_1-X_2)^2}{2\sigma^2}}{1} = \frac{(X_1+X_2)^2}{(X_1-X_2)^2} \sim F(1, 1).$$

12. 设 $\chi^2 \sim \chi^2(n)$，费歇尔曾证明：当 $n>45$ 时，随机变量$\sqrt{2\chi^2}$ 近似服从 $N(\sqrt{2n-1}, 1)$，试根据这个近似，证明近似公式 $\chi^2 \approx \dfrac{1}{2}(z_\alpha + \sqrt{2n-1})^2 (n>45)$其中 z_α 是标准正态分布的上 α 分位点，$\chi^2(n)$是自由度为 n 的 χ^2 分布的上 α 分位点.

证明　由上分位点的定义得：$P\left\{\sqrt{2\chi^2} > \sqrt{2\chi^2(n)}\right\} = \alpha$

$$P\left\{\sqrt{2\chi^2} - \sqrt{2n-1} > \sqrt{2\chi^2(n)} - \sqrt{2n-1}\right\} = \alpha$$

由已知 $\sqrt{2\chi^2}$ 近似服从 $N(\sqrt{2n-1}, 1)$　$P\{Z > \sqrt{2\chi^2(n)} - \sqrt{2n-1}\} \approx \alpha$

$z_\alpha \approx \sqrt{2\chi^2(n)} - \sqrt{2n-1}$，即 $\chi^2(n) \approx \dfrac{1}{2}(z_\alpha + \sqrt{2n-1})^2$

六、补 充 习 题

1. 设 X_1，X_2，…，X_n 为正态总体 $N(\mu, \sigma^2)$的样本，记 $S^2 = \frac{1}{n-1}\sum_{i=1}^{n}(X_i - \overline{X})^2$，则下列选项中正确的是(　　).

(A) $\frac{(n-1)S^2}{\sigma^2} \sim \chi^2(n-1)$　　(B) $\frac{(n-1)S^2}{\sigma^2} \sim \chi^2(n)$

(C) $(n-1)S^2 \sim \chi^2(n-1)$　　(D) $\frac{S^2}{\sigma^2} \sim \chi^2(n-1)$

2. 设 X_1，X_2，X_3，X_4 为来自总体 X 的样本，$D(X) = \sigma^2$，则样本均值 $\overline{X}$ 的方差 $D(\overline{X})=$(　　).

(A) σ^2　　(B) $\frac{1}{2}\sigma^2$　　(C) $\frac{1}{3}\sigma^2$　　(D) $\frac{1}{4}\sigma^2$

3. 设随机变量 $X\sim\chi^2(2)$，$Y\sim\chi^2(3)$，且 X 与 Y 相互独立，则$\frac{3X}{2Y}$所服从的分布为(　　).

(A) $F(2, 2)$　　(B) $F(2, 3)$　　(C) $F(3, 2)$　　(D) $F(3, 3)$

4. 设 X_1，X_2，X_3，X_4 为正态总体 $N(\mu, \sigma^2)$的样本，$E(X) = \mu$ 为已知，而 $D(X) = \sigma^2$ 未知，则下列随机变量中不能作为统计量的是(　　).

(A) $\overline{X} = \frac{1}{4}\sum_{i=1}^{4}X_i$　　(B) $X_1 + X_4 - 2\mu$

(C) $\frac{1}{\sigma^2}\sum_{i=1}^{4}(X_i - \overline{X})^2$　　(D) $S^2 = \frac{1}{3}\sum_{i=1}^{4}(X_i - \overline{X})^2$

5. 设 X_1，X_2，…，X_n 是取自 $X \sim N(0, 1)$ 的样本，$\overline{X}$ 与 S 分别为样本均值与样本标准差，则服从 $\chi^2(n-1)$ 分布的随机变量为(　　).

(A) $\frac{1}{n}\sum_{i=1}^{n}X_i^2$　　(B) S^2　　(C) $\frac{(n-1)S^2}{\sigma^2}$　　(D) $\frac{(n-1)\overline{X}}{\sigma}$

6. 设 X_1，X_2，X_3 是来自总体 X 的容量为 3 的一个样本，μ 是未知参数，以下不是统计量的是(　　).

(A) $X_1 + X_2 + X_3$　　(B) X_1　　(C) $\frac{1}{3}\sum_{i=1}^{3}(x_i - \mu)$　　(D) $X_1 \cdot X_2 \cdot X_3$

7. 设总体 $X\sim N(2, 4^2)$，X_1，X_2…，X_n 为 X 的样本，则下面结果正确的是(　　).

(A) $\frac{\overline{X}-2}{4}\sim N(0, 1)$　　(B) $\frac{\overline{X}-2}{\frac{4}{\sqrt{n}}}\sim N(0, 1)$

(C) $\frac{X-2}{2}\sim N(0, 1)$　　(D) $\frac{\overline{X}-2}{16}\sim N(0, 1)$

8. 设总体 X 在区间$(-1, 1)$上服从均匀分布，X_1，X_2，…，X_n 为其样本，则样本均值 $\overline{X} = \frac{1}{n}\sum_{i=1}^{n}X_i$ 的方差 $D(\overline{X}) =$ (　　).

(A) 3　　(B) $\frac{1}{3}$　　(C) $3n$　　(D) $\frac{1}{3n}$

9. 设总体 $X \sim N(\mu, \sigma^2)$, $X_1, X_2, \cdots, X_n$ 是来自总体 X 的容量为 n 的一个样本，则 $Y = \frac{1}{\sigma^2}\sum_{i=1}^{n}(X_i - \mu)^2$ 服从(　　)分布.

(A) $\chi^2(n-1)$　　(B) $\chi^2(n)$　　(C) $t(n-1)$　　(D) $t(n)$

10. 设随机变量 $X \sim N(\mu, \sigma^2)$, $X_1, X_2, \cdots, X_8$ 是 X 的容量为 8 的样本，样本方差 $S^2 = \frac{1}{7}\sum_{i=1}^{8}(X_i - \overline{X})^2$，则(　　).

(A) $\frac{\overline{X}-\mu}{\sigma}\sqrt{8} \sim t(8)$　　(B) $\frac{\overline{X}-\mu}{S}\sqrt{8} \sim t(8)$

(C) $\frac{\overline{X}-\mu}{\sigma}\sqrt{8} \sim t(7)$　　(D) $\frac{\overline{X}-\mu}{S}\sqrt{8} \sim t(7)$

11. 样本 $X_1, X_2, \cdots, X_n$ 取自总体 $X \sim N(1, 4)$，则统计量 $\sum_{i=1}^{n}\left(\frac{X_i - 1}{2}\right)^2$ 服从的分布是________.（注明参数）

12. 设总体 X 服从正态分布 $N\left(0, \frac{1}{4}\right)$, $X_1, X_2, \cdots, X_7$ 为来自该总体的一个样本，要使 $a\sum_{i=1}^{7}X_i^2 \sim \chi^2(7)$，则常数 $a =$ ________.

13. 设样本 X_1, X_2, X_3 取自正态总体 $N(0, 1)$，则统计量 $Y = \frac{\sqrt{2}X_1}{\sqrt{X_2^2 + X_3^2}}$ 服从________.

14. $X_1, X_2, \cdots, X_{16}$ 是来自总体 $X \sim N(2, \sigma^2)$ 的一个样本，$\overline{X} = \frac{1}{16}\sum_{i=1}^{16}X_i$，则 $\frac{4\overline{X}-8}{\sigma} \sim$ ________.

15. 设 $Y_1, Y_2, \cdots, Y_n$ 是来自总体 $N(0, 1)$ 的样本，则统计量 $Z = \frac{Y_2^2 + Y_3^2 + \cdots + Y_n^2}{(n-1)Y_1^2} \sim$ ________.

16. 设样本 X_1, X_2, X_3 相互独立且都服从 $N(0, 1)$，则统计量 $Y = \frac{X_1^2 + X_2^2}{2X_3^2}$ 服从________.

17. 设 X_1, X_2, X_3, X_4 来自总体 $X \sim N(0, 1)$ 的简单随机样本，则统计量 $Y = \frac{X_1^2 + X_2^2}{X_3^2 + X_4^2}$ 服从________.

18. 设 X_1, X_2, X_3, X_4 是取自 $N(0, 1)$ 的样本，令 $U = X_1 + X_2 + X_3 + X_4$, $V = X_1 - X_2 + X_3 - X_4$,

(1) 试求 U 和 V 的分布，并证明 U 与 V 相互独立

(2) 假定 $a(U^2 + V^2) \sim \chi^2(k)$，试求 a 与 k

19. 设 $X_1, X_2, \cdots, X_8$ 是取自正态总体 $N(0, 1)$ 的样本，令 $Y = (X_1 + X_2 + \cdots + X_4)^2 + (X_5 + X_6 + \cdots + X_8)^2$，求常数 C，使 CY 服从 χ^2 分布.

第七章　参数估计

一、基本要求

1. 理解参数点估计的概念.
2. 掌握估计参数的极大似然估计法与仅用一、二阶矩来估计参数的矩法.
3. 掌握估计量的评选标准(无偏性、有效性、相合性).
4. 理解参数区间估计的概念.
5. 会求正态总体的均值与方差的置信区间.

二、学习要点

1. 点估计

(1) 定义　设总体 X 的分布函数 $F(x;\theta)$ 的形式为已知,θ 是未知参数;X_1, X_2, …, X_n 是来自总体 X 的样本,若统计量 $\hat{\theta}=\hat{\theta}(X_1, X_2, \cdots, X_n)$能对参数 θ 做估计,称 $\hat{\theta}$ 为 θ 的点估计量;若 x_1, x_2, …, x_n 为样本 X_1, X_2, …, X_n 的一组样本值,则称 $\hat{\theta}=\hat{\theta}(x_1, x_2, \cdots, x_n)$为 θ 的点估计值.

(2) 点估计的分类

统计推断可分为:估计问题和假设检验问题.

参数估计的形式有两种:点估计和区间估计.

(3) 两种方法

① 矩估计法:由样本的各阶原点矩作为总体的各阶原点矩的估计而求得未知参数的估计量的方法称为矩估计法.所得到的参数的估计量称为矩估计量.基本思想:$\hat{\mu}_k=A_k$, $k=1, 2, \cdots$,其中 k 的取值随参数个数而定,有几个参数 k 就取几个值,得到几个方程构成的方程组求得参数的估计量.值得注意的是,矩估计法不必知道分布形式,只要矩存在.

② 极大(最大)似然估计法

(i) 似然函数:设总体 X 的分布形式 $p(x;\theta)$(或是概率密度或是分布率)为已

知,θ 是未知参数,$X_1, X_2, \cdots, X_n$ 是来自总体 X 的样本,$x_1, x_2, \cdots, x_n$ 为样本 $X_1, X_2, \cdots, X_n$ 的一组样本值,称 $L(\theta)$ 为参数 θ 的似然函数.

离散型 $P(X=a_i)=p(a_i;\theta) \quad i=1, 2, \cdots,$

$$L(\theta)=L(X_1, X_2, \cdots, X_n; \theta)=\prod_{i=1}^{n} p(X_i; \theta),$$

连续型 $f(x;\theta)$

$$L(\theta)=L(X_1, X_2, \cdots, X_n; \theta)=\prod_{i=1}^{n} f(X_i; \theta).$$

(ii) 极大似然估计

称能使似然函数 $L(X_1, X_2, \cdots, X_n; \theta)$ 达到极大值的 $\hat{\theta}(X_1, X_2, \cdots, X_n)$ 为 θ 的极大似然估计量;$\hat{\theta}(x_1, x_2, \cdots, x_n)$ 为 θ 的极大似然估计值.

(iii) 对数似然方程,对数似然方程组

θ 为一维时,$\dfrac{\mathrm{d}L(\theta)}{\mathrm{d}\theta}=0$ 或 $\dfrac{\mathrm{d}(\ln L(\theta))}{\mathrm{d}\theta}=0$,

θ 为二维时,$\begin{cases}\dfrac{\partial L(\theta_1, \theta_2)}{\partial\theta_1}=0\\ \dfrac{\partial L(\theta_1, \theta_2)}{\partial\theta_2}=0\end{cases}$ 或 $\begin{cases}\dfrac{\partial \ln L(\theta_1, \theta_2)}{\partial\theta_1}=0\\ \dfrac{\partial \ln L(\theta_1, \theta_2)}{\partial\theta_2}=0\end{cases}$.

2. 区间估计

(1) 置信区间:设总体 X 的分布函数 $F(x;\theta)$ 的形式为已知,θ 是未知参数;$X_1, X_2, \cdots, X_n$ 是来自于总体 X 的样本,如果任意 $\alpha(0<\alpha<1)$,能由样本确定两个统计量 $\underline{\theta}(X_1, X_2, \cdots, X_n)$ 和 $\bar{\theta}(X_1, X_2, \cdots, X_n)$,使得

$$P\{\underline{\theta}(X_1, X_2, \cdots, X_n)<\theta<\bar{\theta}(X_1, X_2, \cdots, X_n)\}=1-\alpha,$$

则称随机区间 $(\underline{\theta}, \bar{\theta})$ 为参数 θ 的置信水平(或置信度)为 $1-\alpha$ 的置信区间(或区间估计),简称为 θ 的 $1-\alpha$ 的置信区间,$\underline{\theta}$ 和 $\bar{\theta}$ 分别称为置信下限和置信上限.

(2) 单个正态总体参数的置信区间:

正态总体均值、方差的置信区间(置信度为 1－α)

	待估参数	其他参数	统计量分布	置信区间
一个正态总体	μ	σ^2 已知	$Z=\dfrac{\overline{X}-\mu}{\sigma/\sqrt{n}} \sim N(0, 1)$	$\left(\overline{X} \pm \dfrac{\sigma}{\sqrt{n}} z_{\frac{\alpha}{2}}\right)$

（续　表）

	待估参数	其他参数	统计量分布	置信区间
一个正态总体	μ	σ^2 未知	$T=\frac{\overline{X}-\mu}{S/\sqrt{n}}\sim t(0,1)$	$\left(\overline{X}\pm\frac{s}{\sqrt{n}}t_{\frac{\alpha}{2}}(n-1)\right)$
	σ^2	μ 未知	$\chi^2=\frac{(n-1)S^2}{\sigma^2}\sim\chi^2(n-1)$	$\left(\frac{(n-1)s^2}{\chi^2_{\frac{\alpha}{2}}(n-1)},\frac{(n-1)s^2}{\chi^2_{1-\frac{\alpha}{2}}(n-1)}\right)$
两个正态总体	$\mu_1-\mu_2$	σ_1^2,σ_2^2 已知	$Z=\frac{\overline{X}-\overline{Y}-(\mu_1-\mu_2)}{\sqrt{\frac{\sigma_1^2}{n_1}+\frac{\sigma_2^2}{n_2}}}\sim N(0,1)$	$\left(\overline{X}-\overline{Y}\pm z_{\frac{\alpha}{2}}\sqrt{\frac{\sigma_1^2}{n_1}+\frac{\sigma_2^2}{n_2}}\right)$
	$\mu_1-\mu_2$	σ_1^2,σ_2^2 未知，但 $\sigma_1^2=\sigma_2^2=\sigma^2$	$T=\frac{\overline{X}-\overline{Y}-(\mu_1-\mu_2)}{S_\omega\sqrt{\frac{1}{n_1}+\frac{1}{n_2}}}\sim t(n_1+n_2-2)$ $S_\omega^2=\frac{(n_1-1)S_1^2+(n_2-1)S_2^2}{n_1+n_2-2}$	$\left(\overline{X}-\overline{Y}\pm t_{\frac{\alpha}{2}}(n_1+n_2-2)\cdot S_w\times\sqrt{\frac{1}{n_1}+\frac{1}{n_2}}\right)$
	$\frac{\sigma_1^2}{\sigma_2^2}$	μ_1,μ_2 未知	$F=\frac{S_1^2/S_2^2}{\sigma_1^2/\sigma_2^2}\sim F(n_1-1,n_2-1)$	$\left(\frac{1}{F_{\frac{\alpha}{2}}(n_1-1,n_2-1)}\cdot\frac{S_1^2}{S_2^2},F_{\frac{\alpha}{2}}(n_2-1,n_1-1)\cdot\frac{S_1^2}{S_2^2}\right)$

3. 估计量的选择标准

(1) 无偏性：设 $\hat{\theta}$ 是 θ 的估计量，如果 $E(\hat{\theta})=\theta$，则称 $\hat{\theta}$ 是 θ 的无偏估计量.

(2) 有效性：如果 $\hat{\theta}_1$ 和 $\hat{\theta}_2$ 都是 θ 的无偏估计量，且 $D(\hat{\theta}_1)\leqslant D(\hat{\theta}_2)$，则称 $\hat{\theta}_1$ 比 $\hat{\theta}_2$ 有效.

(3) 一致性(相合性)：$\hat{\theta}\xrightarrow{P}\theta$，称 $\hat{\theta}$ 为 θ 的一致估计量.

三、释 疑 解 难

1. 点估计具有哪些性质?

答　若 $\hat{\theta}$ 为 θ 的矩估计，$g(x)$ 为连续函数，则 $g(\hat{\theta})$ 为 $g(\theta)$ 的矩估计.

若 $\hat{\theta}$ 为 θ 的极大似然估计，$g(x)$ 为单调函数，则 $g(\hat{\theta})$ 为 $g(\theta)$ 的极大似然估计.

2. 矩估计法的优缺点有哪些？

答　矩估计法的优点是简单易行，并不需要事先知道总体是什么类型的分布. 只需计算与待估总体参数有关的总体矩，然后用样本矩代替相应总体矩，建立矩法方程(组). 缺点是当总体分布结构已知时，没有充分利用分布提供的信息. 且当总体分布的一阶矩不存在时，无法使用矩法估计，如对柯西分布. 而且矩法估计量可能不具有唯一性. 其主要原因在于建立矩法方程(组)时，选取哪些总体矩用相应样本矩代替带有一定的随意性.

3. 关于样本均值、样本方差的一些结论.

答　样本均值 $\overline{X}=\frac{1}{n}\sum_{i=1}^{n}X_i$ 是总体均值 $E(X)$ 的无偏、一致估计量.

样本方差 $S^2=\frac{1}{n-1}\sum_{i=1}^{n}(X_i-\overline{X})^2$ 是总体方差 $D(X)$ 的无偏、一致估计量.

4. 怎样理解评价估计量的 3 个标准？

答　采用不同方法得到的估计量，一般是不尽相同的. 原则上，任何统计量都可以作为未知参数的估计量. 人们通常从 3 个不同角度研究点估计的优良性质，因而相应提出了 3 个评价标准：无偏性、有效性与一致(相合)性. 从计算角度讲，无偏性与有效性实际上是数学期望与方差的计算问题. 由于这两个概念本身就含有一种"筛选层级"关系，所以有效性当以无偏性为(前提条件)基础. 即如果其估计量不为无偏估计，也就无有效性可言了. 不过，有偏估计量可"修正"为无偏估计量. 比如，$\hat{\theta}$ 为 θ 的渐近无偏估计量(即$\lim\limits_{n\to\infty}E(\hat{\theta})=\lim\limits_{n\to\infty}g(n)\theta=\theta$). 若令 $\hat{\theta}_1=\frac{\hat{\theta}}{g(n)}$，那么就有$E(\hat{\theta}_1)=\theta$，即 $\hat{\theta}_1$ 成为 θ 的一个无偏估计量. 从而，这个经"改造"得到的新的无偏估计量，便可以与其他的无偏估计量(如果存在的话)比较有效性了(用极大似然估计法求得的估计量，具有一致性与有效性；即使不具有无偏性，也常常能"修正"为无偏估计量). 在具体计算时，要特别注意子样 $X_1, X_2, \cdots X_n$ 相互独立，且同分布于总体这一简单随机样本的特性，并用好数学期望与方差的运算规则(性质)；如

$$E(\sum_{i=1}^{n}X_i^k)=\sum_{i=1}^{n}E(X_i^k)=\sum_{i=1}^{n}E(X^k)=nE(X^k),$$
$$E(X_i^2)=D(X_i)+(E(X_i))^2=D(X)+(E(X))^2=\sigma^2+\mu^2,$$
$$D(X_1+X_2+\cdots+X_n)=D(X_1)+D(X_2)+\cdots+D(X_n)=nD(X)=n\sigma^2,$$

等等.

至于估计量的一致(相合)性，与其无偏性与有效性之间没有什么直接关联.但若其估计具有无偏性，且其方差为样本容量趋于无穷时，趋于零，则此估计量便为一致估计量，这由切比雪夫不等式与一致性定义便可立知.当然，判定估计量的一致性还可利用大数定律，而这往往是在利用切比雪夫不等式判定较困难时选用.但就一致估计自身来说，却有一个简单而有用的性质——不变性.即若 $\hat{\theta}$ 为 θ 的一致估计量，$g(\theta)$为连续函数，则 $g(\hat{\theta})$亦为 $g(\theta)$的一致估计量(而无偏估计却不具此性质).

5. 怎样理解区间估计?

答 区间估计(一般)是用所给样本去估计未知参数的取值区间，其区间端点之值(上、下限)与样本容量、置信水平及统计量的观察值等相关联，进行区间估计，通常应注意 3 个方面的问题：

(1) 确定一个与待估未知参数相关的良好点估计(通常用极大似然估计值)；

(2) 选好一个包含点估计与待估参数(但不能含有其他未知参数)且服从同一分布的统计量；

(3) 给出一个适宜的置信水平(若是实际问题).当然，从计算角度讲，还得确定一些问题:估计什么参数?双侧还是单侧?自由度应为什么?等等.

由区间估计的评价要素知道，评价一个点估计的"优良性"有 3 个标准.而评价一个区间估计的优劣也有两个因素:一个是精确度(即误差大小程度)，另一个是可靠程度(即置信度 $1-\alpha$).精确度可用区间长度 $\overline{Q}-\underline{Q}$ 来刻画，而长度越大，则精确度越低;而可靠程度，则可以由相关概率 $P\{Q_1 < Q < Q_2\} = 1-\alpha$(置信度)来衡量，其概率越大(置信度越大)，则可靠程度越高.一般说来，在样本容量 n 确定的情形下，精确度与可靠程度(即置信度)是此消彼长而彼此矛盾的关系.这也是人们为什么在置信水平 $1-\alpha$ 确定情形下，当 $X \sim N(\mu, \sigma^2)$，σ^2 已知，对 μ 进行双侧区间估计时，宜选 $P\{|U| < z_{\frac{\alpha}{2}}\} = 1-\alpha$，而不去选 $P\{z_{\alpha_1} < U < z_{\alpha-\alpha_1}\} = 1-\alpha$ 的缘由，因为前者对应的区间长度最短(当 α 确定时)，即在置信度一定的前提下，其精确度最高.通常人们皆是在保证满足一定可靠度(置信度)的条件下，通过增加样本容量，尽可能地提高精确度(即缩小误差).

四、典 型 例 题

1. 选择题

【例 1】 设 $X_1, X_2, \cdots X_n$ 是总体 X 的样本，且 $E(X)=\mu$，$D(X)=\sigma^2$，则下

列估计量是 σ^2 的无偏估计的是(　　).

(A) $\frac{1}{n}\sum_{i=1}^{n-1}(X_i-\overline{X})^2$　　(B) $\frac{1}{n-1}\sum_{i=1}^{n}(X_i-\overline{X})^2$

(C) $\frac{1}{n-1}\sum_{i=1}^{n-1}(X_i-\overline{X})^2$　　(D) $\frac{1}{n}\sum_{i=1}^{n}(X_i-\overline{X})^2$

解　应选(B)

由于 $E(S^2)=\sigma^2$,即 $E\left(\frac{1}{n-1}\sum_{i=1}^{n}(X_i-\overline{X})^2\right)=\sigma^2$,因此 $\frac{1}{n-1}\sum_{i=1}^{n}(X_i-\overline{X})^2$ 是 σ^2 的无偏估计,故选(B).

【例 2】　无论 σ^2 是否已知,正态总体均值 μ 的置信度为 $1-\alpha$ 的置信区间的中心都是(　　).

(A) μ　　(B) σ^2　　(C) $\overline{X}$　　(D) S^2

解　应选(C).

【例 3】　假设总体 X 的方差 $D(X)$ 存在, $X_1, X_2, \cdots, X_n$ 是来自总体 X 的样本,其均值和方差分别为 $\overline{X}$, S^2,则 EX^2 的矩估计量是(　　).

(A) $\overline{X}^2+S^2$　　(B) $\overline{X}^2+(n-1)S^2$

(C) $\overline{X}^2+nS^2$　　(D) $\overline{X}^2+\frac{n-1}{n}S^2$

解　应选(D).

【例 4】　设一批零件的长度服从正态分布 $N(\mu, \sigma^2)$,其中 μ, σ^2 均未知,现从中随机抽取 16 个零件,测得样本均值 $\overline{x}=20(\text{cm})$,样本标准差 $s=1(\text{cm})$,则 μ 的置信度为 0.90 的置信区间是(　　).

(A) $\left(20-\frac{1}{4}t_{0.05}(16),\ 20+\frac{1}{4}t_{0.05}(16)\right)$

(B) $\left(20-\frac{1}{4}t_{0.1}(16),\ 20+\frac{1}{4}t_{0.1}(16)\right)$

(C) $\left(20-\frac{1}{4}t_{0.05}(15),\ 20+\frac{1}{4}t_{0.05}(15)\right)$

(D) $\left(20-\frac{1}{4}t_{0.1}(15),\ 20+\frac{1}{4}t_{0.1}(15)\right)$

解　应选(C).

【例 5】　设总体 X 服从正态分布 $N(\mu, \sigma^2)$,其中 σ^2 为已知,则当总体均值 μ 的置信区间长度 l 增大时,其置信度 $1-\alpha$ 的值(　　).

(A) 随之增大　　(B) 随之减少

(C) 增减不变　　(D) 增减不定

解　应选(A).

2. 填空题

【例 1】 设总体 X 的概率密度为 $f(x;\ \theta)=\begin{cases} e^{-(x-\theta)}, & x\geqslant\theta \\ 0, & x<\theta \end{cases}$ 则 $X_1,\ X_2,\ \cdots,\ X_n$ 是来自总体 X 的简单随机样本,则未知参数 θ 的矩估计量为________.

解 $\dfrac{1}{n}\sum\limits_{i=1}^{n}X_i-1$ 或$(\overline{X}-1)$.

【例 2】 设 $X_1,\ X_2,\ \cdots,\ X_n$ 是来自二项分布总体 $X\sim B(n,\ p)$的简单随机样本,$\overline{X},\ S^2$ 分别为样本均值和样本方差,若 $\overline{X}+kS^2$ 为 np^2 的无偏估计量,则 $k=$________.

解 由于 $X\sim B(n,\ p)$,因此,$EX=np,\ DX=np(1-p)$,且 $E\overline{X}=np$,$E(S^2)=np(1-p)$,

由 $np^2=E(\overline{X}+kS^2)=E\overline{X}+kES^2=np+knp(1-p)$,得 $k=-1$.

【例 3】 设某类钢珠直径 $X\sim N(\mu,\ 1)$,其中 μ 为未知参数,现从一堆钢珠中随机抽出 9 只,求得样本均值 $\overline{x}=31.06\ \mathrm{mm}$,样本标准差 $s=0.98\ \mathrm{mm}$,则 μ 的极大似然估计为________.

解 由极大似然估计求法步骤计算得μ的极大似然估计为 $\hat{\mu}=\overline{x}=31.06\ \mathrm{mm}$.

【例 4】 假设随机变量 X 服从正态分布 $N(\mu,\ 1)$, $X_1,\ X_2,\ \cdots,\ X_n$ 是来自 X 样本,如果关于置信度是 0.95 的 μ 的置信区间是(9.02, 10.98),则样本容量 $n=$________.

解 置信区间长度 $l=2\sigma z_{\frac{\alpha}{2}}/\sqrt{n}$,即$\dfrac{2\times 1}{\sqrt{n}}\times 1.96=10.98-9.02$, $\sqrt{n}=2$, $n=4$.

3. 解答题

【例 1】 设某人作重复射击,每次击中目标的概率为 p,不中的概率为 $1-p$. 若他在第 X 次射击时,首先击中目标. 现以该 X 为总体,并从中抽取简单随机样本 $X_1,\ X_2,\ \cdots,\ X_n$. 试求未知参数 p 的矩估计量.

解 依题意,可知 X 服从参数为 p 的几何分布,其分布律为 $P\{X=k\}=p(1-p)^{k-1}(k=1,\ 2,\ \cdots)$. 因为

$$E(X)=\sum_{k=1}^{\infty}kp(1-p)^{k-1}=p(-\sum_{k=1}^{\infty}(1-p)^k)'_p=\frac{1}{p},$$

故令 $E(X)=\overline{X}$,即$\dfrac{1}{p}=\overline{X}$,从而知 p 的矩估计量为 $\hat{p}=\dfrac{1}{\overline{X}}$.

注　对于实际问题,应先求出概率分布,然后再进行相应估计. 对于常用分布的总体的数学期望与方差,则可直接写出.

【例 2】　设总体 X 的概率分布为

X	1	2	3
p_i	θ^2	$2\theta(1-\theta)$	$(1-\theta)^2$

其中 θ 为未知参数. 现抽得一个样本 $x_1=1$, $x_2=2$, $x_3=1$, 求 θ 的矩估计值.

解　总体的一阶原点矩为

$$E(X)=1\times\theta^2+2\times2\theta(1-\theta)+3\times(1-\theta)^2=3-2\theta,$$

一阶样本矩为 $\overline{x}=\frac{1}{3}(1+2+1)=\frac{4}{3}$.

由 $E(X)=\overline{x}$,得 $3-2\theta=\frac{4}{3}$,推出 $\hat{\theta}=\frac{5}{6}$,即 θ 的矩估计值为 $\hat{\theta}=\frac{5}{6}$.

【例 3】　设总体 X 的概率密度为

$f(x)=\begin{cases}\lambda^2 x\mathrm{e}^{-\lambda x}, & x>0\\ 0, & x\leqslant 0\end{cases}$ 其中 λ 为未知参数,又设 x_1, x_2, …, x_n 是 X 的一组样本观测值,

求(1)参数 λ 的矩估计值;(2)参数 λ 的极大似然估计值.

解　(1) $E(X)=\int_{-\infty}^{+\infty}xf(x)\mathrm{d}x=\int_0^{+\infty}\lambda^2x^2\mathrm{e}^{-\lambda x}\mathrm{d}x=\frac{2}{\lambda}$,由矩估计法,得 $\frac{2}{\lambda}=\overline{X}$,解之得 λ 的矩估计量为 $\hat{\lambda}=\frac{2}{\overline{X}}$. 矩估计值为 $\hat{\lambda}=\frac{2}{\hat{x}}$.

(2) 似然函数 0 为

$$L(\lambda)=\prod_{i=1}^{n}f(x_i)=\prod_{i=1}^{n}\lambda^2x_i\mathrm{e}^{-\lambda x_i}=\lambda^{2n}\mathrm{e}^{-\lambda\sum\limits_{i=1}^{n}x_i}\prod_{i=1}^{n}x_i$$

取自然对数 $\ln L(\lambda)=2n\ln\lambda-\lambda\sum\limits_{i=1}^{n}x_i+\sum\limits_{i=1}^{n}\ln x_i$,

令 $\frac{\mathrm{d}\ln L(\lambda)}{\mathrm{d}\lambda}=\frac{2n}{\lambda}-\sum\limits_{i=1}^{n}x_i=0$,解之得 λ 的极大似然估计值为 $\hat{\lambda}=\frac{2}{\hat{x}}$.

【例 4】　设总体 X 的密度函数为

$$f(x)=\begin{cases}\frac{1}{\theta}l^{-(x-\mu)/\theta}, & x\geqslant\mu,\\ 0, & \text{其它}.\end{cases}$$

其中,$\theta>0$, θ, μ 为未知参数,X_1, X_2, …, X_n 为取自 X 的样本.
试求 θ, μ 的极大似然估计量.

解 因为似然函数为

$$L(x_1, \cdots, x_n; \theta, \mu) = \begin{cases} \dfrac{1}{\theta^n} l^{-\frac{1}{\theta}\sum\limits_{i=1}^{n}(x_i-\mu)}, & x_i \geqslant \mu, i=1, 2, \cdots, n, \\ 0, & \text{其它}. \end{cases}$$

于是 $$\ln L = -n\ln\theta - \frac{1}{\theta}\sum_{i=1}^{n}x_i + \frac{n}{\theta}\mu.$$

$$\Rightarrow \qquad \frac{\partial \ln L}{\partial \theta} = \frac{-n}{\theta} + \frac{1}{\theta^2}\sum_{i=1}^{n}x_i - \frac{n}{\theta^2}\mu, \tag{1}$$

$$\frac{\partial \ln L}{\partial \mu} = \frac{n}{\theta} > 0 \tag{2}$$

由(2)知 $\ln L$ 关于 μ 单调增加，即 $L(x_1, \cdots, x_n; \theta, \mu)$ 关于 μ 单调增加，又因为 $\mu \leqslant \min\limits_{1\leqslant i\leqslant n}\{X_i\}$，故 μ 的极大似然估计为

$$\hat{\mu} = \min_{1\leqslant i\leqslant n}\{X_i\}.$$

另外，由(1)式，令 $\dfrac{\partial \ln L}{\partial \theta} = 0$，即得 θ 的极大似然估计量为

$$\hat{\theta} = \frac{1}{n}\sum_{i=1}^{n}X_i - \min_{1\leqslant i\leqslant n}\{X_i\}.$$

注 从本例可以看出，极大似然估计可能在驻点，即似然方程的解上取得，也可能在未知参数的边界点上取得.

【例5】 设 $\hat{\theta}_1$ 和 $\hat{\theta}_2$ 是参数 θ 的两个相互独立的无偏估计量，且 $\hat{\theta}_1$ 的方差为 $\hat{\theta}_2$ 的方差的两倍.

(1) 常数 k_1 和 k_2 为何值时，$k_1\hat{\theta}_1 + k_2\hat{\theta}_2$ 也是 θ 的无偏估计量.

(2) 求常数 k_1 和 k_2，使得它在所有形如 $k_1\hat{\theta}_1 + k_2\hat{\theta}_2$ 的无偏估计量中方差最小.

解 由题意知：

$$E(\hat{\theta}_1) = E(\hat{\theta}_2) = \theta, D(\hat{\theta}_1) = 2D(\hat{\theta}_2).$$

(1) $E(k_1\hat{\theta}_1 + k_2\hat{\theta}_2) = k_1E(\hat{\theta}_1) + k_2E(\hat{\theta}_2) = k_1\theta + k_2\theta = (k_1 + k_2)\theta = \theta$，

所以 $k_1 + k_2 = 1$.

(2) $$\begin{aligned} D(k_1\hat{\theta}_1 + k_2\hat{\theta}_2) &= k_1^2D(\hat{\theta}_1) + k_2^2D(\hat{\theta}_2) \\ &= k_1^2 2D(\hat{\theta}_2) + (1-k_1)^2D(\hat{\theta}_2) \\ &= [2k_1^2 + (1-k_1)^2]D(\hat{\theta}_2), \end{aligned}$$

$$\frac{\mathrm{d}D(k_1\hat{\theta}_1+k_2\hat{\theta}_2)}{dk_1}=[4k_1-2(1-k_1)]D(\hat{\theta}_2)=[6k_1-2]D(\hat{\theta}_2),$$

令$\frac{\mathrm{d}D(k_1\hat{\theta}_1+k_2\hat{\theta}_2)}{\mathrm{d}k_1}=0$,得 $k_1=\frac{1}{3}$, $k_2=\frac{2}{3}$.

驻点唯一,所以此时就是使方差最小的时候.

【例 6】 设 $X_1, X_2, \cdots X_n$ 为来自参数λ 的泊松分布 $P(n,\lambda)=\frac{\lambda^n}{n!}\mathrm{e}^{-\lambda}$, $n=0$, 1, 2,…. 证明:$\overline{X}$ 是λ 的达到最小方差的无偏估计.

证明　因为 $\ln P(n,\lambda)=n\ln\lambda-\lambda-\ln(n!)$,

所以$\frac{\partial\ln P(n,\lambda)}{\partial\lambda}=\frac{n}{\lambda}-1$,

所以 $E\left(\frac{n}{\lambda}-1\right)^2=\sum\limits_{n=0}^{\infty}\left(\frac{n}{\lambda}-1\right)^2\frac{\lambda^n}{n!}\mathrm{e}^{-\lambda}=\sum\limits_{n=0}^{\infty}\frac{n^2}{\lambda^2}\frac{\lambda^n}{n!}\mathrm{e}^{-\lambda}-\sum\limits_{n=0}^{\infty}\frac{2n}{\lambda}\frac{\lambda^n}{n!}\mathrm{e}^{-\lambda}+\sum\limits_{n=0}^{\infty}\frac{\lambda^n}{n!}\mathrm{e}^{-\lambda}$,

而泊松分布的数字特征为 $E(X)=D(X)=\lambda$, $E(X^2)=\lambda+\lambda^2$, 于是

$$E\left(\frac{n}{\lambda}-1\right)^2=\frac{\lambda+\lambda^2}{\lambda^2}-\frac{2\lambda}{\lambda}+1=\frac{1}{\lambda}.$$

设 $P(n,\lambda)$的参数λ 的无偏估计量为$\hat{\lambda}$, 则 $D(\hat{\lambda})\geqslant\frac{\lambda}{n}$,

因为 $E(\hat{X})=\frac{1}{n}\sum\limits_{i=1}^{n}E(X_i)=\lambda$, $D(\overline{X})=\frac{1}{n^2}\sum\limits_{i=1}^{n}D(X_i)=\frac{1}{n^2}n\lambda=\frac{\lambda}{n}$.

所以 $\overline{X}$ 是λ 的达到最小方差的无偏估计量.

【例 7】 用天平称某物体的质量 9 次,得平均值为 $\bar{x}=15.4(\mathrm{g})$, 已知天平称量结果为正态分布,其标准差为 0.1 g,试求该物体重量的置信度为 0.95 的置信区间.

解　$1-\alpha=0.95$, $\alpha=0.05$,查表知 $z_{0.975}=1.96$, $n=9$,于是该物体质量的置信度为 0.95 的置信区间为

$$\bar{x}\pm z_{1-\frac{\alpha}{2}}\frac{\sigma_0}{\sqrt{n}}=15.4\pm1.96\times\frac{0.1}{\sqrt{9}}=15.4\pm0.0653,$$

从而该物体重量的置信度为 0.95 的置信区间为[15.334 7, 15.465 3].

注:这里[15.334 7, 15.465 3]是一个普通的区间,它要么包含 μ,要么不包含 μ. 置信水平度 95%的含义是指该区间是从一个口袋中随机抽取的. 这个口袋装满了许多确定的区间,在这许许多多的确定区间中,包含参数真值的区间占 95%,不包含参数真值的区间占 5%.

【例 8】 卡车装运大米,设每袋大米的质量(kg)服从 $N(50, 2.5^2)$,问最多装多少袋大米,可使总质量超过 2 000(kg)的概率不大于 0.05?

解 已知方差,估计均值.

令 X_n 为 n 袋大米的质量之和,已知各袋大米的重量相互独立,且服从 $N(50, 2.5^2)$,由和的数字特征公式得 $X_n \sim N(50n, 2.5^2 n)$. 标准化得

$$P\{X_n \leqslant 2\,000\} = P\left\{\frac{X_n - 50n}{2.5\sqrt{n}} \leqslant \frac{2\,000 - 50n}{2.5\sqrt{n}}\right\} > 0.95,$$

查表得 $z_{0.05} = 1.645$. 于是,有 $\dfrac{2\,000 - 50n}{2.5\sqrt{n}} > 1.645$. 即 $50n + 4.112\,5\sqrt{n} < 2\,000$. 解不等式得 $n < 39.48$. 取 $n = 39$ 即可.

注 一般区间估计考虑的问题是样本已经确定. 此时,为使包含待估参数的概率大,则置信区间就要大;当包含待估参数的概率给定之后,为使置信区间小,样本容量就要大.

【例 9】 已知甲乙两地生产的小麦蛋白质含量(%)近似服从正态分布,其方差分别为 $\sigma_1^2 = 0.308$, $\sigma_2^2 = 0.165\,7$, 现抽取样本,检测其蛋白质含量,得到数据

甲:12.6　13.4　11.9　12.8　13.0

乙:13.1　13.4　12.8　13.5　13.3　12.7　12.4

求均值差 $\mu_1 - \mu_2$ 的置信区间. ($\alpha = 0.05$).

解 已知方差,估计均值差.

已知样本容量 $n_1 = 5$, $n_2 = 7$,总体方差 $\sigma_1^2 = 0.308$, $\sigma_2^2 = 0.165\,7$.

计算样本均值,得 $\overline{x} = 12.74$, $\overline{y} = 13.03$,

查表得 $z_{\frac{\alpha}{2}} = z_{0.025} = 1.96$,计算置信区间半径,得 $z_{\frac{\alpha}{2}}\sqrt{\dfrac{\sigma_1^2}{n_1} + \dfrac{\sigma_2^2}{n_2}} = 0.572\,3$.

代入均值差 $\mu_1 - \mu_2$ 的置信区间 $\left((\overline{x} - \overline{y}) \pm z_{\frac{\alpha}{2}}\sqrt{\dfrac{\sigma_1^2}{n_1} + \dfrac{\sigma_2^2}{n_2}}\right)$,得$(-0.862\,3, 0.282\,3)$.

【例 10】 在一个化学工段中安装了一台新的过滤器. 在安装之前,一个样本提供了关于杂质百分率的信息如下: $n_1 = 8$, $\overline{x} = 12.5$, $s_1^2 = 101.17$,安装之后,另一个样本提供的信息为: $n_2 = 9$, $\overline{y} = 10.2$, $s_2^2 = 94.73$. 假装安装前后杂质百分率的方差相等,且相互独立,求均值差 $\mu_1 - \mu_2$ 的置信区间. ($\alpha = 0.05$).

解 已知方差相等,估计均值差.

已知样本容量 $n_1 = 8$, $n_2 = 9$,样本均值 $\overline{x} = 12.5$, $\overline{y} = 10.2$,样本方差 $s_1^2 = 101.17$, $s_2^2 = 94.73$.

计算样本均值,得 $\overline{x} = 12.74$, $\overline{y} = 13.03$,

查表得 $z_{\frac{\alpha}{2}} = z_{0.025} = 1.96$,计算置信区间半径,得 $z_{\frac{\alpha}{2}}\sqrt{\frac{\sigma_1^2}{n_1}+\frac{\sigma_2^2}{n_2}} = 0.5723$.

代入均值差 $\mu_1-\mu_2$ 的置信区间 $\left[(\overline{x}-\overline{y}) \pm z_{\frac{\alpha}{2}}\sqrt{\frac{\sigma_1^2}{n_1}+\frac{\sigma_2^2}{n_2}}\right]$,得$(-0.8623, 0.2823)$.

【例 11】 设总体 $X \sim N(\mu_1, \sigma_1^2)$, $Y \sim N(\mu_2, \sigma_2^2)$,参数均未知,在 X 和 Y 中分别抽取容量为 $n_1 = 25$ 和 $n_2 = 15$ 的独立随机样本,计算得样本方差分别为 $S_1^2 = 6.38$, $S_2^2 = 5.15$,求二总体比$\frac{\sigma_1^2}{\sigma_2^2}$ 的置信度为 90% 的置信区间.

解 这是 $n_1 = 25$, $n_2 = 15$, $\alpha = 0.10$,查表得

$$F_{0.95}(24, 14)=2.35,$$

$$F_{0.05}(24, 14)=\frac{1}{F_{0.95}(14, 24)}=\frac{1}{2.13}=0.47.$$

代入公式,得

$$\frac{S_1^2/S_2^2}{F_{1-\frac{\alpha}{2}}(n_1-1, n_2-1)}=\frac{6.38/5.15}{2.35}=0.528,$$

$$\frac{S_1^2/S_2^2}{F_{\frac{\alpha}{2}}(n_1-1, n_2-1)}=\frac{6.38/5.15}{0.47}=2.641.$$

故 σ_1^2/σ_2^2 的置信度为 0.90 的置信区间为$(0.528, 2.641)$.

五、习 题 解 答

习题 7-1

1. 设总体 X 服从参数为λ 的指数分布,其中 λ 未知,X_1, X_2, X_3, X_4, X_5 为来自总体 X 的一个样本,该样本的观察值为 1.8, 2.3, 2.1, 1.6, 2.2,求 λ 的矩估计值.

解 $\alpha_1 = E(X) = 1/\lambda$, $\alpha_1 = E(X) = 1/\lambda$,所以,$\lambda$ 的矩估计量 $\hat{\lambda} = 1/\overline{X}$, λ 的估计值为 $\hat{\lambda} = 1/\overline{x} = 0.5$.

2. 设总体 X 服从二点分布,X_1, X_2, $\cdots$, X_n 为其样本,试求成功的概率 p 的矩估计量.

解 $P\{X = x_i\} = p^{x_i}(1-p)^{x_i}$, $(x_i = 0,1)$, $\alpha_1 = p$, $\hat{p} = A_1 = \overline{X} = \frac{1}{n}\sum_{i=1}^{n}X_i$

3. 对容量为 n 的样本,求密度函数

$$f(x;\theta) = \begin{cases} e^{-(x-\theta)}, & x \geqslant \theta, \\ 0, & \text{其他}, \end{cases}$$

中参数 θ 的矩估计量.

解 $\alpha_1 = E(X) = \int_{\theta}^{+\infty} x f(x) \mathrm{d}x = \int_{\theta}^{+\infty} x \mathrm{e}^{-(x-\theta)} \mathrm{d}x = \theta + 1$,

所以, θ 的矩估计量 $\hat{\theta} = A_1 - 1 = \overline{X} - 1$.

4. 在密度函数 $f(x) = \begin{cases} (\alpha+1)x^{\alpha}, & 0 < x < 1 \\ 0, & \text{其他} \end{cases}$ 中,参数 α 的极大似然估计量是什么?矩估计量是什么?

解 $L(\alpha) = \prod_{i=1}^{n} f(x_i, \alpha) = \prod_{i=1}^{n} (\alpha+1) x_i^{\alpha} = (\alpha+1)^n \prod_{i=1}^{n} x_i^{\alpha}$

$\ln L(\alpha) = n\ln(\alpha+1) + \alpha \sum_{i=1}^{n} \ln x_i$, $\frac{\mathrm{dln}(\alpha)}{\mathrm{d}\alpha} = \frac{n}{\alpha+1} + \sum_{i=1}^{n} \ln x_i = 0$

所以, α 的极大似然估计量 $\hat{\alpha} = -\left(1 + \frac{n}{\sum_{i=1}^{n} \ln x_i}\right)$.

$\alpha_1 = E(X) = \int_{-\infty}^{+\infty} x f(x) \mathrm{d}x = \int_{0}^{1} x(\alpha+1)x^{\alpha} \mathrm{d}x = \frac{1}{\alpha+2}$, $\alpha = \frac{1}{\alpha_1} - 2$

所以, α 的矩估计量 $\hat{\alpha} = \frac{1}{A_1} - 2 = \frac{1}{\overline{X}} - 2$.

5. 设总体 X 的概率密度函数为: $f(x, \sigma) = \frac{1}{2\sigma} \mathrm{e}^{-\frac{|x|}{\sigma}}$, $-\infty < x < +\infty$, 试求 σ 的极大似然估计.

解 $L(\sigma) = \prod_{i=1}^{n} \left(\frac{1}{2\sigma} \mathrm{e}^{-\frac{|x_i|}{\sigma}}\right) = \frac{1}{2^n \sigma^n} \mathrm{e}^{-\frac{\sum_{i=1}^{n}|x_i|}{\sigma}}$, $\ln L(\sigma) = -\ln 2^n - n\ln\sigma - \frac{\sum_{i=1}^{n} |x_i|}{\sigma}$

$\frac{\mathrm{dln}(\sigma)}{\mathrm{d}\sigma} = -\frac{n}{\sigma} + \frac{\sum_{i=1}^{n} |x_i|}{\sigma^2} = 0$, $\sigma = \frac{1}{n} \sum_{i=1}^{n} |x_i|$, $\hat{\sigma} = \frac{1}{n} \sum_{i=1}^{n} |X_i|$.

6. 设 $X_1, X_2, \cdots, X_n$ 是来自正态总体 $N(\mu, \sigma^2)$ 的样本,其中 μ, σ^2 均未知,求概率 $P\{X \leqslant t\}$ 的极大似然估计量.

解 $L(\mu, \sigma^2) = \prod_{i=1}^{n} \left(\frac{1}{\sqrt{2\pi}\sigma} \mathrm{e}^{-\frac{(x_i-\mu)^2}{2\sigma^2}}\right) = \frac{1}{(\sqrt{2\pi}\sigma)^n} \mathrm{e}^{-\sum_{i=1}^{n} \frac{(x_i-\mu)^2}{2\sigma^2}}$,

$\ln L(\mu, \sigma^2) = -n(\ln\sqrt{2\pi} + \ln\sigma) - \sum_{i=1}^{n} \frac{(x_i-\mu)^2}{2\sigma^2}$,

$\frac{\partial \ln(\mu, \sigma^2)}{\partial \mu} = \frac{1}{2\sigma^2} \sum_{i=1}^{n} 2(x_i - \mu) = \frac{1}{\sigma^2}\left(\sum_{i=1}^{n} x_i - n\mu\right) = 0$,

$\mu = \frac{1}{n} \sum_{i=1}^{n} x_i$, $\hat{\mu} = \frac{1}{n} \sum_{i=1}^{n} X_i = \overline{X}$,

$\frac{\partial \ln(\mu, \sigma^2)}{\partial \sigma^2} = -\frac{n}{2\sigma^2} + \sum_{i=1}^{n} \frac{(x_i-\mu)^2}{2} \cdot \frac{1}{\sigma^4} = 0$,

$\sigma^2 = \frac{1}{n} \sum_{i=1}^{n} (x_i - \mu)^2$, $\hat{\sigma^2} = \frac{1}{n} \sum_{i=1}^{n} (X_i - \mu)^2 = \frac{1}{n} \sum_{i=1}^{n} (X_i - \overline{X})^2 = B_2$,

$\hat{P}\{X \leqslant t\} = \Phi\left(\frac{t-\mu}{\sigma}\right) = \Phi\left(\frac{t - \overline{X}}{\sqrt{B_2}}\right)$.

习题 7-2

1. 设 $X_1, X_2, \cdots, X_n$ 是总体 μ 的样本,总体的分布为未知,但分布的期望 μ 和方差 σ^2 都存在.求证当 μ 为已知时,$\frac{1}{n}\sum\limits_{i=1}^{n}(X_i-\mu)^2$ 的无偏估计量,当 μ 为未知时,你能说出 σ^2 的无偏估计量是什么吗?

证明　$E\left(\frac{1}{n}\sum\limits_{i=1}^{n}(X_i-\mu)^2\right)=\frac{1}{n}E\left(\sum\limits_{i=1}^{n}(X_i^2-2\mu X_i+\mu^2)\right)$

$=\frac{1}{n}\left(\sum\limits_{i=1}^{n}E(X_i^2)-2\mu\sum\limits_{i=1}^{n}E(X_i)+\sum\limits_{i=1}^{n}\mu^2\right)=\frac{1}{n}\left(\sum\limits_{i=1}^{n}(\sigma^2+\mu^2)-2n\mu^2+n\mu^2\right)=\sigma^2$

当 μ 为已知时,$\frac{1}{n}\sum\limits_{i=1}^{n}(X_i-\mu)^2$ 是 σ^2 的无偏估计量,

当 μ 为未知时,σ^2 的无偏估计量是 $S^2=\frac{1}{n-1}\sum\limits_{i=1}^{n}(X_i-\overline{X})^2$.

2. 设 $X_1, X_2, \cdots, X_n$ 是来自 $N(\mu, \sigma^2)$ 的样本,求常数 C,使 $\sum\limits_{i=1}^{n-1}C(X_{i+1}-X_i)^2$ 是 σ^2 的一个无偏估计.

解　$\sum\limits_{i=1}^{n-1}C(X_{i+1}-X_i)^2=\sum\limits_{i=1}^{n-1}C(X_{i+1}^2+X_i^2-2X_{i+1}X_i)$

$$
\begin{aligned}
E\left[\sum_{i=1}^{n-1}C(X_{i+1}-X_i)^2\right]&=E\left[\sum_{i=1}^{n-1}C(X_{i+1}^2+X_i^2-2X_{i+1}X_i)\right]\\
&=\sum_{i=1}^{n-1}C(E(X_{i+1}^2)+EX_i^2-2EX_{i+1}EX_i)\\
&=\sum_{i=1}^{n-1}C(\sigma^2+\mu^2+\sigma^2+\mu^2-2\mu^2)=\sum_{i=1}^{n-1}2C\sigma^2\\
&=2(n-1)C\sigma^2.
\end{aligned}
$$

所以,$2(n-1)C\sigma^2=\sigma^2$,$C=\frac{1}{2(n-1)}$.

3. 设泊松总体 $\pi(\lambda)$,验证样本方差 S^2 是 λ 的无偏估计,并对于任一值 α,$0\leqslant\alpha\leqslant1$,$\alpha\overline{X}+(1-\alpha)S^2$ 也是 λ 的无偏估计.

解　$E(S^2)=E\left[\frac{1}{n-1}\sum\limits_{i=1}^{n}(X_i-\overline{X})^2\right]=\frac{1}{n-1}\left(\sum\limits_{i=1}^{n}E(X_i)^2-nE(\overline{X})^2\right)$

$=\frac{1}{n-1}\left[\sum\limits_{i=1}^{n}(\lambda+\lambda^2)-n(D(\overline{X})+(E(\overline{X})^2)\right]=\lambda$

$E(\alpha\overline{X}+(1-\alpha)S^2)=\alpha E(\overline{X})+(1-\alpha)E(S^2)=\alpha\lambda+(1-\alpha)\lambda=\lambda$

所以 $\alpha\overline{X}+(1-\alpha)S^2$ 也是 λ 的无偏估计.

4. 设总体 X 的密度函数为 $f(x;\theta)=\frac{3x^2}{\theta^3}$,$0<x<\theta$,$\theta>0$,$X_1, X_2$ 是来自 X 的样本,证明:$T_1=\frac{2}{3}(X_1+X_2)$ 和 $T_2=\frac{7}{6}\max(X_1, X_2)$ 都是 θ 的无偏估计量.

证明 $E(X)=\int_{-\infty}^{+\infty}xf(x;\theta)\mathrm{d}x=\int_0^1\frac{3x^3}{\theta^3}\mathrm{d}x=\frac{3}{4}\theta.$

$Z=\max(X_1, X_2)$, $F_z(x)=F_{X_1}(x)F_{X_2}(x)=\frac{x^6}{\theta^6}$, $0<x<\theta$, $\theta>0$

$f_z(x)=\frac{6x^5}{\theta^6}$, $0<x<\theta$, $\theta>0$, $E(\max(X_1, X_2))=\int_0^\theta\frac{6x^5}{\theta^6}\mathrm{d}\theta=\frac{6}{7}\theta$,

所以，$E(T_1)=\frac{2}{3}(E(X_1)+E(X_2))=\frac{2}{3}\left(\frac{3}{4}\theta+\frac{3}{4}\theta\right)=\theta$,

$E(T_2)=\frac{7}{6}E(\max(X_1, X_2))=\theta.$

5. 设 $\hat{\theta}$ 是参数 θ 的无偏估计，且有 $D(\hat{\theta})>0$，试证：$\hat{\theta}^2$ 不是 θ^2 的无偏估计.

证明 由已知 $E(\hat{\theta})=\theta$, $E(\hat{\theta}^2)=D(\hat{\theta})+(E(\hat{\theta}))^2=D(\hat{\theta})+\theta^2$,

$D(\hat{\theta})>0$，所以 $E(\hat{\theta}^2)=D(\hat{\theta})+\theta^2>\theta^2$，$\hat{\theta}^2$ 不是 θ^2 的无偏估计.

6. 设(X_1, X_2)是来自总体 $N(\mu, 1)$的样本，试证明下列统计量是 μ 的无偏估计量：

$$g_1=\frac{1}{3}X_1+\frac{2}{3}X_2,\ g_2=\frac{3}{4}X_1+\frac{1}{4}X_2,\ g_3=\frac{1}{2}X_1+\frac{1}{2}X_2.$$

并指出其中哪一个最有效.

证明 $E(g_1)=\frac{1}{3}E(X_1)+\frac{2}{3}E(X_2)=\frac{1}{3}\mu+\frac{2}{3}\mu=\mu$

同理可证，$E(g_2)=\mu$, $E(g_3)=\mu$

$D(g_1)=\frac{1}{9}D(X_1)+\frac{4}{9}D(X_2)=\frac{5}{9}$ $\quad D(g_2)=\frac{9}{16}D(X_1)+\frac{1}{19}D(X_2)=\frac{10}{16}=\frac{5}{8}$

$D(g_3)=\frac{1}{4}D(X_1)+\frac{1}{4}D(X_2)=\frac{1}{2}$ $\quad D(g_2)>D(g_1)>D(g_3)$

所以，$g_3=\frac{1}{2}X_1+\frac{1}{2}X_2$ 估计 μ 最有效.

7. 在均值为 μ，方差为 σ^2 的总体中，分别抽取容量为 n_1 和 n_2 的两个独立样本，$\overline{X_1}$和$\overline{X_2}$分别是两样本的均值. 试证，对于满足 $a+b=1$ 的任意常数 a 和 b，$\overline{Y}=a\overline{X}_1+b\overline{X}_2$ 都是 μ 的无偏估计量，并确定常数 a, b，使 $D(\overline{Y})$达到最小.

证明 $E(\overline{Y})=E(a\overline{X}_1+b\overline{X}_2)=a\mu+b\mu=\mu$,

所以，对于满足 $a+b=1$ 的任意常数 a 和 b，$\overline{Y}=a\overline{X}_1+b\overline{X}_2$ 都是 μ 的无偏估计量

$D(\overline{Y})=D(a\overline{X}_1+b\overline{X}_2)=a^2\frac{\sigma^2}{n_1}+b^2\frac{\sigma^2}{n_2}=\sigma^2\left(\frac{a^2}{n_1}+\frac{b^2}{n_2}\right)=\sigma^2\left(\frac{a^2}{n_1}+\frac{(1-a)^2}{n_2}\right)$

令$\frac{\mathrm{d}}{\mathrm{d}a}D(\overline{Y})=0$，得唯一驻点，$a=\frac{n_1}{n_1+n_2}$,

所以，当 $a=\frac{n_1}{n_1+n_2}$, $b=\frac{n_2}{n_1+n_2}$ 时，$D(\overline{Y})$ 达到最小.

习题 7-3

1. 对方差 σ^2 为已知的正态总体 $N(\mu, \sigma^2)$来说，问需抽取容量 n 为多大的样本时，才能使 μ 的$(1-\alpha)$置信区间的长度不大于预先给定的值 L.

解　$\overline{X}\sim N\left(\mu,\ \frac{\sigma^2}{n}\right)$，$\frac{\overline{X}-\mu}{\sigma/\sqrt{n}}\sim N(0,\ 1)$

μ的$(1-\alpha)$置信区间$(\overline{X}\pm Z_{\frac{\alpha}{2}}\cdot\sigma/\sqrt{n})$　$2Z_{\frac{\alpha}{2}}\cdot\sigma/\sqrt{n}\leqslant L$　$n\geqslant(2\sigma Z_{\frac{\alpha}{2}}/L)^2$

所以当$n\geqslant(2\sigma Z_{\frac{\alpha}{2}}/L)^2$时，才能使$\mu$的$(1-\alpha)$置信区间的长度不大于预先给定的值$L$.

2. 某车间生产滚珠，经验表明，滚珠直径X服从$N(\mu,\ 0.05)$，现从一批滚珠中随机抽出6个，测得直径为(单位:mm)：14.6，15.1，14.9，14.8，15.2，15.1，求出对置信度为0.99的均值μ的置信区间.

解　由已知$\frac{\overline{X}-\mu}{\sqrt{0.05}/\sqrt{n}}\sim N(0,\ 1)$，$P\left\{\left|\frac{\overline{X}-\mu}{\sqrt{0.05}/\sqrt{n}}\right|<z_{\frac{\alpha}{2}}\right\}=1-\alpha$

μ的$(1-\alpha)$置信区间$(\overline{X}\pm z_{\frac{\alpha}{2}}\cdot\sqrt{0.05}/\sqrt{n})$，

$\overline{x}=14.95$，$n=6$置信度为$1-\alpha=0.99$置信区间为(14.715 3，15.184 6).

3. 为考察某大学成年男性的胆固醇水平，现抽取了样本容量为25的一个样本，并测得样本均值为$\overline{x}=186$，样本标准差为$s=12$. 假定胆固醇水平服从正态分布$N(\mu,\ \sigma^2)$，μ，σ^2均未知，分别求μ和σ的置信度为90%的置信区间.

解　μ的$(1-\alpha)$置信区间为$(\overline{X}\pm t_{\frac{\alpha}{2}}(n-1)\cdot S/\sqrt{n})$；$\overline{x}=186$，$s=12$，$n=25$，$\alpha=0.1$，查$t$分布表得，$t_{0.05}(25-1)=1.710\,9$，于是，$t_{\frac{\alpha}{2}}(n-1)\cdot S/\sqrt{n}=1.710\,9\times\frac{12}{\sqrt{25}}=4.106$.

从而μ的90%的置信区间为(186±4.106)，即(181.894，190.106).

σ的$(1-\alpha)$置信区间为$\left(\sqrt{\frac{(n-1)S^2}{\chi^2_{\alpha/2}(n-1)}},\sqrt{\frac{(n-1)S^2}{\chi^2_{1-\alpha/2}(n-1)}}\right)$，查$\chi^2$分布表得，

$\chi^2_{0.1/2}(25-1)=36.42$，$\chi^2_{1-0.1/2}(25-1)=13.85$.

于是置信下限为$\sqrt{\frac{24\times12^2}{36.42}}=9.74$，置信上限为$\sqrt{\frac{24\times12^2}{13.85}}=15.80$.

所求σ的置信度为90%的置信区间为(9.74，15.80).

4. 钢丝的折断强度服从$N(\mu,\ \sigma^2)$，抽查10根的数据为：578，572，568，570，596，570，584，572(单位:kg)，求方差σ^2的置信度为95%的置信区间.

解　$\frac{(n-1)S^2}{\sigma^2}\sim\lambda^2(n-1)$　$P\left\{\lambda^2_{1-\frac{\alpha}{2}}(n-1)<\frac{(n-1)S^2}{\sigma^2}<\lambda^2_{\frac{\alpha}{2}}(n-1)\right\}=1-\alpha$

σ^2的$(1-\alpha)$置信区间$\left(\frac{(n-1)S^2}{\lambda^2_{\frac{\alpha}{2}}(n-1)},\ \frac{(n-1)S^2}{\lambda^2_{1-\frac{\alpha}{2}}(n-1)}\right)$

当$n=8$，$s=9.528\,2$，$\lambda^2_{0.025}(7)=16.013$，$\lambda^2_{1-0.025}(7)=1.690$，

σ^2的置信度为95%置信区间(39.686 5，376.035 4).

5. 随机地从A批导线中抽查4根，并从B批导线中抽查65根，测得其电阻Ω为：

A批导线：0.143　0.142　0.143　0.137

B批导线：0.140　0.142　0.136　0.138　0.140

设测试数据分别服从$N(\mu_1,\ \sigma^2)$和$N(\mu_2,\ \sigma^2)$，并且它们相互独立，又μ_1，μ_2及σ^2均未知，试求$\mu_1-\mu_2$的95%的置信区间，并向在$\alpha=0.05$下，可否认为A批和B批导线的电阻有明显的差异?

解　由已知考虑$\frac{\overline{X}-\overline{Y}-(\mu_1-\mu_2)}{S_\omega\sqrt{\frac{1}{n_1}+\frac{1}{n_2}}}\sim t(n_1+n_2-2)$

$\mu_1-\mu_2$ 的置信度为$(1-\alpha)$的置信区间

$$\left(\overline{X}-\overline{Y}-t_{\frac{\alpha}{2}}(n_1+n_2-2)\cdot S_{\omega}\sqrt{\frac{1}{n_1}+\frac{1}{n_2}},\ \overline{X}-\overline{Y}+t_{\frac{\alpha}{2}}(n_1+n_2-2)\cdot S_{\omega}\sqrt{\frac{1}{n_1}+\frac{1}{n_2}}\right)$$

当 $n_1=4$，$\overline{x}=0.1413$，$s_1=0.00287$，当 $n_2=5$，$\overline{y}=0.1392$，$s_2=0.00280$

$t_{0.025}(7)=2.3646$，$s_{\omega}^2=\dfrac{(4-1)s_1^2+(5-1)s_2^2}{7}=8.01\times10^{-6}$

$\mu_1-\mu_2$ 的置信度为 95%置信区间$(-0.002,\ 0.006)$.

在 $\alpha=0.05$ 下 $\mu_1-\mu_2$ 落在区间$(-0.002,\ 0.006)$的可信度为95%，所以不认为 A 批和 B 批导线的电阻有明显的差异.

6. 有两名化验员 A、B，他们独立地对某种聚合物的含氯量用相同的方法各作 10 次测定，其测定的方差 s^2 依次为：0.5419 和 0.6050. 设 σ_A^2 和 σ_B^2 分别为 A、B 所测量数据总体（正态总体）的方差，求方差比$\dfrac{\sigma_A^2}{\sigma_B^2}$的置信度为 95%的置信区间.

解 $\dfrac{S_A^2/S_B^2}{\sigma_A^2/\sigma_B^2}\sim F(n_1-1\quad n_2-1)$

$$P\left\{F_{1-\frac{\alpha}{2}}(n_1-1,\ n_2-1)<\frac{S_A^2/S_B^2}{\sigma_A^2/\sigma_B^2}<F_{\frac{\alpha}{2}}(n_1-1,\ n_2-1)\right\}=1-\alpha$$

$$F_{1-\frac{\alpha}{2}}(n_1-1,\ n_2-1)=\frac{1}{F_{\frac{\alpha}{2}}(n_2-1,\ n_1-1)}$$

$\dfrac{\sigma_A^2}{\sigma_B^2}$ 的置信度为 $1-\alpha$ 的置信区间

$$\left(\frac{1}{F_{\frac{\alpha}{2}}(n_1-1,\ n_2-1)}\cdot S_A^2/S_B^2,\ F_{\frac{\alpha}{2}}(n_2-1,\ n_1-1)\cdot S_A^2/S_B^2\right)$$

当 $n_1=n_2=10$，$s_A^2=0.5419$，$s_B^2=0.6050$，$F_{\frac{0.05}{2}}(9,\ 9)=4.03$

$\dfrac{\sigma_A^2}{\sigma_B^2}$的置信度为 95%置信区间$(0.222,\ 3.601)$.

7. 为了研究我国所生产的真丝被面的销路，在某市举办的我国纺织品展销会上，对 1 000 名成人进行调查，得知其中有 600 人喜欢这种产品，试以 0.95 为置信度确定该市民成年人中喜欢此产品的概率的置信区间.

解 考虑统计量 $U_n=\dfrac{\frac{\mu_n}{n}-p}{\sqrt{\frac{p(1-p)}{n}}}$，当 n 充分大时，由中心极限定理

$$U_n=\frac{\frac{\mu_n}{n}-p}{\sqrt{\frac{p(1-p)}{n}}}\sim N(0,\ 1)$$，（近似服从）p 的置信度为 $1-\alpha$ 的置信区间

$\left(\dfrac{\mu_n}{n}-z_{\frac{\alpha}{2}}\sqrt{\dfrac{\hat{p}(1-\hat{p})}{n}},\ \dfrac{\mu_n}{n}+z_{\frac{\alpha}{2}}\sqrt{\dfrac{\hat{p}(1-\hat{p})}{n}}\right)$，其中估计值 $\hat{p}=\dfrac{\mu_n}{n}$，当 $n=1\,000$，$\mu_n=600$，$z_{0.025}=1.96$时，以0.95为置信度的该市民成年人中喜欢此产品的概率的置信区间为$(0.569,\ 0.6304)$.

六、补充习题

1. 判断下列命题是否正确,如不正确,试指出错误并改正.

(1) 设总体 $X \sim N(\mu, \sigma^2)$, μ, σ^2 均未知, X_1, X_2, …, X_n 是来自 X 的样本,则 $S^2 = \frac{1}{n-1}\sum_{i=1}^{n}(X_i - \overline{X})^2$ 是 σ^2 的极大似然估计量.

(2) 未知参数的矩估计量和极大似然估计量都是无偏估计量.

(3) 未知参数的置信水平为 $1-\alpha$ 的置信区间是唯一的.

2. 选择题

(1) $2\overline{X}$ 是否为密度函数 $f(x, \vartheta)=\frac{1}{\theta}$ $(0<x<\theta)$中 θ 的无偏估计量?

(A) 不是　　(B) 是　　(C) 不能说明

(2) 设 n 个随机变量 X_1, X_2, …, X_n,相互独立,且 $DX_i = \delta^2$,则下列结论错误的是(　　).

(A) S 是 δ 的无偏估计量　　(B) S 是 δ 的极大似然估计量

(C) S^2 是 δ^2 的无偏估计量　　(D) S 与 $\overline{X}$ 相互独立

(3) 设 X_1, X_2, X_3, X_4 为总体 X 的样本,则总体均值最有效的估计量为(　　).

(A) $\frac{1}{3}X_1+\frac{1}{6}X_2+\frac{1}{3}X_3+\frac{1}{6}X_4$　　(B) $\frac{1}{2}X_1+\frac{1}{3}X_2+\frac{1}{12}X_3+\frac{1}{12}X_4$

(C) $\frac{1}{3}X_1+\frac{1}{6}X_2+\frac{1}{9}X_3+\frac{1}{18}X_4$　　(D) $\frac{1}{4}X_1+\frac{1}{4}X_2+\frac{1}{4}X_3+\frac{1}{4}X_4$

(4) 设总体 $X \sim N(\mu, \sigma^2)$,其中 σ^2 已知,则总体均值 μ 的置信区间长度 l 与置信度 $1-\alpha$ 的关系是(　　).

(A) 当 $1-\alpha$ 减小时, l 缩短　　(B) 当 $1-\alpha$ 减小时, l 增大

(C) 当 $1-\alpha$ 减小时, l 不变　　(D) 不能确定

(5) 设 X_1, X_2, …, X_n 为来自总体 $X \sim N(\mu, \sigma^2)$的样本,则 $\mu^2+\sigma^2$ 的矩估计为(　　).

(A) S_n^2　　(B) S^2　　(C) $\sum_{i=1}^{n}X_i^2 - n\overline{X}$　　(D) $\frac{1}{n}\sum_{i=1}^{n}X_i^2$

(6) 设总体 X 的分布中未知参数 θ 的置信度 $1-\alpha$ 的置信区间是$[T_1, T_2]$,则下列正确的是(　　).

(A) 对 T_1, T_2 的观测值 t_1、t_2, $\theta \in [t_1, t_2]$

(B) θ 以 $1-\alpha$ 的概率落入区间$[T_1, T_2]$

(C) 区间$[T_1, T_2]$以 $1-\alpha$ 的概率包含 θ

(D) θ 的期望 $E(\theta)$必属于$[T_1, T_2]$

3. 计算题

(1) 电阻的使用寿命 X 服从参数为 β 的指数分布,参数 β 未知. 今抽查了 6 只电阻测得到以下数据(单位:年):1.9, 2.7, 4.8, 3.1, 3.4, 2.4,求参数 β 的矩估计值.

(2) 设 X_1, X_2, …, X_n 为总体 X 的一个样本,求下列总体的密度函数中未知参数的矩估计量:

① $f(x)=\begin{cases}\theta c^{\theta}x^{-(\theta+1)}, & x>c\\ 0, & 其他\end{cases}$

其中 $c>0$ 为已知,$\theta>1$,θ 为未知参数

② $f(x)=\begin{cases}\sqrt{\theta}x^{\sqrt{\theta}-1}, & 0\leqslant x\leqslant 1\\ 0, & 其他\end{cases}$

(3) 设 X 的密度函数为

$$f(x;\theta)=\begin{cases}\dfrac{\theta^{x}\mathrm{e}^{-\theta}}{x!}, & x=0,1,2,\cdots\\ 0, & 其他,\end{cases},0<\theta<+\infty,$$

$X_1, X_2, \cdots, X_n$ 为取自总体 X 的一个样本,求 θ 的极大似然估计量.

(4) 设总体 X 的数学期望为 μ,方差为 σ^2, $X_1, X_2,\cdots, X_n$ 和 $Y_1, Y_2, \cdots, Y_m$ 分别来自 X 的样本,证明: $S^2=\dfrac{1}{n+m-2}\left[\sum\limits_{i=1}^{n}(X_i-\overline{X})^2+\sum\limits_{i=1}^{m}(Y_i-\overline{Y})^2\right]$是 σ^2 的无偏估计量.

(5) 设总体 X 服从参数为 θ 的指数分布,概率密度为 $f(x;\theta)=\begin{cases}\dfrac{1}{\theta}\mathrm{e}^{-\frac{x}{\theta}}, & x>0\\ 0, & 其他\end{cases}$,其中参数 $\theta>0$ 为未知,设 $X_1, X_2, \cdots, X_n$ 是来自 X 的样本,试证 $\overline{X}$ 和 $nZ=n[\min(X_1, X_2, \cdots, X_n)]$ 都是 θ 的无偏估计量.

(6) 对铁的熔点作 5 次试验,其结果为:1 550　1 540　1 560　1 530　1 540　(单位:℃),假设熔点服从正态分布,在 $\alpha=0.05$ 下,求总体均值 μ 的置信区间.

(7) 某中疾病的存活时间 $X\sim N(\mu, 9)$,现随机抽查 16 个患此疾病的患者,得到 $\overline{x}=13.88$,求 μ 的置信度为 0.95 的置信区间.

(8) 在某校的一个班级体检记录中,随意抄录 25 男生的身高数据,测得平均身高为 170 cm,标准差为 12 cm,试求该班男生的平均身高 μ 和身高的标准差 σ 的置信度为 0.95 的置信区间(假设身高近似服从正态分布).

(9) 一只新的过滤器用来替换旧的过滤器安装在医院的空调上,以减少空气中的细菌数.分别使用新旧过滤器,记录一星期内各天 1 L 空气中含的细菌菌落数,所得数据如下:

旧的过滤器 X	12.8	11.6	8.2	14.1	9.0	15.9	14.5
新的过滤器 Y	10.1	11.6	12.1	10.3	9.1	15.3	13.0

设两样本分别来自总体 X, Y,且 $X\sim N(\mu_X, \sigma^2)$,$Y\sim N(\mu_Y, \sigma^2)$, μ_X, μ_Y, σ^2 均未知,两样本相互独立.求 $\mu_X-\mu_Y$ 的置信度为 0.9 的置信区间.

(10) 研究由机器 A 和机器 B 生产的钢管的内径,随机抽取机器 A 生产的管子 18 只,测得样本方差 $s_1^2=0.34(\mathrm{mm}^2)$;抽取机器 B 生产的管子 13 只,测得样本方差 $s_2^2=0.29(\mathrm{mm}^2)$.设两样本相互独立,且设由机器 A、机器 B 生产的管子的内径分别服从正态分布 $N(\mu_1, \sigma_1^2)$, $N(\mu_2, \sigma_2^2)$,这里 μ_1, μ_2, σ_1^2, σ_2^2 均未知,试求方差比 σ_1^2/σ_2^2 的置信度为 0.90 的置信区间.

(11) 设从一大批产品中随机取出 200 个,测得一级品为 120 个,试以 0.95 为置信度求这批产品中一级品的概率 p 的置信区间.

第八章 假 设 检 验

一、基 本 要 求

1. 理解基本概念:参数假设与非参数假设;原假设与备择假设;检验统计量;显著水平与拒绝域;假设检验中所犯的两类错误;第一类错误与第二类错误.

2. 理解假设检验的基本思想,掌握假设检验的一般步骤,懂得如何确定原假设与备择假设.

3. 掌握如何选择检验统计量及确定拒绝域的技巧.

4. 能够对单个正态总体中未知参数作双边与单边假设检验.

5. 会对独立双正态总体的均值比较与方差比较作双边与单边检验.

6. 在大样本场合下能对(0-1)总体参数 p 作假设检验.

7. 学会对总体的分布如何作 χ^2 拟合优度检验.

二、学 习 要 点

1. 统计假设

对总体未知特征作出的论断.若对总体分布的未知参数提出的假设,称之为参数假设;若对总体的分布提出的假设,称之为非参数假设.在作假设时,通常需要建立两个相互对立的假设,一个称之为原假设 H_0,另一个称之为备择假设 H_1.所谓假设检验就是从总体中抽取样本,用统计方法对原假设 H_0 作出拒绝或保留的判断.

2. 检验假设的基本思想

先假设原假设成立,选择适当的统计量,由统计量的分布与备择假设的内容构造一个小概率事件,一次抽样的样本值若使小概率事件发生,就有理由怀疑原假设不成立,从而拒绝原假设,接受备择假设,若一次抽样的样本值没有使小概率事件发生,找不到拒绝原假设的理由,只能接受原假设.

3. 假设检验的步骤

(1) 根据已知条件和问题的要求提出原假设 H_0 与备择假设 H_1;

(2) 确定检验统计量,并在 H_0 成立的条件下,给出检验统计量的分布,要求其分布不依赖于任何未知参数;

(3) 确定拒绝域,由检验统计量的分布和事先给定的显著水平(小概率事件发生的概率),分析备择假设 H_1,直观合理地确定拒绝域 W;

(4) 作一次具体的抽样,根据样本值计算检验统计量的观察值,判定它是否属于拒绝域,从而作出拒绝或接受 H_0 的决策.

4. 两类错误

由于假设检验是依据一次抽样取得的样本而作出的结论,而样本具有随机性,所以假设检验的结果可能犯两类错误.

第一类错误:原假设 H_0 为真,由于样本随机性,使样本观察值落在拒绝 W 中,从而作出拒绝原假设的错误决定. 第一类错误也叫弃真错误,犯第一类错误的概率记为 $P_{H_0}(W)=\alpha$.

第二类错误:原假设为假,由于样本的随机性,使样本观察值落入接受域 $\overline{W}$,从而作出接受原假设的错误决定. 第二类错误也称为纳伪错误,犯第二类错误的概率记为 $P_{H_1}(\overline{W})=\beta$.

两类错误发生的概率之间关系:当样本容量 n 固定,减小 α 必导致 β 增大,减小 β 也必导致 α 增大. 若使犯两类错误的概率同时减小,除非增大样本容量. 由于 β 不易计算与控制,当样本容量一定时,通常的做法是控制犯第一类错误的概率 α,而不考虑犯第二类错误的概率 β,这种检验法称为显著性检验. 其中犯第一类错误的概率 α 被称为显著水平,α 通常取 0.1, 0.05, 0.01, 0.005, 0.001 等.

5. 正态总体参数的假设检验

分单个正态总体与两个正态总体情形,列表如下:

原假设 H_0	备择假设 H_1	条件	检验统计量及其双侧检验时的分布	拒绝域
$\mu=\mu_0$(双边)	$\mu\neq\mu_0$	σ_0 已知	$U=\dfrac{\sqrt{n}(\overline{X}-\mu_0)}{\sigma_0}\sim N(0,1)$	$\lvert U\rvert\geqslant u_{\alpha/2}$
$\mu\leqslant\mu_0$(单边)	$\mu>\mu_0$			$U\geqslant u_\alpha$
$\mu\geqslant\mu_0$(单边)	$\mu<\mu_0$			$U\leqslant -u_\alpha$

（续　表）

原假设 H_0	备择假设 H_1	条件	检验统计量及其双侧检验时的分布	拒绝域
$\mu=\mu_0$（双边）	$\mu\neq\mu_0$	σ_0 未知	$T=\dfrac{\sqrt{n}(\overline{X}-\mu_0)}{S}\sim t(n-1)$	$\|T\|\geqslant t_{\alpha/2}(n-1)$
$\mu\leqslant\mu_0$（单边）	$\mu>\mu_0$			$T\geqslant t_\alpha(n-1)$
$\mu\geqslant\mu_0$（单边）	$\mu<\mu_0$			$T\leqslant -t_\alpha(n-1)$
$\sigma^2=\sigma_0^2$（双边）	$\sigma^2\neq\sigma_0^2$	μ 已知	$\chi^2=\dfrac{1}{\sigma_0^2}\sum\limits_{i=1}^{n}(X_i-\mu)^2\sim\chi^2(n)$	$\chi^2\geqslant\chi^2_{\alpha/2}(n)$ 或 $\chi^2\leqslant\chi^2_{1-\alpha/2}(n)$
$\sigma^2\leqslant\sigma_0^2$（单边）	$\sigma^2>\sigma_0^2$			$\chi^2\geqslant\chi^2_\alpha(n)$
$\sigma^2\geqslant\sigma_0^2$（单边）	$\sigma^2<\sigma_0^2$			$\chi^2\leqslant\chi^2_{1-\alpha}(n)$
$\sigma^2=\sigma_0^2$（双边）	$\sigma^2\neq\sigma_0^2$	μ 未知	$\chi^2=\dfrac{(n-1)S^2}{\sigma_0^2}\sim\chi^2(n-1)$	$\chi^2\geqslant\chi^2_{\alpha/2}(n-1)$ 或 $\chi^2\leqslant\chi^2_{1-\alpha/2}(n-1)$
$\sigma^2\leqslant\sigma_0^2$（单边）	$\sigma^2>\sigma_0^2$			$\chi^2\geqslant\chi^2_\alpha(n-1)$
$\sigma^2\geqslant\sigma_0^2$（单边）	$\sigma^2<\sigma_0^2$			$\chi^2\leqslant\chi^2_{1-\alpha}(n-1)$
$\mu_1=\mu_2$（双边）	$\mu_1\neq\mu_2$	σ_1^2，σ_2^2 已知	$U=\dfrac{(\overline{X}-\overline{Y})}{\sqrt{\dfrac{\sigma_1^2}{n_1}+\dfrac{\sigma_2^2}{n_2}}}\sim N(0,1)$	$\|U\|\geqslant u_{\alpha/2}$
$\mu_1\leqslant\mu_2$（单边）	$\mu_1>\mu_2$			$U\geqslant u_\alpha$
$\mu_1\geqslant\mu_2$（单边）	$\mu_1<\mu_2$			$U\leqslant -u_\alpha$
$\mu_1=\mu_2$（双边）	$\mu_1\neq\mu_2$	σ_1^2，σ_2^2 未知，但 $\sigma_1^2=\sigma_2^2$	$T=\dfrac{(\overline{X}-\overline{Y})}{S_\omega\sqrt{\dfrac{1}{n_1}+\dfrac{1}{n_2}}}\sim t(n_1+n_2-2)$ 其中 $S_\omega^2=\dfrac{(n_1-1)S_{n_1}^2+(n_2-1)S_{n_2}^2}{(n_1+n_2-2)}$	$\|T\|\geqslant t_{\alpha/2}(n_1+n_2-2)$
$\mu_1\leqslant\mu_2$（单边）	$\mu_1>\mu_2$			$T\geqslant t_\alpha(n_1+n_2-2)$
$\mu_1\geqslant\mu_2$（单边）	$\mu_1<\mu_2$			$T\leqslant -t_\alpha(n_1+n_2-2)$
$\sigma_1^2=\sigma_2^2$（双边）	$\sigma_1^2\neq\sigma_2^2$	μ_1，μ_2 均未知	$F=\dfrac{S_{n_1}^2}{S_{n_2}^2}\sim F(n_1-1,n_2-1)$	$F\geqslant F_{\alpha/2}(n_1-1,n_2-1)$ 或 $F\leqslant F_{1-\alpha/2}(n_1-1,n_2-1)$
$\sigma_1^2\leqslant\sigma_2^2$（单边）	$\sigma_1^2>\sigma_2^2$			$F\geqslant F_\alpha(n_1-1,n_2-1)$
$\sigma_1^2\geqslant\sigma_2^2$（单边）	$\sigma^2<\sigma_0^2$			$F\leqslant F_{1-\alpha}(n_1-1,n_2-1)$

6. 参数假设的大样本检验

在正态总体下，上述参数检验所使用的统计量知道其精确的分布，因而能确定相应假设的拒绝域. 而对于非正态总体的参数假设检验，相应正态总体中所使用的检验统计量，在这里确切的分布有时很难确定或者过于复杂不便使用. 但在样本容量充分大时，由中心极限定理，可以考虑使用统计量的近似分布确定拒绝域. 使用近似分布所得检验法的显著水平近似为 α，不再是确切的 α. 例如，在大样本场合下，可以使用前述检验正态总体均值 μ 所使用的统计量对非正态总体的均值 μ 作检验，相应的拒绝域形式也完全相同，这里不再重复列表，但将(0-1)总体参数 p 的大样本检验列表如下：

原假设 H_0	备择假设 H_1	检验统计量及其大样本检验时的近似分布	拒绝域
$p=p_0$	$p\neq p_0$	$U=\dfrac{\overline{X}-p_0}{\sqrt{\dfrac{p_0(1-p_0)}{n}}}\sim N(0,1)$	$\mid U\mid\geqslant Z_{\frac{\alpha}{2}}$
$p\leqslant p_0$	$p>p_0$		$U\geqslant Z_\alpha$
$p\geqslant p_0$	$p<p_0$		$U\leqslant -Z_\alpha$
	$p<p_0$		$\mid U\mid\geqslant Z_{\frac{\alpha}{2}}$

7. 总体分布的 χ^2 拟合检验

在总体分布未知时，根据观察到的样本值，检验总体的分布是否是已知函数 F，即要检验 H_0：X 的分布函数为 F.

这里 F 可以完全已知，或函数形式已知，但其中包含有未知参数. 检验这类问题，常用的检验法是 χ^2 拟合检验. 具体做法步骤：(1) 如果 F 中有未知参数，先用极大似然估计法求出未知参数的极大似然估计，代入 F 中，使得 F 是完全已知函数；(2) 把总体所有可能取值的集合划分成有限个互不相交的子集 A_1，A_2，…，A_k，(一般取 k 为10个左右)；(3) 计算样本观察值 x_1，x_2，…，x_n 中落入 $A_i(i=1,2,\cdots,k)$ 的个数 f_i(称为实际频数)；(4) 在 H_0 为真的条件下，根据 H_0 中所假设 X 的分布函数计算出样本值落入 A_i 内的概率 $P_i=P(A_i)$ 及理论频数 nP_i；(5) 考虑检验统计量 $\chi^2=\sum\limits_{i=1}^{k}\dfrac{(f_i-nP_i)^2}{nP_i}$，当 n 充分大时，χ^2 近似服从自由度为 $(k-r-1)$ 的 χ^2 分布，其中 r 是 F 中未知参数的个数，当 F 已知时 $r=0$；若检验统计量的观察值满足 $\chi^2\geqslant\chi^2_\alpha(k-r-1)$，则拒绝 H_0，否则接受 H_0.

三、释 疑 解 难

1. 作假设检验如何确定原假设 H_0 和备择假设 H_1？

答 对于双边假设检验，原假设 H_0 和备择假设 H_1 很容易确定，H_0 通常取等号，H_1 取不等号，例如 H_0：$\mu_1=\mu_2$，H_1：$\mu_1\neq\mu_2$. 对于单边假设检验，有时 H_0

与 H_1 不好确定. 在显著性假设检验中,由于最后是依据一个样本来决策是接受原假设 H_0,还是拒绝原假设接受 H_1. 我们知道一个样本是不能肯定一个命题,但否定一个命题理由却是充分的,这导致接受 H_0 理由不足,拒绝 H_0 而接受 H_1 理直气壮. 因此,在选择 H_0 与 H_1 时,通常使后果严重的错误成为第一类错误,如果两类错误中没有一类错误的后果更严重需要避免时,常常把有把握、有经验的结论作为原假设;还常取 H_0 维持现状,即取"无效益""无提高""无改进""无价值"等等.

2. 拒绝域和接受域如何确定?

答　拒绝域就是在原假设成立的假设下,样本取值很少发生的小概率事件. 对于选定的检验统计量,表示小概率事件有很多形式,这时需要由直观分析和理论分析相结合来确定拒绝域的形式. 具体地说,首先由确定的检验统计量,根据备择假设 H_1 的形式,通过直观分析确定拒绝域的形式;其次,根据事先给定的显著水平和检验统计量的分布,由 $P\{$拒绝 H_0/H_0 为真$\}\leqslant\alpha$,确定拒绝域的临界值,从而确定拒绝域. 接受域是拒绝域的补集.

3. 显著水平 α 是什么意思?

答　α 表示事先给定的小概率,为了便于查表,通常取值 0.01, 0.05, 0.1 等,用来控制犯第一类错误的概率. α 的大小反映拒绝 H_0 的说服力,α 越小,拒绝 H_0 就越有说服力.

4. 什么是两类错误?

答　第一类错误就是在原假设 H_0 为真时,由于样本取值的随机性,这时样本值落入拒绝域,从而导致作出拒绝 H_0(弃真)的错误决策. 在显著性假设检验中,犯第一类错误的概率就是显著水平 α. 第二类错误就是在原假设 H_0 不真时,样本值这时反而没有落入拒绝域,导致作出接受 H_0(存伪)的错误决策. 犯第二类错误的概率常记 β. 在样本容量一定时,一次性检验中犯两类错误的概率此消彼长,若要它们同时变小,只得增大样本容量. 由于 β 不易计算和控制,所以经常做法是在控制 α 中适当制约 β.

5. 怎样选择检验统计量?

答　给定原假设和备择假设,由于样本自身不能判断假设 H_0 是否成立,这时需要构造一个适用于检验假设 H_0 的统计量,称为检验统计量. 一般情况下,对于要检验的参数,从该参数的点估计量出发,经过适当的变换,构造检验统计量,并且在原假设成立的前提下导出检验统计量的分布,要求该分布不依赖于任何未知参数. 对于正态总体,由前面的抽样分布定理构造合适的检验统计量. 同时,也可以由参数的区间估计所使用的统计量给出检验统计量.

四、典 型 例 题

【例 1】 某工厂旧机器每台每星期的开工成本(单位:元)服从正态分布 $N(100, 25^2)$,现安装了一台新机器,观察了 9 星期,平均每星期的开工成本 $\overline{x}=75$ 元,假设标准差不变,试问在 $\alpha=0.01$ 水平下每星期开工的平均成本是否有所下降?

解 用 X 表示此工厂旧机器每台每星期的开工成本,由已知 $X\sim N(100, 25^2)$

为了能用一次检验所获取的样本充分验证采用新机器使得平均成本有所下降,作假设:

$$H_0:\mu=\mu_0=100,\quad H_1:\mu<100$$

检验正态总体的均值假设,已知 $\sigma=25$,

所以使用检验统计量 $U=\dfrac{\overline{X}-\mu_0}{\sigma/\sqrt{n}}\sim N(0, 1)$,即所谓 U 检验,

单边检验,由备择假设 H_1 形式,写出拒绝域 $W=\{U\leqslant -Z_\alpha\}$

$\alpha=0.01$,查表 $Z_{0.01}=2.33$, $W=\{u\leqslant -2.33\}$

已知 $n=9$, $\overline{x}=75$,检验统计量 U 的观察值

$$u=\frac{75-100}{25/\sqrt{9}}=-3\in W$$

拒绝 H_0,接受 H_1,即在 $\alpha=0.01$ 水平下,可认为每星期开工的平均成本有所下降.

【例 2】 某医院用一种中药治疗高血压,记录了 50 例治疗前后病人舒张压数据之差,得到其均值为 16.28,样本标准差为 10.58.假定舒张压之差服从正态分布,试问在 $\alpha=0.05$ 水平下该中药对治高血压是否有效?

解 用 X 表示治疗前后病人舒张压数据之差,已知 X 服从正态分布,为了能用所得的数据充分说明该中药对治高血压有效,作假设

$$H_0:\mu\leqslant\mu_0=0,\quad H_1:\mu>0.$$

检验正态总体的均值假设,σ 未知,使用检验统计量 $T=\dfrac{\overline{X}-\mu_0}{S/\sqrt{n}}$,即所谓 t 检验,

由 H_1 的形式,确定拒绝域 $W=\{T\geqslant t_\alpha(n-1)\}$, $\alpha=0.05$, $n=50$,由于 t 的自由度为 49,数值较大,可使用标准正态分布的分位数作近似:$t_{0.05}(49)\approx z_{0.05}=1.645$,从而拒绝域 $W=\{T\geqslant 1.645\}$. 由已知求得样本观察值 $t=\dfrac{\overline{x}-\mu_0}{s/\sqrt{n}}=$

$\frac{16.28-0}{10.58/\sqrt{50}}=10.85\in W$

因此,在 $\alpha=0.05$ 水平下认为该中药对治疗高血压有效.

【例 3】 某厂生产的汽车电池使用寿命服从正态分布,其说明书上其标准差不超过 0.9 年.现随机抽取 10 个,得样本标准差为 1.2 年,试在 $\alpha=0.05$ 水平下检验厂方说明书上所写的标准差是否可信?

解　设 X 为所考虑汽车电池使用寿命,已知 X 服从正态分布,抽样结果的标准差为 1.2 年,超过 0.9 年,因此厂方说明书所写值得怀疑,为了能用一次抽样的结果,有力说明这种怀疑是有道理的,现作假设为 $H_0:\sigma\leqslant\sigma_0=0.9$, $H_1:\sigma>0.9$

检验正态总体方差,用 χ^2 检验,总体均值未知,检验统计量 $\chi^2=\frac{(n-1)S^2}{\sigma_0^2}\sim\chi^2(n-1)$

单边检验,由 H_1 的形式,确定拒绝域 $W=\{\chi^2\geqslant\chi_\alpha^2(n-1)\}$,

$$n=10,\ \alpha=0.05\quad W=\{\chi^2\geqslant\chi_{0.05}^2(10-1)=16.919\}$$

样本标准差 $s=1.2$,检验统计量的观察值 $\chi^2=\frac{(n-1)s^2}{\sigma_0^2}=\frac{(10-1)\times1.2^2}{0.9_0^2}=16\notin W$

接受 H_0,因此在 $\alpha=0.05$ 水平下认为说明书上所写的标准差可信.

【例 4】 设 A、B 两批电子器件的电阻分别服从正态分布 $N(\mu_1,\sigma_1^2)$、$N(\mu_2,\sigma_2^2)$,且两样本独立,测得两批电子器件的样品的电阻如下:

A 批(x):0.140　0.138　0.143　0.142　0.144　0.137

B 批(y):0.135　0.140　0.143　0.136　0.138　0.140

试在 $\alpha=0.05$ 水平上检验如下假设:

(1) 两总体的方差是否相等?

(2) 两总体的均值是否相等?

解　(1) 先检验两样本方差是否相等

作假设 $H_0:\sigma_A^2=\sigma_B^2$, $H_1:\sigma_A^2\neq\sigma_B^2$

比较两正态总体的方差,均值未知,使用检验统计量 $F=\frac{S_{n_A}^2}{S_{n_B}^2}\sim F(n_A-1,n_B-1)$

双边检验,拒绝域 $W=\{F\leqslant F_{1-\alpha/2}(n_A-1,n_B-1)$ 或 $F\geqslant F_{\alpha/2}(n_A-1,n_B-1)\}$

$$n_A=n_B=6,\ \alpha=0.05$$

$W=\{F\leqslant F_{0.975}(5,5)=1/7.15=0.14$ 或 $F\geqslant F_{0.025}(5,5)=7.15\}$

由样本观察值求得样本标准差:$s_{n_A}=0.002\,80$, $s_{n_B}=0.002\,94$

F 的观察值 $f=\dfrac{0.002\,80^2}{0.002\,94^2}=0.907\notin W$

因此在 $\alpha=0.05$ 水平上可认为两总体的方差相等.

(2) 检验两总体均值是否相等

作假设 $H_0:\mu_A=\mu_B$，$H_1:\mu_A\neq\mu_B$

由于两正态总体方差未知，但相等，使用统计量 $T=\dfrac{(\overline{X}-\overline{Y})}{S_\omega\sqrt{\dfrac{1}{n_A}+\dfrac{1}{n_B}}}\sim t(n_A+n_B-2)$

拒绝域 $W=\{|T|\geqslant t_{0.025}(10)=2.228\,1\}$

由样本观察值求得样本均值：$\overline{x}_A=0.140\,7$，$\overline{x}_B=0.113\,9$

$$s_\omega=\sqrt{\frac{5\times0.002\,80^2+5\times0.002\,94^2}{10}}=0.002\,9$$

统计量的观察值 $t=\dfrac{0.140\,7-0.113\,9}{0.002\,9\sqrt{\dfrac{1}{6}+\dfrac{1}{6}}}=1.20\notin W$

所以在 $\alpha=0.05$ 水平上可认为两总体的均值相等.

【例5】 已知某电子元件的使用寿命 X(h) 服从指数分布 $E(\lambda)$. 抽查 100 个元件，得到样本均值 $\overline{x}=950$(h)，能否认为参数 $\lambda=0.001(\alpha=0.05)$

解 电子元件的使用寿命 X 服从指数分布，非正态总体，

总体 X 的均值 $\mu=\dfrac{1}{\lambda}$，总体标准差 $\sigma=\dfrac{1}{\lambda}$，由题意作假设

$$H_0:\mu=\mu_0=1\,000,\ H_1:\mu\neq1\,000$$

检验总体均值，使用检验统计量 $Z=\dfrac{(\overline{X}-\mu_0)}{\sigma/\sqrt{n}}$，

$n=100$ 为大样本，原假设成立时，它近似服从 $N(0,1)$，

双边检验，拒绝域 $W=\{|Z|\geqslant z_{\alpha/2}\}$，

$\alpha=0.05$，$W=\{|Z|\geqslant z_{0.025}\}=\{|z|\geqslant1.96\}$

样本均值：$\overline{x}=950$，统计量的观察值 $z=\dfrac{\sqrt{100}\times(1\,000-950)}{1\,000}=0.5\notin W$

不拒绝 H_0，所以在 $\alpha=0.05$ 水平上认为参数 $\lambda=0.001$.

【例6】 某产品的次品率为 0.17，现对此产品进行新工艺试验，从中抽取 400 件检查，发现次品 56 件. 能否认为新工艺显著影响产品质量($\alpha=0.05$).

解 采用新工艺后产品的次品率为 p，则问题为(0-1)总体参数 p 的单边检验，为了使一次抽样结果能充分说明采用新工艺能显著影响产品质量，将“采用新工艺后降低原次品率”作为备择假设，所以作假设：

$$H_0: p \geqslant p_0 = 0.17,\ H_1: p < 0.17$$

抽取 400 件检查，是大样本检验，使用检验统计量 $U = \dfrac{\overline{X} - p_0}{\sqrt{\dfrac{p_0(1-p_0)}{n}}}$，当原假设成立时，$U$ 近似服从正态分布，由 H_1 的形式，写出拒绝域 $W = \{U \leqslant -z_\alpha\}$，

$$\alpha = 0.05,\ W = \{U \leqslant -z_{0.05} = -1.65\}$$

由已知样本知　$n = 400,\ \overline{x} = \dfrac{56}{400} = 0.14$，

统计量的观察值 $u = \dfrac{0.14 - 0.17}{\sqrt{\dfrac{0.17 \times (1 - 0.17)}{400}}} = -1.5973 \notin W$

接受 H_0，所以在 $\alpha = 0.05$ 水平上可以认为新工艺没有显著影响产品质量.

【例 7】 某地方政府发行福利彩票，中彩者用摇大转盘的方法确定最后中奖金额，大转盘分别为 20 份，其中金额为 5 万、10 万、20 万、30 万、50 万、100 万的分别占 2 份、4 份、6 份、4 份、2 份、2 份. 现有 20 人参加摇奖，摇得 5 万、10 万、20 万、30 万、50 万、100 万的人数分别为 2、6、6、3、3、0，由于没有一人摇到 100 万，于是有人怀疑在转盘是不均匀的，试问该怀疑是否成立？($\alpha=0.05$)

解　记 $A_1=$\{摇得 5 万\}，$A_2=$\{摇得 10 万\}，$A_3=$\{摇得 20 万\}，$A_4=$\{摇得 30 万\}，$A_5=$\{摇得 50 万\}，$A_6=$\{摇得 100 万\}.

由题意，要检验的假设 H_0：转盘是均匀的. 若原假设 H_0 成立，由题设应有

$$p_1 = P(A_1) = \frac{1}{10},\ p_2 = P(A_2) = \frac{1}{5},\ p_3 = P(A_3) = \frac{3}{10},$$

$$p_4 = P(A_4) = \frac{1}{5},\ p_5 = P(A_5) = \frac{1}{10},\ p_6 = P(A_6) = \frac{1}{10}$$

由此，比较理论频数与实际频数列表如下：

<table>
<tr><th>摇得金额(A_i)</th><th>频数 f_i</th><th>np_i</th><th>$f_i - np_i$</th><th>$\dfrac{(f_i - np_i)^2}{np_i}$</th></tr>
<tr><td>A_1</td><td>2</td><td>2</td><td>0</td><td rowspan="2">0.667</td></tr>
<tr><td>A_2</td><td>6</td><td>4</td><td>2</td></tr>
<tr><td>A_3</td><td>6</td><td>6</td><td>0</td><td>0</td></tr>
<tr><td>A_4</td><td>3</td><td>4</td><td>-1</td><td rowspan="3">0.5</td></tr>
<tr><td>A_5</td><td>3</td><td>2</td><td>1</td></tr>
<tr><td>A_6</td><td>0</td><td>2</td><td>-2</td></tr>
<tr><td>$\sum$</td><td>20</td><td></td><td></td><td>1.167</td></tr>
</table>

检验统计量 $\chi^2=\sum_{i=1}^{k}\frac{(f_i-nP_i)^2}{nP_i}$

若 H_0 为真,$\chi^2=\sum_{i=1}^{k}\frac{(f_i-nP_i)^2}{nP_i}\sim\chi^2(k-r-1)$

拒绝域 $W=\{\chi^2\geqslant\chi_\alpha^2(k-r-1)\}$

$k=5$, $r=0$, $\alpha=0.05$,查表知 $\chi_{0.05}^2(3-1)=5.991$, $W=\{\chi^2\geqslant5.991\}$

χ^2 的观察值 $1.167\notin W$,

故接受 H_0,即在 $\alpha=0.05$ 上,没有理由怀疑是不均匀的.

五、习 题 解 答

【例 1】 在一个假设检验问题中,当检验最终结果是接受 H_1 时,可能犯什么错误?在一个假设检验问题中,当检验最终结果是拒绝 H_1 时,可能犯什么错误?

答 在一个假设检验问题中,当检验最终结果是接受 H_1 时,可能犯弃真错误,即第一类错误;当检验最终结果是拒绝 H_1 时,可能犯取伪错误,即第二类错误.

【例 2】 某厂有一批产品 200 件,须经检验合格才能出厂,按国家标准次品率不得超过 1%,今在其中任抽 5 件,发现其中有一件次品

(1) 当次品率为 1%时,求在 200 件产品中随机抽 5 件,其中有 1 件次品的概率;

(2) 根据实际推断原理,问这批产品是否可以出厂?

解 (1) 当次品率为 1%时,A 表示"在 200 件产品中随机抽 5 件,其中有 1 件次品"

$$P(A)=\frac{\binom{2}{1}\binom{198}{4}}{\binom{200}{5}}=0.049$$

(2) 因为 $P(A)$很小,根据实际推断原理,产品的次品率超过 1%,不可以出厂.

【例 3】 某厂每天生产的产品分三批包装,规定每批产品的次品率都低于 0.01 才能出厂. 若产品符合出厂条件,今从三批产品中各任抽一件,抽到的三件有 0, 1, 2, 3 件次品的概率各是多少?若某日用以上方法抽到了次品,问该产品能否出厂?

解 设 A_i 表示"从三批产品中各任抽一件,抽到的三件有 i 件次品"

$$P(A_i)=\binom{3}{i}0.01^i(1-0.01)^{3-i},\ i=0,\ 1,\ 2,\ 3$$

$$P(A_0)=\binom{3}{0}0.01^0(1-0.01)^3=0.97,\ P(A_1)=\binom{3}{1}0.01^1(1-0.01)^2=0.029$$

$$P(A_2)=\binom{3}{2}0.01^2(1-0.01)^1=0.000\,297,\ P(A_3)=\binom{3}{3}0.01^3(1-0.01)^0=1.0\times10^{-6}$$

用以上方法抽到了次品的概率 $1-0.97=0.03$，很小，若某日用以上方法抽到了次品，该产品不能出厂.

【例 4】 你能分析一下假设检验与区间估计的联系和差别吗？

答 它们都是统计推断，在相同的条件下，两者所使用的统计量相同；假设检验在一定的假设前提下，求接受域与拒绝域，再用已知数据进行统计推断，而区间估计直接利用统计量的分布确定未知参数的估计区间.

【例 5】 设正态总体 $N(\mu, \sigma^2)$，μ，σ^2 均为未知，试推导出双边检验 $H_0:\mu=\mu_0$，$H_1:\mu\neq\mu_0$ 的拒绝域 W.

解 设显著水平是 α

$$H_0:\mu=\mu_0,\ H_1:\mu\neq\mu_0$$

σ^2 未知，取检验统计量 $T=\dfrac{\overline{X}-\mu_0}{\dfrac{S}{\sqrt{n}}}$，当 H_0 为真时 $T\sim t(n-1)$，

$P\{|T|\geqslant t_{\frac{\alpha}{2}}(n-1)\}=\alpha$，所以拒绝域 $W=\{|T|\geqslant t_{\frac{\alpha}{2}}(n-1)\}$

【例 6】 某手表厂生产的女表表壳，正常情况下，其直径（单位:mm）服从正态分布 $N(20,1)$，在某天的生产过程中抽查 5 只表壳，测得直径分别为 19　19.5　19　20　20.5，问生产是否正常？($\alpha=0.05$)

解 设 $H_0:\mu=\mu_0$，$H_1:\mu\neq\mu_0$

检验统计量 $U=\dfrac{\overline{X}-\mu_0}{\dfrac{\sigma}{\sqrt{n}}}=\dfrac{\overline{X}-\mu_0}{\dfrac{1}{\sqrt{n}}}$，拒绝域 $W=\{|U|\geqslant z_{\frac{\alpha}{2}}\}$

$$\alpha=0.05,\ z_{\frac{\alpha}{2}}=1.96,$$

$n=5$，$\mu_0=20$，$\overline{X}=19.6$　检测值 $u=\dfrac{19.6-20}{\dfrac{1}{\sqrt{5}}}=-0.8944$

$|u|<1.96$　$u\notin W$ 所以在 $\alpha=0.05$ 下，接受 H_0，即认为生产正常.

【例 7】 一种元件，要求其平均使用寿命不得低于 1 000 小时，现从这批元件中随机抽取 25 只，测得其平均寿命为 950 小时，已知该元件寿命服从标准差 $\sigma=100$ 小时的正态分布，试在显著性水平 $\alpha=0.05$ 下确定这批元件是否合格.

解 由题意设 $H_0:\mu_0\geqslant 1\,000$，$H_1:\mu_0<1\,000$

$\sigma_0=100$，检验统计量 $U=\dfrac{\overline{X}-\mu_0}{\dfrac{\sigma_0}{\sqrt{n}}}=\dfrac{\overline{X}-1\,000}{\dfrac{100}{\sqrt{n}}}$

拒绝域 $W=\{U\leqslant -z_\alpha\}$　$\alpha=0.05$，$z_{0.05}=0.8289$

$\bar{x}=950$，$n=25$ 检测值 $u=\dfrac{950-1\,000}{\dfrac{100}{\sqrt{25}}}=-2.5<-0.8289$

$u\in W$，拒绝 H_0，接受 H_1，即在显著性水平 $\alpha=0.05$ 下，这批元件不合格.

【例 8】 设某产品的性能指标服从正态分布 $N(\mu, \sigma^2)$，从历史资料已知 $\sigma=4$，抽查 10 个样

品测得均值为 17，问在显著性水平 $\alpha = 0.05$ 下，能否认为指标的数学期望 $\mu = 20$ 依然成立？

解 由题意设 $H_0:\mu_0 = 20$，$H_1:\mu_0 \neq 20$

$\sigma_0 = 4$，检验统计量 $U = \dfrac{\overline{X} - \mu_0}{\dfrac{\sigma_0}{\sqrt{n}}} = \dfrac{\overline{X} - 20}{\dfrac{4}{\sqrt{n}}}$

拒绝域 $W = \{|U| \geqslant z_{\frac{\alpha}{2}}\}$ $\alpha = 0.05$，$z_{\frac{\alpha}{2}} = 1.96$

$\overline{x} = 17$，$n = 10$ 检测值 $u = \dfrac{17 - 20}{\dfrac{4}{\sqrt{10}}} = -2.3717$，$|u| > 1.96$

$u \in W$，拒绝 H_0，接受 H_1，即在显著性水平 $\alpha = 0.05$ 下，认为指标的数学期望 $\mu = 20$ 不再成立.

【例 9】 正常人的脉搏平均为 72 次/分，现某医生测得 10 例慢乙基上铅中毒患者的脉搏(次/分)如下：

54 67 78 68 70 67 66 70 69 65

已知乙基四铅中毒者的脉搏服从正态分布，试问：乙基四铅中毒者和正常人的脉搏有无显著的差异？(α=0.05)

解 由题意设 $H_0:\mu_0 = 72$，$H_1:\mu_0 \neq 72$

σ^2 未知，取检验统计量 $T = \dfrac{\overline{X} - \mu_0}{\dfrac{S}{\sqrt{n}}}$，当 H_0 为真时 $T \sim t(n-1)$，

拒绝域 $W = \{|T| \geqslant t_{\frac{\alpha}{2}}(n-1)\}$

$\alpha = 0.05$，$n = 10$ $t_{\frac{\alpha}{2}}(9) = 2.2622$ $\overline{x} = 67.4$，$\mu_0 = 72$ $s = 5.93$

检测值 $t = \dfrac{67.4 - 72}{\dfrac{5.93}{\sqrt{10}}} = -2.453$，$|t| > 2.2622$

$t \in W$，拒绝 H_0，接受 H_1，即乙基四铅中毒者和正常人的脉搏有显著的差异.

【例 10】 原有一台仪器测量电阻时，误差的相应方差是 0.06 Ω，现有一台新的仪器，对一个电阻测量 10 次，测得的值如下(单位：)

1.101 1.103 1.105 1.099 1.098 1.104 1.101 1.100 1.095 1.100

问新的仪器的精确性是否比原有仪器好？($\alpha = 0.10$)

解 由已知 $s^2 = 8.7 \times 10^{-6} < 0.06$

设 $H_0:\sigma^2 \geqslant 0.06$，$H_1:\sigma^2 < 0.06$

检验统计量 $\chi^2 = \dfrac{(n-1)S^2}{\sigma_0^2}$

拒绝域 $W = \{\chi^2 \leqslant \chi_\alpha^2(n-1)\}$

$\alpha = 0.10$，$n = 10$ $\chi_\alpha^2(10-1) = 14.684$ $s^2 = 8.7 \times 10^{-6}$，$\sigma_0^2 = 0.06$

检测值 $\chi^2 = 0.0013$，$\chi^2 < 14.684$

$\chi^2 \in W$，拒绝 H_0，接受 H_1，即在显著性水平 $\alpha = 0.10$ 下，新的仪器的精确性比原有仪器好.

【例 11】 某种导线,要求其电阻的标准差不得超过 0.05(Ω),今在生产的一批导线中取样品 9 根,测得 $s=0.007(\Omega)$. 问在水平 $\alpha=0.05$ 下能认为这批导线的标准差显著地偏大吗?

解　由已知 $s=0.007<0.05$

设 $H_0:\sigma>0.05$　$H_1:\sigma\leqslant 0.05$

检验统计量 $\chi^2=\dfrac{(n-1)S^2}{\sigma_0^2}$

拒绝域 $W=\{\chi^2\leqslant\chi_\alpha^2(n-1)\}$

$\alpha=0.05,\ n=9$　$\chi_\alpha^2(9-1)=15.507$　$s=0.007,\ \sigma_0=0.05$

检测值 $\chi^2=0.1568,\ \chi^2<15.507$

$\chi^2\in W$,拒绝 H_0,接受 H_1,即在显著性水平 $\alpha=0.05$ 下,不能认为这批导线的标准差显著地偏大.

【例 12】 五名学生彼此独立地测量同一块土地,分别测得其面积为 1.27　1.24　2.21　1.28　1.23 设测量值服从正态分布,试根据这些数据检验:

H_0:这块土地的实际面积为 1.23(公里^2)($\alpha=0.05$)

解　设 $H_0:\mu_0=1.23$　$H_1:\mu_0\neq 1.23$

σ^2 未知,取检验统计量 $T=\dfrac{\overline{X}-\mu_0}{\dfrac{S}{\sqrt{n}}}$,当 H_0 为真时 $T\sim t(n-1)$,

拒绝域 $W=\{|T|\geqslant t_{\frac{\alpha}{2}}(n-1)\}$

$\alpha=0.05,\ n=5$　$t_{\frac{\alpha}{2}}(4)=2.7764$　$\overline{x}=1.446,\ \mu_0=1.23$　$s=0.4276$

检测值 $t=\dfrac{1.446-1.23}{\dfrac{0.4276}{\sqrt{5}}}=1.13,\ |t|<2.7764$

$t\notin W$,接受 H_0,即在显著性水平 $\alpha=0.05$ 下,这块土地的实际面积为 1.23(公里^2).

【例 13】 测定某种溶液中的水份,它是 10 个测定值给出: $\overline{x}=0.452\%,\ S=0.037\%$,设测定值总体为正态分布,$\mu$ 为总体均值,试在 $\alpha=0.05$ 下,检验:

(1) $H_0:\mu\geqslant 0.5\%,\ H_1:\mu<0.5\%$

(2) $H_0':\sigma\geqslant 0.04\%,\ H_1':\sigma<0.04\%$

解　(1) $H_0:\mu\geqslant 0.5\%,\ H_1:\mu<0.5\%$

取检验统计量 $T=\dfrac{\overline{X}-\mu_0}{\dfrac{S}{\sqrt{n}}}$,当 H_0 为真时 $T\sim t(n-1)$,

拒绝域 $W=\{T\leqslant -t_\alpha(n-1)\}$

$\alpha=0.05,\ n=10$　$t_{0.05}(9)=1.8331$　$\overline{x}=0.452\%,\ s=0.037\%,\ \mu_0=0.5\%$

检测值 $t=\dfrac{0.452\%-0.5\%}{\dfrac{0.037\%}{\sqrt{10}}}=-4.1024,\ t<-1.8331$,

$t\in W$,拒绝 H_0,接受 H_1,即在显著性水平 $\alpha=0.05$ 下,$\mu<0.5\%$.

(2) $H_0':\sigma\geqslant 0.04\%,\ H_1':\sigma<0.04\%$

检验统计量 $\chi^2 = \dfrac{(n-1)S^2}{\sigma_0^2}$

拒绝域 $W = \{\chi^2 \leqslant \chi_\alpha^2(n-1)\}$

$\alpha = 0.05$，$n = 10$　$\chi_\alpha^2(10-1) = 16.919$　　$s = 0.037\%$，$\sigma_0 = 0.04\%$

检测值 $\chi^2 = 7.7006$，$\chi^2 < 16.919$

$\chi^2 \in W$，拒绝 H_0'，接受 H_1'.

【例 14】 检查一批保险丝，抽取 10 根，在通过强电流后熔化后需时间（秒）为：65　42　78　75　71　69　68　57　55　54，在 $\alpha = 0.05$ 下，问（已知熔化时间服从 $N(\mu, \sigma^2)$）.

(1) 能否认为这批保险丝的平均熔化时间少于 65 秒？

(2) 能否认为熔化时间的方差不超过 80？

解 (1) $H_0: \mu \geqslant 65$　$H_1: \mu < 65$

取检验统计量 $T = \dfrac{\overline{X} - \mu_0}{\dfrac{S}{\sqrt{n}}}$，当 H_0 为真时 $T \sim t(n-1)$，

拒绝域 $W = \{T \leqslant -t_\alpha(n-1)\}$

$\alpha = 0.05$，$n = 10$　$t_{0.05}(9) = 1.8331$　$\overline{x} = 63.4$，$s = 11.147$　$\mu_0 = 65$

检测值 $t = \dfrac{63.4 - 65}{\dfrac{11.147}{\sqrt{10}}} = -0.454$，

$t > -1.8331$，$t \notin W$，接受 H_0

即在显著性水平 $\alpha = 0.05$ 下，不能认为这批保险丝的平均熔化时间少于 65 秒.

(2) 由 $s = 11.147$，设 $H_0: \sigma^2 \leqslant 80$　$H_1: \sigma^2 > 80$

检验统计量 $\chi^2 = \dfrac{(n-1)S^2}{\sigma_0^2}$

拒绝域 $W = \{\chi^2 \geqslant \chi_\alpha^2(n-1)\}$

$\alpha = 0.05$，$n = 10$ $\chi_\alpha^2(10-1) = 16.919$　$\sigma_0^2 = 80$

检测值 $\chi^2 = 13.979$，$\chi^2 < 16.919$

$\chi^2 \notin W$，接受 H_0，即在显著性水平 $\alpha = 0.05$ 下，能认为熔化时间的方差不超过 80.

【例 15】 某种导线，要求其电阻的标准差不得超过 0.005 Ω，今在生产的一批导线中抽取样品 9 根，测得 $S=0.007$ Ω，设总体为正态分布，问在水平 $\alpha=0.05$ 下能认为这批导线电阻的标准差显著地偏大吗？

解 由 $s = 0.007$，设 $H_0: \sigma \leqslant 0.005$　$H_1: \sigma > 0.005$

检验统计量 $\chi^2 = \dfrac{(n-1)S^2}{\sigma_0^2}$

拒绝域 $W = \{\chi^2 \geqslant \chi_\alpha^2(n-1)\}$

$\alpha = 0.05$，$n = 9$　$\chi_\alpha^2(9-1) = 15.507$　$\sigma_0 = 0.005$

检测值 $\chi^2 = 15.68$，$\chi^2 > 15.507$

$\chi^2 \in W$，拒绝 H_0，接受 H_1，即在显著性水平 $\alpha = 0.05$ 下，能认为这批导线电阻的标准差显

著地偏大.

【例 16】 A 厂三车间生产的铜丝的折断力已知服从正态分布，生产一直很稳定，今从产品中随机抽出 9 根检查折断力，测得数据如下(单位:kg)289　268　285　284　286　285　286　292　298，问是否可以相信该车间的铜丝折断力的方差为 20？($\alpha = 0.05$)

解　设 $H_0: \sigma^2 = 20 \quad H_1: \sigma^2 \neq 20$

检验统计量 $\chi^2 = \dfrac{(n-1)S^2}{\sigma_0^2}$

拒绝域 $W = \left\{ \chi^2 \,\middle|\, \chi^2 \leqslant \chi^2_{1-\frac{\alpha}{2}}(n-1) \text{ or } \chi^2 \geqslant \chi^2_{\frac{\alpha}{2}}(n-1) \right\}$

$\alpha = 0.05,\ n = 9$

$\chi^2_{\frac{\alpha}{2}}(10-1) = 19.023,\ \chi^2_{1-\frac{\alpha}{2}}(10-1) = 2.700$

$\sigma_0^2 = 20 \quad s^2 = 64.86$　检测值 $\chi^2 = 1.2972,\ \chi^2 < 2.700$

$\chi^2 \in W$，拒绝 H_0，接受 H_1，即在显著性水平 $\alpha = 0.05$ 下，不相信该车间的铜丝折断力的方差为 20.

【例 17】 设从正态总体 $N(\mu, 9)$ 中抽取容量为 n 的样本 $X_1, X_2, \cdots, X_n$，问 n 不能超过多少才能在 $\overline{X} = 21$ 的条件下接受假设 $H_0: \mu = 21.5$ ($\alpha = 0.05$)？

解　由题意设 $H_0: \mu_0 = 21.5 \quad H_1: \mu_0 \neq 21.5$

$\sigma_0 = 3$，检验统计量 $U = \dfrac{\overline{X} - \mu_0}{\dfrac{\sigma_0}{\sqrt{n}}} = \dfrac{\overline{X} - 20}{\dfrac{3}{\sqrt{n}}}$

拒绝域 $W = \{ |U| \geqslant z_{\frac{\alpha}{2}} \}$，$\alpha = 0.05$，$z_{\frac{\alpha}{2}} = 1.96$

当 $\overline{x} = 21$ 时，要使检测值 $|u| = \left| \dfrac{21 - 21.5}{\dfrac{3}{\sqrt{n}}} \right| \leqslant 1.96$，$n \leqslant 138.3$

$u \notin W$，即在显著性水平 $\alpha = 0.05$ 下，n 不能超过 138 才能在 $\overline{X} = 21$ 的条件下接受假设 $H_0: \mu_0 = 21.5$

【例 18】 有甲、乙两位化验员，每次同时去工厂取污水化验，测得水中含氯量(ppm)一次，下面是 8 家工厂的化验记录：

试验号数	1	2	3	4	5	6	7	8
甲	4.3	3.2	3.8	3.5	3.5	4.8	3.3	3.9
乙	4.1	3.3	4.0	3.4	3.6	4.9	3.4	3.8

设各对数据的差 $z_i = x_i - y_i$ 来自正态总体，问这两位化验员化验结果之间是否有显著差异？($\alpha = 0.01$)

解　$H_0: \mu = 0 \quad H_1: \mu \neq 0$

取检验统计量 $T = \dfrac{\overline{z} - \mu_0}{\dfrac{S}{\sqrt{n}}}$，当 H_0 为真时 $T \sim t(n-1)$，

拒绝域 $W=\{|T|\geqslant t_{\frac{\alpha}{2}}(n-1)\}$

$\alpha=0.01$，$n=8$　$t_{0.005}(7)=3.4995$　$\bar{z}=-0.025$，$s=0.1389$　$\mu_0=0$

检测值 $t=\dfrac{-0.025}{\frac{0.1389}{\sqrt{8}}}=-0.5091$，

$|t|<3.4995$，$t\notin W$，接受 H_0，

即在显著性水平 $\alpha=0.01$ 下，这两位化验员化验结果之间没有显著差异.

【例 19】 使用 A(电学法)和 B(混合法)两种方法来研究冰的潜热，样本都是－0.72℃的冰，下列数据是每克冰从－0.72℃变为 0℃水的过程中热量变化(卡/克)

A:79.78　80.04　80.02　80.04　80.03　80.04　79.97　80.05　80.03　80.02　80.00　8.02

B:80.02　79.94　79.97　79.98　80.03　79.95　79.97

假定用每种方法测得的数据都服从正态分布，并且它们的方差相等，试在 $\alpha=0.05$ 下检验 H_0：两种方法的总体均值相等.

解　$H_0:\mu_1=\mu_2$，$H_1:\mu_1\neq\mu_2$

取检验统计量 $T=\dfrac{\overline{X}-\overline{Y}}{S_{\omega}\sqrt{\frac{1}{n_1}+\frac{1}{n_2}}}$，当 H_0 为真时 $T\sim t(n_1+n_2-2)$，

拒绝域 $W=\{|T|\geqslant t_{\frac{\alpha}{2}}(n_1+n_2-2)\}$

$\alpha=0.05$，$n_1=12$　$n_2=7$　$t_{0.025}(12+7-2)=2.1098$

$\bar{x}=80.003$，$s_1=0.0735$　$\bar{y}=79.98$，$s_2=0.0337$

$s_\omega=\sqrt{\dfrac{(n_1-1)s_1^2+(n_2-1)s_2^2}{n_1+n_2-2}}=0.0624$　检测值 $t=\dfrac{80.003-79.98}{0.0624\sqrt{\frac{1}{12}+\frac{1}{7}}}=0.775$，

$|t|<2.1098$，$t\notin W$，接受 H_0，

即在显著性水平 $\alpha=0.05$ 下，两种方法的总体均值相等.

【例 20】 为比较成年男女红细胞数的差别，检查正常男子 36 名，女子 25 名，测得男性的均值和方差分别为 465.13 和 54.80^2，测得女性的均值和方差分别为 422.16 和 49.30^2，假设血液中红细胞数服从正态分布，问($\alpha=0.05$)

(1) 男女的红细胞数目的不均匀性是否一致？即问两正态总体的方差是否相同？

(2) 性别对红细胞数目有无影响？

解　(1) 设 $H_0:\sigma_1^2=\sigma_2^2$　$H_1:\sigma_1^2\neq\sigma_2^2$

检验统计量 $F=\dfrac{S_1^2}{S_2^2}$，当 H_0 为真时 $F\sim F(n_1-1,n_2-1)$

拒绝域 $W=\{F\mid F\leqslant F_{1-\frac{\alpha}{2}}(n_1-1,n_2-1)\ \text{or}\ F\geqslant F_{\frac{\alpha}{2}}(n_1-1,n_2-1)\}$

$\alpha=0.05$，$n_1=36$　$n_2=25$　$F_{0.025}(35,24)=2.18$，$F_{1-0.025}(35,24)=\dfrac{1}{F_{0.025}(24,35)}=0.483$

$s_1^2=54.80^2$　$s_2^2=49.30^2$ 检测值 $f=1.2356$，

$f \notin W$,接受 H_0,在显著性水平 $\alpha = 0.05$ 下,$\sigma_1^2 = \sigma_2^2$ 即男女的红细胞数目的不均匀性是一致.

(2) 若 $\sigma_1^2 = \sigma_2^2$

$H_0: \mu_1 = \mu_2$, $H_1: \mu_1 \neq \mu_2$

取检验统计量 $T = \dfrac{\overline{X} - \overline{Y}}{S_{\omega}\sqrt{\dfrac{1}{n_1} + \dfrac{1}{n_2}}}$,当 H_0 为真时 $T \sim t(n_1 + n_2 - 2)$,

拒绝域 $W = \{|T| \geqslant t_{\frac{\alpha}{2}}(n_1 + n_2 - 2)\}$

$\alpha = 0.05$, $n_1 = 36$　$n_2 = 25$　$t_{0.025}(36 + 25 - 2) \approx z_{0.025} = 1.96$

$\overline{x} = 465.13$, $s_1^2 = 54.80^2$　$\overline{y} = 422.16$, $s_2^2 = 49.30^2$

$s_{\omega} = \sqrt{\dfrac{(n_1 - 1)s_1^2 + (n_2 - 1)s_2^2}{n_1 + n_2 - 2}} = 52.632$　检测值 $t = \dfrac{465.13 - 422.16}{52.632\sqrt{\dfrac{1}{36} + \dfrac{1}{25}}} = 3.136$,

$|t| > 1.96$, $t \in W$,拒绝 H_0,接受 H_1,

即在显著性水平 $\alpha = 0.05$ 下,性别对红细胞数目有影响.

【例 21】 两位化验员 A、B 对一处矿砂的含铁量各自独立用同一方法做了 5 次分析,测得样本方差分别为 0.432 2 和 0.500 6,若 A、B 测定值的总体都是正态总体,其方差分别为 σ_A^2 和 σ_B^2,试在水平 $\alpha = 0.05$ 下检验方差齐性假设 $H_0: \sigma_A^2 = \sigma_B^2$.

解　设 $H_0: \sigma_1^2 = \sigma_2^2$　$H_1: \sigma_1^2 \neq \sigma_2^2$

检验统计量 $F = \dfrac{S_1^2}{S_2^2}$,当 H_0 为真时 $F \sim F(n_1 - 1, n_2 - 1)$

拒绝域 $W = \{F \mid F \leqslant F_{1-\frac{\alpha}{2}}(n_1 - 1, n_2 - 1) \text{ or } F \geqslant F_{\frac{\alpha}{2}}(n_1 - 1, n_2 - 1)\}$

$\alpha = 0.05$, $n_1 = 5$　$n_2 = 5$　$F_{0.025}(4, 4) = 9.60$, $F_{1-0.025}(4, 4) = \dfrac{1}{F_{0.025}(4, 4)} = 0.104$

$s_1^2 = 0.4322$　$s_2^2 = 0.5006$　检测值 $f = 0.8634$,

$f \notin W$,接受 H_0,在显著性水平 $\alpha = 0.05$ 下,$\sigma_1^2 = \sigma_2^2$.

【例 22】 有一大批产品,从中随机抽查 50 件,查出其中有 31 件是一级品,问是否可以认为这批产品的一级品率为 65%($\alpha = 0.10$)?

解　设 $H_0: p = p_0 = 0.65$　$H_1: p \neq p_0$

检测统计量 $U = \dfrac{\overline{X} - p_0}{\sqrt{\dfrac{p_0(1 - p_0)}{n}}}$, 当 n 充分大时,$U \overset{\text{近似}}{\sim} N(0, 1)$, $n = 50$

故拒绝域 $W = \{|U| \geqslant z_{\frac{\alpha}{2}}\}$

$\alpha = 0.10$, $z_{\frac{\alpha}{2}} = 1.64$

$\overline{x} = \dfrac{31}{50} = 0.62$　U 的观察值 $u = -0.4447$, $|u| < 1.64$

$u \notin W$,接受 H_0,即在显著性水平 $\alpha = 0.10$ 下, 可以认为这批产品的一级品率为 65%.

【例 23】 某公司验收一批电子元件,按规定次品率不超过 3%时,才允许接受,今从其中随机地抽 75 件样品进行检查,发现其中有 3 件次品,问这批电子元件是否可以接受?($\alpha = 0.025$)

解 $\bar{x}=\dfrac{3}{75}=0.04>0.03$

设 $H_0: p \leqslant p_0=0.03 \quad H_1: p>p_0$

检测统计量 $U=\dfrac{\overline{X}-p_0}{\sqrt{\dfrac{p_0(1-p_0)}{n}}}$，当 n 充分大时，$U \overset{\text{近似}}{\sim} N(0,1)$，$n=75$

故拒绝域 $W=\{U \geqslant z_\alpha\} \quad \alpha=0.025,\ z_\alpha=1.96$

U 的观察值 $u=0.5077$，$u<1.96$

$u \notin W$，接受 H_0，即在显著性水平 $\alpha=0.025$ 下，这批电子元件可以接受

【例 24】 为了考察某公路上通过汽车辆数的规律，记录每 15 秒内通过汽车的辆数，统计工作持续了 50 分钟，得频数分布如下表：

辆数 i	0	1	2	3	4	$\geqslant 5$
频数 f_i	92	68	28	11	1	0

问 15 秒钟内通过汽车的辆数是否服从泊松分布？($\alpha=0.05$)

解 设 $H_0: P\{X=k\}=\dfrac{\lambda^k}{k!}e^{-\lambda}$

由极大似然估计 $\hat{\lambda}=\bar{x}=0.81$

<table>
<tr><th>序号</th><th>数量</th><th>f_i</th><th>P_i</th><th>nP_i</th><th>f_i-nP_i</th><th>$\dfrac{(f_i-nP_i)^2}{nP_i}$</th></tr>
<tr><td>1</td><td>0</td><td>92</td><td>0.445</td><td>89</td><td>3</td><td>0.10</td></tr>
<tr><td>2</td><td>1</td><td>68</td><td>0.360</td><td>72.1</td><td>4.1</td><td>0.23</td></tr>
<tr><td>3</td><td>2</td><td>28</td><td>0.146</td><td>29.2</td><td>1.2</td><td>0.049</td></tr>
<tr><td>4</td><td>3</td><td>11</td><td rowspan="3">0.0481</td><td rowspan="3">9.75</td><td rowspan="3">2.52</td><td rowspan="3">0.52</td></tr>
<tr><td>5</td><td>4</td><td>1</td></tr>
<tr><td>6</td><td>$\geqslant 5$</td><td>0</td></tr>
<tr><td>$\sum$</td><td></td><td>200</td><td></td><td></td><td></td><td>0.90</td></tr>
</table>

H_0 为真时，则 $\chi^2=\sum\limits_{i=1}^{4}\dfrac{(f_i-nP_i)^2}{nP_i} \sim \chi^2(4-1-1)$

$\chi^2_{0.05}(2)=5.991$，拒绝域 $W=\{\chi^2 \mid \chi^2 \geqslant 5.991\}$，

$0.90<5.991$，故接受 H_0，即 15 秒钟内通过汽车的辆数服从泊松分布.

【例 25】 一颗骰子掷 120 次，得下列结果：

点数 X_i	1	2	3	4	5	6
出现次数	23	26	21	20	15	15

试在 $\alpha=0.05$ 下用 χ^2 检验法这颗骰子是否均匀、对称.

解　若这颗骰子均匀对称，它一次投掷每个点数出现的概率相同，

设 $H_0:P\{X=x_i\}=\frac{1}{6}\quad(x_i=1,2,\cdots,6)$

点数	频数 f_i	np_i	f_i-np_i	$\frac{(f_i-np_i)^2}{np_i}$
1	23	20	3	0.45
2	26	20	6	1.8
3	21	20	1	0.05
4	20	20	0	0
5	15	20	−5	1.25
6	15	20	−5	1.25
$\sum$	120			4.8

若 H_0 为真，$\chi^2=\sum_{i=1}^{4}\frac{(f_i-nP_i)^2}{nP_i}\sim\chi^2(5)$

$\alpha=0.05$，$\chi_\alpha^2(5)=\chi_{0.05}^2(5)=11.071$ 拒绝域 $W=\{\chi^2\mid\chi^2\geqslant11.071\}$

χ^2 的观察值 $4.8<11.071$，故接受 H_0，即在 $\alpha=0.05$ 下这颗骰子是均匀、对称.

【例 26】　某种 220 V—25 W 的白炽灯泡随机抽取 20 只，测得其光能量 X 的观察值如下（单位：　）

216　203　208　197　209　206　203　202　207　203

194　218　202　193　206　208　204　206　208　204

试在 $\alpha=0.05$ 下用 χ^2 检验法检验光通量 X 是否服从正态分布？

解　设 $H_0:X\sim N(\mu,\sigma^2)$

$f(x)=\frac{1}{\sqrt{2\pi}\sigma}e^{-\frac{(x-\mu)^2}{2\sigma^2}}$，用极大似然估计法得：$\hat{\mu}=\bar{x}=204.85$，

$\hat{\sigma}^2=\frac{n-1}{n}s^2=5.918^2$

序号	分组	f_i	p_i	np_i	f_i-np_i	$\frac{(f_i-np_i)^2}{np_i}$
1	$-\infty$～200	3	0.21	4.1	−1.1	0.30
2	200～206	10	0.365	7.3	2.7	1
3	206～212	5	0.315	6.3	−1.3	0.27
4	212～218	2	0.096	1.92	0.08	0.003
$\sum$		20				1.573

$\alpha = 0.05$，$\chi_{\alpha}^{2}(4-2-1) = \chi_{0.05}^{2}(1) = 3.84$ 拒绝域 $W = \{\chi^{2} \mid \chi^{2} \geqslant 3.84\}$

χ^{2} 的观察值 $1.573 < 3.84$，故接受 H_0，即在 $\alpha = 0.05$ 下光通量 X 是服从正态分布.

【例 27】 对某厂生产的电容器进行耐压试验，记录 43 只电容的最低击穿电压，数据如下：

耐试电压	3.8	3.9	4.0	4.1	4.2	4.3	4.4	4.5	4.6	4.7	4.8
击穿频数	1	1	1	2	7	8	8	4	6	4	1

试检验耐压数据是否服从正态分布？($\alpha = 0.10$)

解 设被检验的耐压数据 X 服从正态分布

$H_0: X \sim N(\mu, \sigma^2)$

$f(x) = \dfrac{1}{\sqrt{2\pi}\sigma} e^{\frac{(x-\mu)^2}{2\sigma^2}}$，用极大似然估计法得：$\hat{\mu} = \bar{x} = 4.3$，

$\hat{\sigma}^2 = \dfrac{n-1}{n} s^2 = 0.316^2$

序号	分组	f_i	p_i	np_i	$f_i - np_i$	$\dfrac{(f_i - np_i)^2}{np_i}$
1	3.8					
2	3.9					
		5	0.26	11.18	−6.18	3.416
3	4.0					
4	4.1					
5	4.2					
		15	0.24	10.32	4.68	2.122
6	4.3					
7	4.4					
8	4.5	18	0.33	14.19	3.81	1.02
9	4.6					
10	4.7					
		5	0.113	4.86	0.141	0.0041
11	4.8					
$\sum$		43				6.562

$\alpha = 0.10$，$\chi_{\alpha}^{2}(4-2-1) = \chi_{0.10}^{2}(1) = 2.706$ 拒绝域 $W = \{\chi^{2} \mid \chi^{2} \geqslant 2.706\}$

χ^{2} 的观察值 $6.562 > 2.706$，拒绝 H_0，即在 $\alpha = 0.10$ 下耐压数据不服从正态分布.

六、补充习题

1. 设总体 X 服从正态分布 $N(\mu, 1)$，考虑假设 $H_0: \mu = 0$，$H_1: \mu \neq 0$ 的检验，拒绝域的形式为 $\bar{x} \in D = (-\infty, -\lambda] \cup [\lambda, +\infty)$. 现从总体中抽取一个容量为16的样本，试确定 λ，使得犯第一类错误的概率为 $\alpha = 0.05$，并在 $\mu = 1$ 时求出相应犯第二类错误的概率 β.

2. 一位校长在报上看到一则报道："本市初中生平均每星期看电视超过 8 h". 该校长认为本校学生看电视的时间明显小于该数字. 为此随机调查了 100 名学生，得知每星期看电视的平均时间为 6.5 h，样本标准差为 2 h. 假定学生每星期看电视的时间服从正态分布，根据所调查结果在 $\alpha = 0.05$ 水平上能否支持该校长的看法？

3. 某种电子元件的使用寿命不应低于 1 000 h，现在从一批这种元件中抽取 25 个，测得元件的平均寿命值为 950 h，标准差为 100 h，设元件寿命服从正态分布，试检验这批元件是否合格？(取 $\alpha = 0.05$)

4. 有一批枪弹出厂时，其初速度(单位：m/min)服从 $N(950, 100)$，经过一段时间的储存后，取 9 发进行测试，得初速度的样本观察值如下：

914　920　910　934　953　945　912　924　940

据经验，枪弹经储存后其初速度仍然服从正态分布，能否认为这秕枪弹的初速度有显著降低？(取 $\alpha = 0.05$)

5. 新设计的某种化学天平，其测量误差服从正态分布，要求 99.7% 的测量误差不超过 ± 0.1 mg，现对 10 个标准件进行测量，得到 10 个误差数据，并求得样本方差 $s^2 = 0.000\,9$，试问在 $\alpha = 0.05$ 水平下能否认为该种新天平满足实际要求？

6. 新设计的一种测量仪器用来重复测量某物体的膨胀系数 11 次，又用进口仪器重复测量同一物体 11 次，两样本的方差分别为 $s_1^2 = 1.263$，$s_2^2 = 3.789$，假定测量值分别服从正态分布，试问在 $\alpha = 0.05$ 水平上，新设计的仪器的精度(方差的倒数)是否比进口仪器显著的好？

7. 某公司经理听说他们生产的一种主要商品的价格波动甲地比乙地大. 为此他对两地所销售的本公司该种商品作了随机调查，在甲地调查了 51 处，其价格的标准差为 $s_1 = 8.5$，在乙地调查了 179 处，其价格标准差为 $s_2 = 6.75$，假定两地价格服从正态分布，试问在 $\alpha = 0.05$ 上能支持上述说法吗？

8. 某物质在化学处理前后的含脂率如下：

处理前：0.19　0.18　0.21　0.30　0.66　0.42　0.08　0.12　0.30　0.27

处理后：0.15　0.13　0.00　0.07　0.24　0.24　0.19　0.04　0.08　0.20　0.12

假定处理前后的含脂率分别服从正态分布，问处理后是否降低了含脂率？(取 $\alpha = 0.05$)

9. 某企业员工在开展质量管理活动中，为提高产品的一个关键参数，有人提出需要增加一道工序. 为验证这道工序是否有用，从所生产的产品中随机抽取 7 件产品，首先测得其参数值，然后通过增加的工序加工后再次测定其参数值，结果如下表所列. 试问在 $\alpha = 0.05$ 水平上能否认为该道工序对提高参数值有用？

序号	1	2	3	4	5	6	7
加工前	25.6	20.8	19.4	26.2	24.7	18.1	22.9
加工后	28.7	30.6	25.5	24.8	19.5	25.9	27.8

10. 某药厂广告上声称该药品对某种疾病的治愈率为 90%，一家医院对文该种药品临床使用 120 例，治愈 85 人，问该药品广告是否真实？($\alpha = 0.05$)

11. 一名研究者声称他所在地区至少有 80%的观众对电视剧中间插播广告表示厌烦，现随机询问了 120 位观众，有 70 人赞成他的观点. 在 $\alpha = 0.05$ 水平上该样本是否支持这研究者的观点？

12. 设有 100 页的一本书，记录各页中的错误的个数，其结果如下：

错误个数 f_i	0	1	2	3	4	5	6	≥7
含 f_i 错误的页数	36	40	19	2	0	2	1	0

问能否认为一页中的错误个数服从泊松分布($\alpha=0.05$)？

13. 卢瑟福观察了每 0.125 min 内一放射性物质放射的粒子数，共观察子 612 次，结果如下：

粒子数	0	1	2	3	4	5	6	7	8	9	10	11
频数	57	203	383	525	532	408	273	139	49	27	10	6

试问在 $\alpha = 0.10$ 上上述观察数据与泊松分布是否相等？

14. 在 1965.1.1～1971.2.9 的 2 231 天中，全世界记录到的里氏震级 4 及以上的地震共 162 次，相继两次地震间隔天数如下：

X	频数	X	频数
[0, 5)	50	[25, 30)	8
[5, 10)	31	[30, 35)	6
[10, 15)	26	[35, 40)	6
[15, 20)	17	≥40	8
[20, 25)	10		

试在 $\alpha = 0.05$ 水平上检验相继两次地震间隔天数 X 是否服从如下指数分布：

$$p(x) = \lambda e^{-\lambda x}, \ x > 0$$

15. 某中学应届毕业生 157 名，2003 年高考化学分数统计结果如下：

分数 X	人数	X	频数
65～69	1	35～39	36
60～64	1	30～34	20
55～59	9	25～29	20
50～54	6	20～24	11
45～49	14	15～19	9
40～44	22	10～14	8

平均成绩为 35.82，试在 $\alpha=0.05$ 水平上检验分数 X 是否服从正态分布？

16. 在使用仪器进行测量时，最后一位数字是按仪器的最小刻度用眼睛估计的. 下表给出了 200 个测量数据中，最后一位出现 0，1，…，9 的次数. 试问在 $\alpha=0.05$ 下，估计最后一位数字是否具有随机性？

数字	0	1	2	3	4	5	6	7	8	9
频数	35	16	15	17	17	19	11	16	30	24

第九章　方差分析和回归分析

一、基 本 要 求

1. 单因素试验的方差分析.
2. 一元线性回归方程及线性相关显著性的检验法.

二、学 习 要 点

(一) 单因素方差分析

1. 数学模型

设因素 A 有 s 个不同的水平 $A_1, A_2, \cdots, A_s$，在水平 $A_j(j=1, 2, \cdots, s)$ 下进行 n_j 次独立试验，试验数据记为 X_{ij}，$i=1, 2, \cdots, n_j$，$j=1, 2, \cdots, s$. 设 $X_{ij} \sim N(\mu_j, \sigma^2)$，则试验数据的数学模型为

$$\begin{cases} X_{ij} = \mu_j + \varepsilon_{ij} \\ \varepsilon_{ij} \sim N(0, \sigma^2), \text{各 } \varepsilon_{ij} \text{ 独立} \end{cases}$$

2. 平方和分解

平方和分解公式：$S_T = S_A + S_E$，其中：

$S_T = \sum\limits_{j=1}^{s}\sum\limits_{i=1}^{n_j}(X_{ij} - \overline{X})^2$ 称为总偏差平方和，表示全部试验数据之间的差异.

$S_A = \sum\limits_{j=1}^{s} n_j(\overline{X}_{\cdot j} - \overline{X})^2$ 称为组间(效应) 平方和，它是由因素 A 取不同水平引起的，表示每一水平下的样本均值与样本总均值的差异.

$S_E = \sum\limits_{j=1}^{s}\sum\limits_{i=1}^{n_j}(X_{ij} - \overline{X}_{\cdot j})^2$ 称为组内(误差) 平方和，它是由随机误差引起的，

表示在水平 A_j 下样本值与该水平下的样本均值之间的差异.

S_T，S_A，S_E 的常用计算公式如下：

$$S_T=\sum_{j=1}^{s}\sum_{i=1}^{n_j}X_{ij}^2-\frac{1}{n}T_{\cdot\cdot}^2,\ S_A=\sum_{j=1}^{s}\frac{1}{n_j}T_{\cdot j}^2-\frac{1}{n}T_{\cdot\cdot}^2,\ S_E=\sum_{j=1}^{s}\sum_{i=1}^{n_j}X_{ij}^2-\sum_{j=1}^{s}\frac{T_{\cdot j}^2}{n_j}$$

3. 单因素方差分析法

(1) 提出统计假设. $H_0:\mu_1=\mu_2=\cdots=\mu_s$，$H_1:\mu_1,\mu_2,\cdots,\mu_s$ 不全相等

(2) 取检验统计量. $F=\dfrac{S_A/s-1}{S_E/n-s}$

当 H_0 为真时，$\dfrac{S_A}{\sigma^2}\sim\chi^2(s-1)$，$\dfrac{S_E}{\sigma^2}\sim\chi^2(n-s)$，且 S_E 与 S_A 相互独立，

由 F 分布的定义，$F=\dfrac{S_A/s-1}{S_E/n-s}\sim F(s-1,n-s)$，

(3) 在显著性水平 α 下，拒绝域为 $F\geqslant F_\alpha(s-1,n-s)$

(4) 编制单因素试验结果数据表，计算 $T_{\cdot\cdot}$，$\sum_{j=1}^{s}\sum_{i=1}^{n_j}X_{ij}^2$，$S_T$，$S_A$，$S_E$，并填制单因素方差分析表，如下所示：

单因素方差分析表

方差来源	平方和	自由度	均方	F	临界值
因子 A 随机误差	(S_A) (S_E)	$(s-1)$ $(n-s)$	$(\overline{S}_A)$ $(\overline{S}_E)$	$\left(\dfrac{\overline{S}_A}{\overline{S}_E}\right)$	$F_\alpha(s-1,n-s)$
总和	(S_T)	$(n-1)$			

表中 $\overline{S}_A=\dfrac{S_A}{s-1}$，$\overline{S}_E=\dfrac{S_E}{n-s}$，分别称为 S_A，S_E 的均方. 表中(S_A)表示根据样本值统计量 S_A 相应的观察值，其他加括号部分也如此.

(5) 检验　当 F 的观察值 $\geqslant F_\alpha(s-1,n-s)$ 时，拒绝 H_0，接受 H_1，认为因子 A 对指标有显著影响. 否则接受 H_0，认为因子 A 对指标没有显著影响.

4. 参数估计

(1) 未知参数的无偏估计

$$\hat{\mu}_j=\overline{X}_{\cdot j},\ j=1,2,\cdots,s,\ \hat{\sigma}^2=\frac{S_E}{n-s}$$

(2) 均值差的区间估计

两个总体 $N(\mu_j,\sigma^2)$ 和 $N(\mu_k,\sigma^2)(j\neq k)$ 的均值差 $\mu_j-\mu_k$ 的置信度为 $(1-\alpha)$ 的置信区间为

$$\left((\overline{X}_{\cdot j}-\overline{X}_{\cdot k})\pm t_{\frac{\alpha}{2}}(n-s)\sqrt{\overline{S}_E\left(\frac{1}{n_j}+\frac{1}{n_k}\right)}\right)$$

（二）一元线性回归

1. 数学模型

$$\begin{cases}y=a+bx+\varepsilon\\ \varepsilon\sim N(0,\sigma^2)\end{cases}$$

2. 一元线性回归方程

$$\hat{y}=\hat{a}+\hat{b}x$$

3. a，b 和 σ^2 的无偏估计

$$\hat{b}=\frac{L_{xy}}{L_{xx}},\ \hat{a}=\overline{y}-\hat{b}\overline{x}$$

其中，$\overline{x}=\frac{1}{n}\sum_{i=1}^{n}x_i$，$\overline{y}=\frac{1}{n}\sum_{i=1}^{n}y_i$，$L_{xx}=\sum_{i=1}^{n}(x_i-\overline{x})^2=\sum_{i=1}^{n}x_i^2-n\overline{x}^2$，

$$L_{yy}=\sum_{i=1}^{n}(y_i-\overline{y})^2=\sum_{i=1}^{n}y_i^2-n\overline{y}^2,$$

$$L_{xy}=\sum_{i=1}^{n}(x_i-\overline{x})(y_i-\overline{y})=\sum_{i=1}^{n}x_iy_i-n\overline{x}\,\overline{y}$$

4. 平方和分解

平方和分解公式 $L_{yy}=U+Q$，其中：

$U=\sum_{i=1}^{n}(y_i-\overline{y})^2$ 称为回归平方和，是由 y 和 x 的线性关系引起的；

$Q=\sum_{i=1}^{n}(y_i-\hat{y}_i)^2$ 称为残差平方和或者剩余平方和，是由随机因素引起的.

U，Q 的常用计算公式如下：

$$U=\hat{b}L_{xy},\ Q=L_{yy}-U=L_{yy}-\hat{b}L_{xy}$$

5. σ^2 的无偏估计

$$\hat{\sigma}^2=\frac{Q}{n-2}=\frac{1}{n-2}(L_{yy}-\hat{b}L_{xy})$$

6. 线性相关假设检验

(1) 线性相关假设检验的基本定理

线性回归分析是建立在假设变量 y 和 x 之间存在线性相关关系的基础上,因此回归方程能否有效地反映变量 y 和 x 之间的关系,取决于线性相关假设是否符合实际. 如果线性相关假设符合实际,那么回归系数 b 不应为 0,因为当 $b=0$ 时,y 就不依赖于 x 了. 因此检验线性相关假设是否符合实际,可归纳为检验统计假设:

$$H_0: b=0,\ H_1: b\neq 0$$

如果拒绝 H_0,则认为线性相关假设符合实际,即变量 y 和 x 之间存在着显著的线性相关关系. 反之,当接受 H_0 时,则认为线性相关假设不符合实际,即变量 y 和 x 之间不存在线性相关关系.

(2) 线性相关假设检验的 t 检验法

1) 提出统计假设: $H_0: b=0,\ H_1: b\neq 0$

2) 取检验统计量:当 H_0 为真时, $T=\frac{\hat{b}\sqrt{L_{xx}}}{\hat{\sigma}}\sim t(n-2)$

3) 求出拒绝域:在显著性水平 α 下,拒绝域为 $|T|\geqslant t_{\frac{\alpha}{2}}(n-2)$

4) 检验:计算 T 的观察值 t,当 $|t|\geqslant t_{\frac{\alpha}{2}}(n-2)$ 时,拒绝 H_0,认为线性相关假设符合实际,回归效果显著. 当 $|t|<t_{\frac{\alpha}{2}}(n-2)$ 时,接受 H_0,认为线性相关假设不符合实际,回归效果不显著.

(3) 线性相关假设检验的 F 检验法

1) 提出统计假设: $H_0: b=0,\ H_1: b\neq 0$

2) 取检验统计量: 当 H_0 为真时, $F=\frac{U}{Q/n-2}\sim F(1,\ n-2)$

3) 求出拒绝域: 在显著性水平 α 下,拒绝域为 $f\geqslant f_\alpha(1,\ n-2)$

4) 编制一元线性回归方差分析表:

方差来源	平方和	自由度	均方	F	临界值
回归因素	(U)	1	(U)	$\left(\frac{U}{Q/n-2}\right)$	$f_\alpha(1,\ n-2)$
随机因素	(Q)	$(n-2)$	$\left(\frac{Q}{n-2}\right)$		
总和	$(U+Q)$	$(n-1)$			

5) 检验：当F的观察值$f \geqslant f_\alpha(1, n-2)$时，拒绝$H_0$，认为线性相关假设符合实际，回归效果显著；当$f < f_\alpha(1, n-2)$时，接受$H_0$，认为线性相关假设不符合实际，回归效果不显著.

7. 预测与控制

(1) 预测问题

1) 在$x = x_0$处，y_0的点预测为：$\hat{y}_0 = \hat{a} + \hat{b} x_0$

2) y_0的置信度为$(1-\alpha)$的预测区间为：

$$(\hat{y}_0 - \delta(x_0),\ \hat{y}_0 + \delta(x_0))$$

其中

$$\delta(x_0) = t_{\frac{\alpha}{2}}(n-2) \cdot \hat{\sigma} \cdot \sqrt{1 + \frac{1}{n} + \frac{(x_0 - \bar{x})^2}{L_{xx}}}$$

当n很大时，并且x_0较接近$\bar{x}$时，

$$\sqrt{1 + \frac{1}{n} + \frac{(x_0 - \bar{x})^2}{L_{xx}}} \approx 1,\ t_{\frac{\alpha}{2}}(n-2) \approx Z_{\frac{\alpha}{2}}$$

预测区间近似为：

$$(\hat{y}_0 - Z_{\frac{\alpha}{2}} \cdot \hat{\sigma},\ \hat{y}_0 + Z_{\frac{\alpha}{2}} \cdot \hat{\sigma})$$

(2) 控制问题

当n很大时，对于给定区间(y_1, y_2)和置信度$1-\alpha$，利用近似预测区间，令

$$\begin{cases} y_1 = \hat{a} + \hat{b} x - Z_{\frac{\alpha}{2}} \cdot \hat{\sigma} \\ y_2 = \hat{a} + \hat{b} x + Z_{\frac{\alpha}{2}} \cdot \hat{\sigma} \end{cases}$$

解得

$$\begin{cases} x_1 = \dfrac{1}{\hat{b}}(y_1 - \hat{a} + Z_{\frac{\alpha}{2}} \cdot \hat{\sigma}) \\ x_2 = \dfrac{1}{\hat{b}}(y_2 - \hat{a} - Z_{\frac{\alpha}{2}} \cdot \hat{\sigma}) \end{cases}$$

当$\hat{b} > 0$时，控制范围为(x_1, x_2)；当$\hat{b} < 0$时，控制范围为(x_2, x_1). 在实际应用中，必须要求区间(y_1, y_2)的长度大于$2Z_{\frac{\alpha}{2}} \cdot \sigma$，否则控制区间不存在.

三、释 疑 解 难

1. 在单因素试验中，如果假设$H_0: \mu_1 = \mu_2 = \cdots = \mu_s$成立，则所有的$X_{ij} \sim$

$N(\mu, \sigma^2)$，且相互独立，证明以下结论：

(1) $\frac{S_E}{\sigma^2} \sim \chi^2(n-s)$，且 $E(S_E)=(n-s)\sigma^2$，$\frac{S_E}{n-s}$ 为 σ^2 的无偏估计；

(2) $\frac{S_A}{\sigma^2} \sim \chi^2(s-1)$，且 $E(S_A)=(s-1)\sigma^2$，$\frac{S_A}{s-1}$ 为 σ^2 的无偏估计；

证明：(1)记在水平 A_j 下的样本方差为 S_j^2，由抽样分布定理知，$\frac{(n_j-1)S_j^2}{\sigma^2} \sim \chi^2(n_j-1)$

由 χ^2 分布的可加性知，$\frac{S_E}{\sigma^2}=\frac{\sum\limits_{j=1}^{s}(n_j-1)S_j^2}{\sigma^2}=\sum\limits_{j=1}^{s}\frac{(n_j-1)S_j^2}{\sigma^2} \sim \chi^2\left(\sum\limits_{j=1}^{s}(n_j-1)\right)$

即 $\frac{S_E}{\sigma^2} \sim \chi^2(n-s)$，且 $E(S_E)=(n-s)\sigma^2$，$\frac{S_E}{n-s}$ 为 σ^2 的无偏估计.

(2) 当 H_0 成立时，设 $\mu_1=\mu_2=\cdots=\mu_s=\mu$，则 $\overline{X}_{\cdot j} \sim N\left(\mu, \frac{\sigma^2}{n_j}\right)$，$\overline{X} \sim N\left(\mu, \frac{\sigma^2}{n}\right)$，

$$
\begin{aligned}
E(S_A) &= E\left[\sum_{j=1}^{s}\sum_{i=1}^{n_j}(\overline{X}_{\cdot j}-\overline{X})^2\right]=E\left[\sum_{j=1}^{s}n_j(\overline{X}_{\cdot j}-\overline{X})^2\right] \\
&= E\left[\sum_{j=1}^{s}n_j(\overline{X}_{\cdot j}^2-2\overline{X}_{\cdot j}\overline{X}+\overline{X}^2)\right] \\
&= E\left[\sum_{j=1}^{s}n_j\overline{X}_{\cdot j}^2-2\overline{X}\sum_{j=1}^{s}n_j\overline{X}_{\cdot j}+\sum_{j=1}^{s}n_j\overline{X}^2\right] \\
&= E\left[\sum_{j=1}^{s}n_j\overline{X}_{\cdot j}^2-2n\overline{X}^2+n\overline{X}^2\right]=E\left[\sum_{j=1}^{s}n_j\overline{X}_{\cdot j}^2-n\overline{X}^2\right] \\
&= \sum_{j=1}^{s}n_jE(\overline{X}_{\cdot j}^2)-nE(\overline{X}^2)=\sum_{j=1}^{s}n_j\left(\frac{\sigma^2}{n_j}+\mu^2\right)-n\left(\frac{\sigma^2}{n}+\mu^2\right) \\
&= \sum_{j=1}^{s}(\sigma^2+n_j\mu^2)-(\sigma^2+n\mu^2)=s\sigma^2+n\mu^2-\sigma^2-n\mu^2 \\
&= (s-1)\sigma^2
\end{aligned}
$$

所以，$E(S_A)=(s-1)\sigma^2$，$\frac{S_A}{s-1}$ 为 σ^2 的无偏估计.

可以进一步证明：$\frac{S_A}{\sigma^2} \sim \chi^2(s-1)$

2. 证明在一元线性回归中，最小二乘估计量 $\hat{a}$，$\hat{b}$ 分别是 a，b 的无偏估计，且

$$\hat{a} \sim N\left(a, \sigma^2\left(\frac{1}{n}+\frac{\bar{x}^2}{L_{xx}}\right)\right), \ \hat{b} \sim N\left(b, \frac{\sigma^2}{L_{xx}}\right)$$

证明 由一元线性回归模型可知，$y_i \sim N(a+bx_i, \sigma^2)$，$(i=1, 2, \cdots, n)$

因为 $y_1, y_2, \cdots, y_n$ 相互独立，从而 $\bar{y} \sim N\left(a+b\bar{x}, \frac{\sigma^2}{n}\right)$，

$$E(\hat{b}) = E\left(\frac{L_{xy}}{L_{xx}}\right) = \frac{1}{L_{xx}}E\left(\sum_{i=1}^{n}(x_i-\bar{x})(y_i-\bar{y})\right) = \frac{1}{L_{xx}}\sum_{i=1}^{n}(x_i-\bar{x})E(y_i-\bar{y})$$

$$= \frac{1}{L_{xx}}\sum_{i=1}^{n}(x_i-\bar{x})[(a+bx_i)-(a+b\bar{x})] = \frac{b\sum_{i=1}^{n}(x_i-\bar{x})^2}{L_{xx}} = b$$

$$E(\hat{a}) = E(\bar{y}-\hat{b}\bar{x}) = E(\bar{y})-\bar{x}E(\hat{b}) = a+b\bar{x}-\bar{x}b = a$$

由于 $\hat{a}$，$\hat{b}$ 都是正态随机变量 $y_1, y_2, \cdots, y_n$ 的线性函数，因此，$\hat{a}$，$\hat{b}$ 服从正态分布，

因为 $\hat{b} = \sum_{i=1}^{n}\frac{(x_i-\bar{x})}{L_{xx}}y_i$，且 $D(y_i)=\sigma^2$，则

$$D(\hat{b}) = D\left(\sum_{i=1}^{n}\frac{(x_i-\bar{x})}{L_{xx}}y_i\right) = \sum_{i=1}^{n}\frac{(x_i-\bar{x})^2}{L_{xx}^2}D(y_i) = \sum_{i=1}^{n}\frac{(x_i-\bar{x})^2}{L_{xx}^2}\sigma^2$$

$$= \frac{\sum_{i=1}^{n}(x_i-\bar{x})^2}{L_{xx}^2}\sigma^2 = \frac{\sigma^2}{L_{xx}}$$

$$D(\hat{a}) = D(\bar{y}-\hat{b}\bar{x}) = D\left(\frac{1}{n}\sum_{i=1}^{n}y_i - \sum_{i=1}^{n}\frac{(x_i-\bar{x})}{L_{xx}}y_i\bar{x}\right)$$

$$= D\left(\sum_{i=1}^{n}\left(\frac{1}{n}-\frac{(x_i-\bar{x})\bar{x}}{L_{xx}}\right)y_i\right) = \sum_{i=1}^{n}\left[\frac{1}{n}-\frac{(x_i-\bar{x})\bar{x}}{L_{xx}}\right]^2 D(y_i)$$

$$= \sum_{i=1}^{n}\left[\frac{1}{n^2}-\frac{2(x_i-\bar{x})\bar{x}}{nL_{xx}}+\frac{(x_i-\bar{x})^2\bar{x}^2}{L_{xx}^2}\right]\sigma^2$$

$$= \left[\frac{1}{n}-\sum_{i=1}^{n}\frac{2(x_i-\bar{x})\bar{x}}{nL_{xx}}+\sum_{i=1}^{n}\frac{(x_i-\bar{x})^2\bar{x}^2}{L_{xx}^2}\right]\sigma^2$$

$$= \left[\frac{1}{n}-\frac{2\bar{x}}{nL_{xx}}\sum_{i=1}^{n}(x_i-\bar{x})+\frac{\bar{x}^2}{L_{xx}^2}\sum_{i=1}^{n}(x_i-\bar{x})^2\right]\sigma^2$$

$$= \left(\frac{1}{n}-\frac{2\bar{x}}{nL_{xx}}\times 0+\frac{\bar{x}^2}{L_{xx}^2}L_{xx}\right)\sigma^2 = \left(\frac{1}{n}+\frac{\bar{x}^2}{L_{xx}}\right)\sigma^2$$

所以，$\hat{a} \sim N\left(a, \sigma^2\left(\frac{1}{n}+\frac{\bar{x}^2}{L_{xx}}\right)\right)$，$\hat{b} \sim N\left(b, \frac{\sigma^2}{L_{xx}}\right)$

3. 证明在一元线性回归中,最小二乘估计量 $\hat{a}$，$\hat{b}$ 分别是 a，b 的一切线性无偏估计量中方差最小的估计量.

证明　在一元线性回归中,a，b 的最小二乘估计量分别是:

$$\hat{b}=\frac{L_{xy}}{L_{xx}}=\sum_{i=1}^{n}\frac{(x_i-\bar{x})}{L_{xx}}y_i,\quad \hat{a}=\bar{y}-\hat{b}\bar{x}=\sum_{i=1}^{n}\left[\frac{1}{n}-\frac{(x_i-\bar{x})\bar{x}}{L_{xx}}\right]y_i$$

(1) 令 $\theta_i=\dfrac{x_i-\bar{x}}{L_{xx}}$,则得到关于 θ_i 的 3 个等式:

$$\sum_{i=1}^{n}\theta_i=\sum_{i=1}^{n}\frac{(x_i-\bar{x})}{L_{xx}}=\frac{1}{L_{xx}}\sum_{i=1}^{n}(x_i-\bar{x})=0,$$

$$\sum_{i=1}^{n}\theta_i^2=\sum_{i=1}^{n}\frac{(x_i-\bar{x})^2}{L_{xx}^2}=\frac{1}{L_{xx}^2}\sum_{i=1}^{n}(x_i-\bar{x})^2=\frac{L_{xx}}{L_{xx}^2}=\frac{1}{L_{xx}},$$

$$\sum_{i=1}^{n}\theta_i x_i=\sum_{i=1}^{n}\frac{(x_i-\bar{x})x_i}{L_{xx}}=\frac{1}{L_{xx}}\sum_{i=1}^{n}(x_i-\bar{x})^2=\frac{L_{xx}}{L_{xx}}=1$$

设 $\breve{b}=\sum\limits_{i=1}^{n}s_iy_i$ 是 b 的任意线性无偏估计量,则存在 c_i,使得 $s_i=\theta_i+c_i$，$(i=1,2,\cdots,n)$

则 $E(\breve{b})=E(\sum\limits_{i=1}^{n}s_iy_i)=E\left[\sum\limits_{i=1}^{n}(\theta_i+c_i)y_i\right]=\sum\limits_{i=1}^{n}(\theta_i+c_i)E(y_i)$

$$=\sum_{i=1}^{n}(\theta_i+c_i)(a+bx_i)=a\sum_{i=1}^{n}\theta_i+b\sum_{i=1}^{n}\theta_ix_i+a\sum_{i=1}^{n}c_i+b\sum_{i=1}^{n}c_ix_i$$

$$=b+a\sum_{i=1}^{n}c_i+b\sum_{i=1}^{n}c_ix_i$$

由无偏性 $E(\breve{b})=b$ 得,$\sum\limits_{i=1}^{n}c_i=0$，$\sum\limits_{i=1}^{n}c_ix_i=0$,

则 $D(\breve{b})=\sum\limits_{i=1}^{n}(\theta_i+c_i)^2D(y_i)=\sigma^2\sum\limits_{i=1}^{n}(\theta_i^2+c_i^2+2\theta_ic_i)$

$$=\sigma^2\sum_{i=1}^{n}\theta_i^2+\sigma^2\sum_{i=1}^{n}c_i^2+2\sigma^2\sum_{i=1}^{n}\theta_ic_i$$

其中 $\sum\limits_{i=1}^{n}\theta_ic_i=\sum\limits_{i=1}^{n}\dfrac{(x_i-\bar{x})c_i}{L_{xx}}=\dfrac{1}{L_{xx}}(\sum\limits_{i=1}^{n}c_ix_i-\bar{x}\sum\limits_{i=1}^{n}c_i)=\dfrac{1}{L_{xx}}(0-0)=0$

所以 $D(\breve{b})=\sigma^2\sum\limits_{i=1}^{n}\theta_i^2+\sigma^2\sum\limits_{i=1}^{n}c_i^2\geqslant\sigma^2\sum\limits_{i=1}^{n}\theta_i^2=\dfrac{\sigma^2}{L_{xx}}=D(\hat{b})$,

当且仅当 $c_i=0(i=1,2,\cdots,n)$ 时,等号成立.

(2) 令 $\varphi_i=\dfrac{1}{n}-\dfrac{(x_i-\bar{x})\bar{x}}{L_{xx}}$,则得到关于 φ_i 的 3 个等式:

$$\sum_{i=1}^{n}\varphi_i=\sum_{i=1}^{n}\Big[\frac{1}{n}-\frac{(x_i-\overline{x})\overline{x}}{L_{xx}}\Big]=1-\frac{\overline{x}}{L_{xx}}\sum_{i=1}^{n}(x_i-\overline{x})=1-\frac{\overline{x}}{L_{xx}}\times 0=1,$$

$$\sum_{i=1}^{n}\varphi_i^2=\sum_{i=1}^{n}\Big[\frac{1}{n}-\frac{(x_i-\overline{x})\overline{x}}{L_{xx}}\Big]^2=\sum_{i=1}^{n}\Big[\frac{1}{n^2}+\frac{(x_i-\overline{x})^2\overline{x}^2}{L_{xx}^2}-\frac{2\overline{x}(x_i-\overline{x})}{nL_{xx}}\Big],$$

$$=\frac{1}{n}+\frac{\overline{x}^2}{L_{xx}^2}\sum_{i=1}^{n}(x_i-\overline{x})^2-\frac{2\overline{x}}{nL_{xx}}\sum_{i=1}^{n}(x_i-\overline{x})$$

$$=\frac{1}{n}+\frac{\overline{x}^2}{L_{xx}^2}\times L_{xx}-\frac{2\overline{x}}{nL_{xx}}\times 0=\frac{1}{n}+\frac{\overline{x}^2}{L_{xx}}$$

$$\sum_{i=1}^{n}\varphi_i x_i=\sum_{i=1}^{n}\Big[\frac{1}{n}-\frac{(x_i-\overline{x})\overline{x}}{L_{xx}}\Big]x_i=\frac{1}{n}\sum_{i=1}^{n}x_i-\sum_{i=1}^{n}\frac{(x_i-\overline{x})\overline{x}}{L_{xx}}x_i$$

$$=\overline{x}-\frac{\overline{x}}{L_{xx}}\sum_{i=1}^{n}(x_i-\overline{x})x_i=\overline{x}-\frac{\overline{x}}{L_{xx}}\sum_{i=1}^{n}(x_i-\overline{x})^2$$

$$=\overline{x}-\frac{\overline{x}}{L_{xx}}\times L_{xx}=\overline{x}-\overline{x}=0$$

设 $\breve{a}=\sum_{i=1}^{n}t_i y_i$ 是 a 的任意线性无偏估计量，则存在 d_i，使得 $t_i=\varphi_i+d_i$，$(i=1,2,\cdots,n)$

则 $E(\breve{a})=E(\sum_{i=1}^{n}t_i y_i)=E\Big[\sum_{i=1}^{n}(\varphi_i+d_i)y_i\Big]=\sum_{i=1}^{n}(\varphi_i+d_i)E(y_i)$

$$=\sum_{i=1}^{n}(\varphi_i+d_i)(a+bx_i)=a\sum_{i=1}^{n}\varphi_i+b\sum_{i=1}^{n}\varphi_i x_i+a\sum_{i=1}^{n}d_i+b\sum_{i=1}^{n}d_i x_i$$

$$=a+a\sum_{i=1}^{n}d_i+b\sum_{i=1}^{n}d_i x_i$$

由无偏性 $E(\breve{a})=a$ 得，$\sum_{i=1}^{n}d_i=0$，$\sum_{i=1}^{n}d_i x_i=0$，

则 $D(\breve{a})=\sum_{i=1}^{n}(\varphi_i+d_i)^2D(y_i)=\sigma^2\sum_{i=1}^{n}(\varphi_i^2+d_i^2+2\varphi_i d_i)$

$$=\sigma^2\sum_{i=1}^{n}\varphi_i^2+\sigma^2\sum_{i=1}^{n}d_i^2+2\sigma^2\sum_{i=1}^{n}\varphi_i d_i$$

其中 $\sum_{i=1}^{n}\varphi_i d_i=\sum_{i=1}^{n}\Big[\frac{1}{n}-\frac{(x_i-\overline{x})\overline{x}}{L_{xx}}\Big]d_i=\frac{1}{n}\sum_{i=1}^{n}d_i-\frac{\overline{x}}{L_{xx}}\sum_{i=1}^{n}(x_i-\overline{x})d_i$

$$=\frac{1}{n}\sum_{i=1}^{n}d_i-\frac{\overline{x}}{L_{xx}}(\sum_{i=1}^{n}d_i x_i-\overline{x}\sum_{i=1}^{n}d_i)$$

$$=\frac{1}{n}\times 0-\frac{\overline{x}}{L_{xx}}(0-\overline{x}\times 0)=0$$

所以 $D(\breve{a}) = \sigma^2 \sum_{i=1}^{n} \varphi_i^2 + \sigma^2 \sum_{i=1}^{n} d_i^2 \geqslant \sigma^2 \sum_{i=1}^{n} \varphi_i^2 = \sigma^2 \left[\frac{1}{n} + \frac{\bar{x}^2}{L_{xx}} \right] = D(\hat{a})$，

当且仅当 $d_i = 0 (i = 1, 2, \cdots, n)$ 时，等号成立.

四、典型例题

【例 1】 现有 3 种含铁基粉末冶金密度不同的材料，对每种材料作若干次独立试验，测得材料的含油率(%)数据如下：

材料	材料的含油率/%									
Ⅰ	19.14	17.13	15.05	15.85	17.78	17.21	17.45	16.26		
Ⅱ	16.31	15.85	17.16	15.78	15.89					
Ⅲ	13.86	15.44	15.51	13.63	12.70	13.65	12.56	15.56	15.53	17.43

(1) 分别求 3 种不同的冶金密度的材料含油率的均值 μ_1，μ_2，μ_3 和方差 σ^2 的估计值.

(2) 在显著性水平 $\alpha = 0.05$ 下，3 种不同的材料的含油率是否有显著差异？

(3) 若 3 种不同的冶金密度对材料的含油率有显著影响，求 $\mu_1 - \mu_2$，$\mu_2 - \mu_3$，$\mu_3 - \mu_1$ 的置信度为 95%的置信区间.

解 指标是含油率，影响指标的因子只有一个，即材料的冶金密度，因子有 3 个不同的水平，记为 A_1，A_2，A_3. 把这些材料进行试验所有可能测得的含油率作为总体 X，把每种材料进行试验所有可能测得的含油率作为总体 X 的部分总体，分别记为 X_1，X_2，X_3.

单因素试验数据表

部分总体	A_1	A_2	A_3
样本值	19.14 17.13 15.05 15.85 17.78 17.21 17.45 16.26	16.31 15.85 17.16 15.78 15.89	13.86 15.44 15.51 13.63 12.70 13.65 12.56 15.56 15.53 17.43
$T_{\cdot j}$ $X_{\cdot j}$	135.87 16.988	80.99 16.198	145.87 14.587

$s=3,\ n_1=8,\ n_2=5,\ n_3=10,\ n=23,$

$T_{..}=135.87+80.99+145.87=362.73$

$$\sum_{j=1}^{s}\sum_{i=1}^{n_j}X_{ij}^2=19.14^2+17.13^2+\cdots+15.53^2+17.43^2=5\,781.204\,5$$

$$S_T=5\,781.204\,5-\frac{1}{23}\times362.73^2=60.637$$

$$S_A=\frac{1}{8}\times135.87^2+\frac{1}{5}\times80.99^2+\frac{1}{10}\times145.87^2-\frac{1}{23}\times362.73^2=26.696\,3$$

$$S_E=60.637-26.696\,3=33.940\,7$$

(1) $\hat{\mu}_1=\overline{X}_{\cdot1}=16.988,\ \hat{\mu}_2=\overline{X}_{\cdot2}=16.198,\ \hat{\mu}_3=\overline{X}_{\cdot3}=14.587$

$$\hat{\sigma}^2=\frac{S_E}{n-s}=\frac{33.940\,7}{20}=1.697$$

(2) 提出统计假设 $H_0:\mu_1=\mu_2=\mu_3$，$H_1:\mu_1,\mu_2,\mu_3$ 不全相等

取检验统计量 $F=\dfrac{S_A/s-1}{S_E/n-s}$

在显著性水平 $\alpha=0.05$ 下，$F_\alpha(s-1,n-s)=F_{0.05}(2,20)=3.49$

拒绝域为 $F\geqslant F_\alpha(s-1,n-s)=3.49$

单因素方差分析表

方差来源	平方和	自由度	均方	F	临界值
冶金密度	26.696 3	2	13.348 2	7.865 8	3.49
随机误差	33.940 7	20	1.697		
总和	60.637	22			

因为 $F=7.865\,8>3.49$，故拒绝 H_0，认为材料的冶金密度对材料的含油率有显著的影响.

(3) $\overline{X}_{\cdot1}=16.988,\ \overline{X}_{\cdot2}=16.198,\ \overline{X}_{\cdot3}=14.587$

$\overline{X}_{\cdot1}-\overline{X}_{\cdot2}=0.79,\ \overline{X}_{\cdot2}-\overline{X}_{\cdot3}=1.611,\ \overline{X}_{\cdot3}-\overline{X}_{\cdot1}=-2.401$

$\dfrac{1}{n_1}+\dfrac{1}{n_2}=\dfrac{1}{8}+\dfrac{1}{5}=0.325,$

$\dfrac{1}{n_2}+\dfrac{1}{n_3}=\dfrac{1}{5}+\dfrac{1}{10}=0.3,\ \dfrac{1}{n_3}+\dfrac{1}{n_1}=\dfrac{1}{10}+\dfrac{1}{8}=0.225$

$t_{\frac{\alpha}{2}}(n-s)=t_{0.025}(20)=2.086\,0$

$$t_{\frac{\alpha}{2}}(n-s)\cdot\sqrt{\overline{S}_E\left(\frac{1}{n_1}+\frac{1}{n_2}\right)}=2.086\,0\times\sqrt{1.697\times0.325}=1.549\,2$$

$$t_{\frac{\alpha}{2}}(n-s)\cdot\sqrt{\overline{S}_E\left(\frac{1}{n_2}+\frac{1}{n_3}\right)}=2.0860\times\sqrt{1.697\times0.3}=1.4884$$

$$t_{\frac{\alpha}{2}}(n-s)\cdot\sqrt{\overline{S}_E\left(\frac{1}{n_3}+\frac{1}{n_1}\right)}=2.0860\times\sqrt{1.697\times0.225}=1.2890$$

所以

$\mu_1-\mu_2$ 的置信度为0.95的置信区间为：$(0.79\pm1.549)=(-0.759, 2.339)$

$\mu_2-\mu_3$ 的置信度为0.95的置信区间为：$(1.611\pm1.4884)=(0.1226, 3.0994)$

$\mu_3-\mu_1$ 的置信度为0.95的置信区间为：$(-2.401\pm1.2890)=(-3.69, -1.112)$

【例2】 随机抽查某地10名成年男性的身高 x(m)与体重 y(kg)数据如下：

身高 x/m	1.78	1.69	1.80	1.75	1.84	1.65	1.73	1.70	1.78	1.85
体重 y/kg	65	58	74	70	73	54	61	64	75	82

试求：(1) 求 y 关于 x 的线性回归方程；

(2) 估计方差 $\hat{\sigma}^2$；

(3) 用 t 检验法，检验 y 和 x 之间是否存在显著的线性相关关系？$(\alpha=0.05)$

(4) 用 F 检验法，检验 y 和 x 之间是否存在显著的线性相关关系？$(\alpha=0.05)$

解　(1) $n=10$，经计算得

$$\sum_{i=1}^{10}x_i=17.57,\ \sum_{i=1}^{10}x_i^2=30.9089,\ \bar{x}=\frac{1}{10}\sum_{i=1}^{10}x_i=1.757,$$

$$\sum_{i=1}^{10}y_i=676,\ \sum_{i=1}^{10}y_i^2=46376,\ \bar{y}=\frac{1}{10}\sum_{i=1}^{10}y_i=67.6,\ \sum_{i=1}^{10}x_iy_i=1192.37,$$

$$L_{xx}=\sum_{i=1}^{10}x_i^2-n\bar{x}^2=30.9089-10\times1.757^2=0.03841,$$

$$L_{yy}=\sum_{i=1}^{10}y_i^2-n\bar{y}^2=46376-10\times67.6^2=678.4,$$

$$L_{xy}=\sum_{i=1}^{10}x_iy_i-n\bar{x}\,\bar{y}=1192.37-10\times1.757\times67.6=4.638,$$

$$\hat{b}=\frac{L_{xy}}{L_{xx}}=\frac{4.638}{0.03841}=120.7498,$$

$$\hat{a}=\bar{y}-\hat{b}\bar{x}=67.6-120.7498\times1.757=-144.5574$$

线性回归方程为：$\hat{y}=-144.5574+120.7498x$

(2) $Q=L_{yy}-\hat{b}L_{xy}=678.4-120.7498\times0.03841=673.7620$，

$$\hat{\sigma}^2=\frac{Q}{n-2}=\frac{673.7620}{10-2}=84.2203$$

(3) t 检验法

提出统计假设 $H_0: b=0$，$H_1: b \neq 0$，

当 H_0 为真时，检验统计量 $T=\dfrac{\hat{b}\sqrt{L_{xx}}}{\hat{\sigma}} \sim t(n-2)=t(8)$，

求出拒绝域：$|T| \geqslant t_{\frac{\alpha}{2}}(n-2)=t_{0.025}(8)=2.3060$，

计算观察值：$|t|=\dfrac{120.7498 \times \sqrt{0.03841}}{\sqrt{84.2203}}=2.5787$，

因为 $|t|=2.5787>2.3060$，

所以拒绝 H_0，认为变量 y 和 x 之间存在显著的线性相关关系.

(4) F 检验法

$$U=\hat{b} L_{xy}=120.7498 \times 4.638=560.0376,$$

$$Q=673.7620,$$

$$F_{\alpha}(1, n-2)=F_{0.05}(1, 8)=5.32,$$

一元线性回归方差分析表

方差来源	平方和	自由度	均方	F	临界值
回归因素	560.037 6	1	560.037 6		
随机因素	673.762 0	8	84.220 3	6.649 7	5.32
总和	1 233.799 6	9			

因为 $f=6.6497>5.32$，所以拒绝 H_0，认为 y 和 x 之间存在显著的线性相关关系.

【例 3】 为考察某种灭鼠药的剂量(mg)与老鼠死亡数(只)之间的关系，取多组老鼠(每组 25 只)进行试验，测得数据如下：

剂量 x	4	6	8	10	12	14	16	18
老鼠死亡数 y	1	3	6	8	14	16	20	21

(1) 求 y 关于 x 的线性回归方程；

(2) 求当剂量为 9 mg 时，老鼠死亡数的预测值和置信度为 99%的置信区间.

解 (1) $\sum_{i=1}^{8} x_i=88$，$\sum_{i=1}^{8} x_i^2=1136$，$\bar{x}=\frac{1}{8}\sum_{i=1}^{8} x_i=11$，

$\sum_{i=1}^{8} y_i=89$，$\sum_{i=1}^{8} y_i^2=1403$，$\bar{y}=\frac{1}{8}\sum_{i=1}^{8} y_i=11.125$，$\sum_{i=1}^{8} x_i y_i=1240$，

$L_{xx}=\sum_{i=1}^{8}(x_i-\bar{x})^2=\sum_{i=1}^{8} x_i^2-n\bar{x}^2=1136-8 \times 11^2=168$，

$$L_{yy}=\sum_{i=1}^{8}(y_i-\overline{y})^2=\sum_{i=1}^{8}y_i^2-n\overline{y}^2=1\,403-8\times 11.125^2=412.875,$$

$$L_{xy}=\sum_{i=1}^{8}(x_i-\overline{x})(y_i-\overline{y})=\sum_{i=1}^{8}x_iy_i-n\overline{x}\,\overline{y}=1\,240-8\times 11\times 11.125=261,$$

$$\hat{b}=\frac{L_{xy}}{L_{xx}}=\frac{261}{168}=1.553,\ \hat{a}=\overline{y}-\hat{b}\,\overline{x}=11.125-1.553\times 11=-5.964,$$

线性回归方程为：$\hat{y}=-5.964+1.553x$，

$$Q=L_{yy}-\hat{b}L_{xy}=412.875-1.553\times 261=7.542,$$

$$\hat{\sigma}^2=\frac{Q}{n-2}=\frac{L_{yy}-\hat{b}L_{xy}}{n-2}=\frac{7.542}{6}=1.257$$

(2) $\hat{y}\,|_{x=9}=8.013$，$1-\alpha=0.99$，$\alpha=0.01$，

查表得 $t_{\frac{\alpha}{2}}(n-2)=t_{0.005}(6)=3.707\,4$，

$$\delta(x_0)=t_{\frac{\alpha}{2}}(n-2)\cdot\hat{\sigma}\cdot\sqrt{1+\frac{1}{n}+\frac{(x_0-\overline{x})^2}{L_{xx}}}$$

$$=3.707\,4\times\sqrt{1.257}\times\sqrt{1+\frac{1}{8}+\frac{(9-11)^2}{168}}=4.411,$$

所以预测区间为：$(8.013\pm 4.411)=(3.602, 12.424)$

五、习题解答

习题 9-1

1. 用微分法推导出单因素方差分析中，μ_j 的最小二乘估计为：$\hat{u}_j=\overline{x}_{\cdot j}$，$j=1,2,\cdots,s$

证明 考虑 $S_{误差}(\mu_1,\mu_2,\cdots,\mu_s)=\sum_{j=1}^{s}\sum_{i=1}^{n_j}(x_{ij}-\mu_j)^2$

$$\frac{\partial S_{误差}}{\partial \mu_j}=-2\sum_{i=1}^{n_j}(x_{ij}-\mu_j)=0,\ \sum_{i=1}^{n_j}x_{ij}-n_j\mu_j=0,$$

得唯一驻点：$\mu_j=\dfrac{\sum_{i=1}^{n_j}x_{ij}}{n_j}=\overline{x}_{\cdot j}$，$j=1,2,\cdots,s$

所以，μ_j 的最小二乘估计为：$\hat{u}_j=\overline{x}_{\cdot j}$，$j=1,2,\cdots,s$

2. 一个年级有 3 个小班，他们进行了一次数学考试. 现从各个班级随机地抽取了一些学生，记录其成绩如下：

Ⅰ	73	66	73	89	60	77	82	45	43	93	80	36			
Ⅱ	88	77	74	78	31	80	48	78	56	91	62	85	51	76	96
Ⅲ	68	41	87	79	59	71	56	68	12	91	53	71	79		

试在显著性水平 $\alpha=0.05$ 下，检验各班级的平均分数有无显著差异？

解 依题意可设，Ⅰ，Ⅱ，Ⅲ班级数学成绩的平均分数依次为 μ_1, μ_2, μ_3，

提出假设：$H_0:\mu_1=\mu_2=\mu_3$，$H_1:\mu_1,\mu_2,\mu_3$ 不全相等，

$s=3$，$n_1=12$，$n_2=15$，$n_3=13$，$n=n_1+n_2+n_3=40$，由样本观察值计算可得：

$$T_{\cdot 1}=817,\ T_{\cdot 2}=1\,071,\ T_{\cdot 3}=838,$$

$$T_{\cdot\cdot}=817+1\,071+838=2\,726,\ \sum_{j=1}^{s}\sum_{i=1}^{n_j}X_{ij}^2=199\,462,$$

$$S_T=199\,462-\frac{1}{40}\times 2\,726^2=13\,685.1$$

$$S_A=\frac{1}{12}\times 817^2+\frac{1}{15}\times 1\,071^2+\frac{1}{13}\times 838^2-\frac{1}{40}\times 2\,726^2=335.35$$

$$S_E=13\,685.1-335.35=13\,349.75$$

单因素方差分析表

方差来源	平方和	自由度	均方	F	临界值
因素 误差	335.35 13 349.75	2 37	167.675 360.804	0.465	3.23
总和	13 685.1	39			

因为 $F=0.465<3.23$，故接受 H_0，认为各班级的平均分数无显著差异.

3. 粮食加工厂用 4 种不同的方法储藏粮食，储藏一段时间后，分别抽样化验，得到粮食含水率(%)如下：

储藏方法	含水率/%				
Ⅰ	7.3	8.3	7.6	8.4	8.3
Ⅱ	5.8	7.4	7.1		
Ⅲ	8.1	6.4	7.0		
Ⅳ	7.9	9.0			

试在显著性水平 $\alpha=0.05$ 下，检验这 4 种不同的储藏方法对粮食的含水率是否有显著影响？

解 依题意可设，这 4 种储藏方法的含水率的均值依次为 μ_1,μ_2,μ_3,μ_4

提出假设：$H_0:\mu_1=\mu_2=\mu_3=\mu_4$，$H_1:\mu_1,\mu_2,\mu_3,\mu_4$ 不全相等，

$$s=4,\ n_1=5,\ n_2=3,\ n_3=3,\ n_4=2,\ n=n_1+n_2+n_3+n_4=13,$$

由样本观察值计算可得：

$T_{\cdot 1}=39.9$，$T_{\cdot 2}=20.3$，$T_{\cdot 3}=21.5$，$T_{\cdot 4}=16.9$，

$T_{\cdot\cdot}=39.9+20.3+21.5+16.9=98.6$，$\sum_{j=1}^{s}\sum_{i=1}^{n_j}X_{ij}^2=757.18$，

$S_T=757.18-\frac{1}{13}\times 98.6^2=9.3369$

$S_A=\frac{1}{5}\times 39.9^2+\frac{1}{3}\times 20.3^2+\frac{1}{3}\times 21.5^2+\frac{1}{2}\times 16.9^2-\frac{1}{13}\times 98.6^2=4.8081$

$S_E=9.3369-4.8081=4.5288$

单因素方差分析表

方差来源	平方和	自由度	均方	F	临界值
因素 误差	4.808 4.529	3 9	1.603 0.503	3.187	3.86
总和	9.337	12			

因为$F=3.187<3.86$，故接受H_0，认为这4种不同的储藏方法对粮食的含水率没有显著影响.

4. 用5种不同的施肥方案分别得到某种农作物的收获量(kg)如下：

施肥方案	收获量/kg			
Ⅰ	67	67	55	42
Ⅱ	98	96	91	66
Ⅲ	60	69	50	35
Ⅳ	79	64	81	70
Ⅴ	90	70	79	88

试在显著性水平$\alpha=0.01$下，检验这5种不同的施肥方案对农作物的收获量是否有显著影响?

解 依题意可设，在这5种不同的施肥方案下农作物的收获量均值为$\mu_1, \mu_2, \mu_3, \mu_4, \mu_5$

提出假设：$H_0: \mu_1=\mu_2=\mu_3=\mu_4=\mu_5$，$H_1: \mu_1, \mu_2, \mu_3, \mu_4, \mu_5$不全相等，

$$s=5,\ n_1=n_2=n_3=n_4=n_5=4,\ n=n_1+n_2+n_3+n_4+n_5=20,$$

由样本观察值计算可得：

$T_{\cdot 1}=231$，$T_{\cdot 2}=351$，$T_{\cdot 3}=214$，$T_{\cdot 4}=294$，$T_{\cdot 5}=327$

$T_{\cdot\cdot}=231+351+214+294+327=1417$，$\sum_{j=1}^{s}\sum_{i=1}^{n_j}X_{ij}^2=106093$，

$S_T=106093-\frac{1}{20}\times 1417^2=5698.55$

$$S_A = \frac{1}{4}\times 231^2 + \frac{1}{4}\times 351^2 + \frac{1}{4}\times 214^2 + \frac{1}{4}\times 294^2 + \frac{1}{4}\times 327^2 - \frac{1}{20}\times 1\,417^2$$

$$= 3\,536.3$$

$$S_E = 5\,698.55 - 3\,536.3 = 2\,162.25$$

单因素方差分析表

方差来源	平方和	自由度	均方	F	临界值
因素 误差	3 536.3 2 162.25	4 15	884.08 144.15	6.13	4.89
总和	5 698.55	19			

因为 $F = 6.13 > 4.89$，故拒绝 H_0，认为这 5 种不同的施肥方案对农作物的收获量是有特别显著的影响.

5. 在单因素方差分析的模型下，当 $H_0:\mu_1 = \mu_2 = \cdots = \mu_s$ 为真时，证明

(1) $\frac{S_T}{\sigma^2} \sim \chi^2(n-1)$，

(2) $\frac{S_T}{n-1}$ 也是 σ^2 的无偏估计量

证明 (1) 当 $H_0:\mu_1 = \mu_2 = \cdots = \mu_s$ 为真时，设其共同值为 μ

则 X_{ij} 独立同分布且 $X_{ij} \sim N(\mu, \sigma^2)$，$i = 1, 2, \cdots, n_j$，$j = 1, 2, \cdots, s$

因为 $\frac{S_E}{\sigma^2} \sim \chi^2(n-s)$，$\frac{S_A}{\sigma^2} \sim \chi^2(s-1)$，且 S_E 与 S_A 相互独立；

由平方和分解定理 $S_T = S_E + S_A$ 及 χ^2 分布的性质知，$\frac{S_T}{\sigma^2} \sim \chi^2(n-1)$

(2) 由于 $E\left(\frac{S_T}{\sigma^2}\right) = n-1$，即 $E\left(\frac{S_T}{n-1}\right) = \sigma^2$，所以 $\frac{S_T}{n-1}$ 是 σ^2 的无偏估计量.

6. 在单因素方差分析的模型下，证明：$\sum_{j=1}^{s}\sum_{i=1}^{n_j}(X_{ij} - \overline{X}_{\cdot j})(\overline{X}_{\cdot j} - \overline{X}) = 0$

证明

$$\sum_{j=1}^{s}\sum_{i=1}^{n_j}(X_{ij} - \overline{X}_{\cdot j})(\overline{X}_{\cdot j} - \overline{X} = \sum_{j=1}^{s}\left[(\overline{X}_{\cdot j} - \overline{X})\sum_{i=1}^{n_j}(X_{ij} - \overline{X}_{\cdot j})\right]$$

$$= \sum_{j=1}^{s}\left[(\overline{X}_{\cdot j} - \overline{X})\sum_{i=1}^{n_j}(X_{ij} - \frac{1}{n_j}\sum_{i=1}^{n_j}X_{ij})\right]$$

$$= \sum_{j=1}^{s}\left[(\overline{X}_{\cdot j} - \overline{X})(\sum_{i=1}^{n_j}X_{ij} - n_j \times \frac{1}{n_j}\sum_{i=1}^{n_j}X_{ij})\right] = 0.$$

习题 9-2

1. 在一元线性回归模型中，求未知参数 a, b 的极大似然估计量.

解 设 $L(y_1, y_2, \cdots, y_n)$ 为随机变量 $y_1, y_2, \cdots, y_n$ 的联合概率密度，

因为 $y_i \sim N(a + bx_i, \sigma^2)$，$i = 1, 2, \cdots, n$

所以 $L(y_1, y_2, \cdots, y_n) = \prod_{i=1}^{n} \frac{1}{\sqrt{2\pi}\sigma} \exp\left[-\frac{1}{2\sigma^2}(y_i - a - bx_i)^2\right]$

取对数 $\ln L = -n\ln\sigma - \frac{n}{2}\ln 2\pi - \frac{1}{2\sigma^2}\sum_{i=1}^{n}(y_i - a - bx_i)^2$

根据微积分原理,分别对 a,b 求偏导数得

$$\begin{cases} \dfrac{\partial \ln L}{\partial a} = \dfrac{1}{\sigma^2}\sum\limits_{i=1}^{n}(y_i - a - bx_i) = 0 \\ \dfrac{\partial \ln L}{\partial b} = \dfrac{1}{\sigma^2}\sum\limits_{i=1}^{n}(y_i - a - bx_i)x_i = 0 \end{cases}$$

根据极大似然原理,可得 a, b 的极大似然估计量为:$\hat{b} = \frac{L_{xy}}{L_{xx}}$, $\hat{a} = \bar{y} - \hat{b}\bar{x}$.

2. 在一元线性回归模型中,证明未知参数 a, b 的最小二乘估计量 $\hat{a}$, $\hat{b}$ 都是随机变量 $y_1, y_2, \cdots, y_n$ 的线性函数:$\hat{b} = \sum_{i=1}^{n}\frac{(x_i - \bar{x})}{L_{xx}}y_i$, $\hat{a} = \sum_{i=1}^{n}\left[\frac{1}{n} - \frac{\bar{x}(x_i - \bar{x})}{L_{xx}}\right]y_i$.

证明　$\hat{b} = \frac{L_{xy}}{L_{xx}} = \frac{\sum\limits_{i=1}^{n}(x_i - \bar{x})(y_i - \bar{y})}{L_{xx}} = \frac{\sum\limits_{i=1}^{n}(x_i - \bar{x})y_i - \sum\limits_{i=1}^{n}(x_i - \bar{x})\bar{y}}{L_{xx}}$

因为 $\sum_{i=1}^{n}(x_i - \bar{x})\bar{y} = \bar{y}\sum_{i=1}^{n}(x_i - \bar{x}) = 0$,所以 $\hat{b} = \frac{\sum\limits_{i=1}^{n}(x_i - \bar{x})y_i}{L_{xx}} = \sum_{i=1}^{n}\frac{(x_i - \bar{x})}{L_{xx}}y_i$

$$\hat{a} = \bar{y} - \hat{b}\bar{x} = \bar{y} - \bar{x}\sum_{i=1}^{n}\frac{(x_i - \bar{x})}{L_{xx}}y_i = \sum_{i=1}^{n}\left[\frac{1}{n} - \frac{(x_i - \bar{x})\bar{x}}{L_{xx}}\right]y_i.$$

3. 在一元线性回归模型中,证明:$\sum_{i=1}^{n}(y_i - \hat{y}_i)(\hat{y}_i - \bar{y}_i) = 0$.

证明　由 $\hat{y}_i = \hat{a} + \hat{b}x_i$ 和 $\bar{y} = \hat{a} + \hat{b}\bar{x}$,则

$$\begin{aligned} \sum_{i=1}^{n}(y_i - \hat{y}_i)(\hat{y}_i - \bar{y}) &= \sum_{i=1}^{n}(y_i - \hat{a} - \hat{b}x_i)(\hat{a} + \hat{b}x_i - \bar{y}) \\ &= \sum_{i=1}^{n}[(y_i - \bar{y}) - \hat{b}(x_i - \bar{x})]\,\hat{b}(x_i - \bar{x}) \\ &= \hat{b}\sum_{i=1}^{n}[(y_i - \bar{y})(x_i - \bar{x}) - \hat{b}(x_i - \bar{x})^2] \\ &= \hat{b}(L_{xy} - \hat{b}L_{xx}) = 0 \end{aligned}$$

4. 炼钢基本上是个氧化脱碳的过程,钢液原来含碳量的多少直接影响到冶炼时间的长短.现查阅了某平炉 34 炉原来钢液含碳率 $x(0.01\%)$和冶炼时间 $y(\text{min})$的生产记录,经计算得:$\bar{x} = 150.09$, $\bar{y} = 158.23$, $L_{xx} = 25\,462.7$, $L_{yy} = 50\,094.0$, $L_{xy} = 32\,325.3$

(1) 求 y 倚 x 的回归方程,

(2) 计算回归平方和U,残差平方和 Q 和估计方差 $\hat{\sigma}^2$,

(3) 在显著性水平 $\alpha = 0.05$ 下,用 F 检验法检验线性回归关系的显著性.

解　(1) $\hat{b} = \frac{L_{xy}}{L_{xx}} = 1.27$, $\hat{a} = \bar{y} - \hat{b}\bar{x} = -32.38$, $\hat{y} = -32.38 + 1.27x$

(2) $\hat{U}=\hat{b}L_{xy}=41\,053.131$, $Q=L_{yy}-U=50\,094.0-41\,053.131=9\,040.869$

$\hat{\sigma}^2=\dfrac{Q}{n-2}=\dfrac{9\,040.869}{34-2}=282.527$

(3) $H_0:b=0\quad H_1:b\neq 0$, $F=\dfrac{U}{\dfrac{Q}{n-2}}\sim F(1,n-2)=F(1,32)$

求出拒绝域：$F\geqslant f_{\alpha}(1,n-2)=f_{0.05}(1,32)=2.88$

F 的观察值：$f=\dfrac{U}{\dfrac{Q}{n-2}}=\dfrac{41\,053.131}{\dfrac{9\,040.869}{32}}=145.307>2.88$

所以拒绝 H_0，在显著性水平 $\alpha=0.05$ 下，说明线性回归关系是显著的.

5. 以家庭为单位，某种商品年需求量与该商品价格之间的一组调查数据如下：

价格 x/元	5	2	2	2.3	2.5	2.6	2.8	3	3.3	3.5
需求量 y/kg	1	3.5	3	2.7	2.4	2.5	2	1.5	1.2	1.2

(1) 求 y 倚 x 的回归方程，

(2) 在显著性水平 $\alpha=0.05$ 下，用 F 检验法检验线性回归关系的显著性.

解 (1) $\bar{x}=2.9$, $\bar{y}=2.1$, $L_{xx}=7.18$, $L_{yy}=6.58$, $L_{xy}=\sum_{i=1}^{n}x_iy_i-n\bar{x}\bar{y}=-5.93$,

故 $\hat{b}=\dfrac{L_{xy}}{L_{xx}}=-0.826$, $\hat{a}=\bar{y}-\hat{b}\bar{x}=4.495$,

y 倚 x 的回归方程为：$\hat{y}=4.495-0.826x$

(2) $\hat{U}=\hat{b}L_{xy}=4.898$, $Q=L_{yy}-U=6.58-4.898=1.682$

$H_0:b=0$, $H_1:b\neq 0$, $F=\dfrac{U}{\dfrac{Q}{n-2}}\sim F(1,n-2)=F(1,8)$

求出拒绝域：$F\geqslant f_{\alpha}(1,n-2)=f_{0.05}(1,8)=5.32$

F 的观察值：$f=\dfrac{U}{\dfrac{Q}{n-2}}=\dfrac{4.898}{\dfrac{1.682}{8}}=23.297>5.32$

所以拒绝 H_0，在显著性水平 $\alpha=0.05$ 下，说明线性回归关系是显著的.

6. 假设儿子的身高 y 与父亲的身高 x 适合一元线性回归模型，测量了 10 对英国父子的身高(inch)如下：

inch

x	60	62	64	65	66	67	68	70	72	74
y	63.6	65.2	66	65.5	66.9	67.1	67.4	63.3	70.1	70

(1) 求 y 倚 x 的回归方程，

(2) 在显著性水平 $\alpha=0.05$ 下，用 F 检验法检验线性回归关系的显著性，

(3) 给出 $x_0=69$ 时，求 y_0 的置信度为 95%的预测区间.

解 (1) $\bar{x}=66.8$, $\bar{y}=66.51$, $L_{xx}=171.6$, $L_{yy}=48.129$, $L_{xy}=\sum_{i=1}^{n}x_iy_i-n\bar{x}\bar{y}=63.72$,

故 $\hat{b}=\dfrac{L_{xy}}{L_{xx}}=0.3713$，$\hat{a}=\bar{y}-\hat{b}\bar{x}=41.7072$，

y 倚 x 的回归方程为：$\hat{y}=41.7072+0.3713x$

(2) $\hat{U}=\hat{b}L_{xy}=23.6592$，$Q=L_{yy}-U=24.4698$

$$\hat{\sigma}^2=\frac{Q}{n-2}=\frac{24.4698}{8}=3.0587$$

$$H_0:b=0\quad H_1:b\neq 0,\ F=\frac{U}{\frac{Q}{n-2}}\sim F(1,n-2)=F(1,8)$$

求出拒绝域：$F\geqslant f_\alpha(1,n-2)=f_{0.05}(1,8)=5.32$

F 的观察值：$f=\dfrac{U}{\frac{Q}{n-2}}=\dfrac{23.6592}{\frac{24.4698}{8}}=7.735>5.32$

所以拒绝 H_0，在显著性水平 $\alpha=0.05$ 下，说明线性回归关系是显著的.

(3) $\hat{y}\big|_{x=69}=67.3269$，$1-\alpha=0.95$，$\alpha=0.05$，

查表得 $t_{\frac{\alpha}{2}}(n-2)=t_{0.025}(8)=2.306$，

$$\delta(x_0)=t_{\frac{\alpha}{2}}(n-2)\cdot\hat{\sigma}\cdot\sqrt{1+\frac{1}{n}+\frac{(x_0-\bar{x})^2}{L_{xx}}}$$

$$=2.306\times\sqrt{3.0587}\times\sqrt{1+\frac{1}{10}+\frac{(69-66.8)^2}{171.6}}=4.2837,$$

所以预测区间为：$(67.3269\pm 4.2387)=(63.0432,71.6106)$.

7. 证明：预测值 $\hat{y}_0=\hat{a}+\hat{b}x_0$ 是 $y(x_0)=a+bx_0$ 的无偏估计量.

证明　因为 $\hat{a}$ 是 a 的无偏估计量，$\hat{b}$ 是 b 的无偏估计量，则 $E(\hat{a})=a$，$E(\hat{b})=b$，

$E(\hat{y}_0)=E(\hat{a}+\hat{b}x_0)=E(\hat{a})+x_0E(\hat{b})=a+bx_0$

所以 $\hat{y}_0=\hat{a}+\hat{b}x_0$ 是 $y(x_0)=a+bx_0$ 的无偏估计量.

六、补充习题

1. 为了比较各个工作日进入某一商场的顾客人数，测得各工作日下午4时～5时进入商场的顾客人数如下表：

工作日	顾客人数						
星期一	86	96	78	66	100		
星期二	77	102	54	98			
星期三	69	91	86	74	82	78	84
星期四	78	77	90	84	72	74	
星期五	84	88	94	102	96		

在显著性水平 $\alpha = 0.05$ 下，检验各个工作日对来商场的人数是否有显著影响?

2. 为了比较Ⅰ，Ⅱ，Ⅲ，Ⅳ,4 种不同食品对增加人体重量的影响,将这 4 种食品分别喂养 5 只、5 只、4 只、6 只老鼠,经过一定时间,测得其增加的体重如表:

食品品种	增加的体重/g					
Ⅰ	110	113	108	103	119	
Ⅱ	90	109	98	95	115	
Ⅲ	108	109	118	123		
Ⅳ	114	131	111	130	134	121

设食品品种 Ⅰ，Ⅱ，Ⅲ，Ⅳ 所对应的总体分别为 $N(\mu_i, \sigma^2)$，$i = 1, 2, 3, 4$，μ_i，σ^2 均未知,且设各个总体取得的样本之间相互独立. 在显著性水平 $\alpha = 0.01$ 下，检验假设:

$$H_0: \mu_1 = \mu_2 = \mu_3 = \mu_4$$

$$H_1: \mu_1, \mu_2, \mu_3, \mu_4 \text{ 不全相等}$$

3. 设用 3 台机器 A, B, C 制造同一种产品,对每台机器观察 5 天的日产量,记录如下(单位:件)

A: 41　48　41　57　49

B: 65　57　54　72　64

C: 45　51　56　48　48

在显著性水平 $\alpha = 0.05$ 下，各台机器的日产量是否有显著差别?

4. 抽查某市 3 所小学五年级男学生的身高得数据如下表.

学校	身高数据(cm)					
1	128.1	134.1	133.1	138.9	140.8	127.4
2	150.3	147.9	136.8	126.0	150.7	155.8
3	140.6	143.1	144.5	143.7	148.5	146.4

在显著性水平 $\alpha = 0.05$ 下，该市这 3 所小学男学生的平均身高是否有显著差别?

5. 为研究一游泳池水经化学处理后,水中氯气的残留量 y(ppm)与经历的时间 x(自处理结束时算起,以 h 计)的关系,测得以下数据

时间 x/h	2	4	6	8	10	12
含氯量 y/ppm	1.8	1.5	1.4	1.1	1.1	0.9

求 y 关于 x 的回归直线方程.

6. 炼铝厂测得所产铸模用的铝的硬度 x 与抗张强度 y 的数据如表所示：

铝的硬度 x	68	53	70	84	60	72	51	83	70	64
抗张强度 y	288	293	349	343	290	354	283	324	340	286

(1) 求 y 关于 x 的线性回归方程.

(2) 在显著性水平 $\alpha = 0.05$ 下，检验回归方程的显著性.

(3) 试预测当铝的硬度 $x = 65$ 时的抗张强度 $y(\alpha = 0.05)$.

习题答案

第一章　补充习题答案

一、1. 甲乙丙不同时发生.

2. 0.48.

3. 0.4，0.1.

4. 0.5.

5. $C_6^2 p^2(1-p)^4$.

二、正确,正确,正确,错误,错误,错误,正确,错误.

三、(1) D　(2) B　(3) B

四、1. 0.9，$\frac{1}{3}$.

2. $1-p$.

3. $\frac{11}{24}$.

4. 不放回情况(1) 0.357. (2) 0.466. (3) 0.893.

放回情况：(1) 0.391. (2) 0.531. (3) 0.859.

5. (1) 0.833.　(2) 0.893.

6. (1)0.01.　(2) 0.025.　(3) 0.4.

7. (1) 0.25.　(2) 0.474.

第二章　补充习题答案

1. (1) C　(2) D　(3) C　(4) A　(5) A　(6) B

2. (1) $\frac{1}{3}$　(2) e^{-4}　(3) $\frac{6}{7}$；$A=1$.

(4)

X	-1	1	3
p_k	0.4	0.4	0.2.

3. (1)

X	-1	1	2
p_k	$\frac{1}{6}$	$\frac{1}{3}$	$\frac{1}{2}$

(2) $F(x)=P\{X\leqslant x\}=\begin{cases}0, & x<-1\\ \frac{1}{6}, & -1\leqslant x<1\\ \frac{1}{2}, & 1\leqslant x<2\\ 1 & x\geqslant 2\end{cases}$.

(3) $\frac{1}{6}$；0；$\frac{1}{3}$.

4. (1) $A=\frac{1}{2}$, $B=\frac{1}{\pi}$. (2) $f(x)=\begin{cases}\frac{1}{\pi\sqrt{a^2-x^2}}, & |x|<a,\\ 0, & |x|\geqslant a.\end{cases}$ (3) $\frac{2}{3}$.

5. 4 077 件.

6.

Y	-28	-2	7
p_k	0.3	0.4	0.3

.

7. (1) $f_Y(y)=\begin{cases}\frac{2\pi}{(1+\pi y)^3}, & y>0,\\ 0, & y\leqslant 0.\end{cases}$ (2) $f_Z(z)=\begin{cases}\frac{1}{\pi\sqrt{z}}, & 0<z<\frac{\pi^2}{4},\\ 0, & \text{其它}.\end{cases}$

8. 略.

第三章 补充习题答案

1. (1) A； (2) A； (3) C； (4) A； (5) C； (6) B.

2. (1) $\frac{1}{4}$； (2) $\frac{1}{4}$； (3) $\frac{1}{5}$； (4) $\frac{1}{4}$；

(5) $f_Z(z)=\frac{1}{2\pi}\left[\phi\left(\frac{x+\pi-\mu}{\sigma}\right)-\phi\left(\frac{x-\pi-\mu}{\sigma}\right)\right]$；

(6) $\frac{5}{7}$.

3. (1)

X \ Y	y_1	y_2	y_3	$p_{i\cdot}$
x_1	$\frac{1}{24}$	$\frac{1}{8}$	$\frac{1}{12}$	$\frac{1}{4}$
x_2	$\frac{1}{8}$	$\frac{3}{8}$	$\frac{1}{4}$	$\frac{3}{4}$
$p_{\cdot j}$	$\frac{1}{6}$	$\frac{1}{2}$	$\frac{1}{3}$	1

(2) ①

X	1	2
p_k	0.4	0.6

Y	1	2	3
p_k	0.25	0.5	0.25

② X 与 Y 相互独立；

③ 0.5.

(3) ① $A=\frac{1}{3}$；

② $f_X(x)=\begin{cases}\frac{2}{3}(x+1), & 0\leqslant x\leqslant 1\\ 0, & \text{其他}\end{cases}$, $f_Y(y)=\begin{cases}\frac{1}{3}\left(y+\frac{1}{2}\right), & 0\leqslant y\leqslant 2\\ 0, & \text{其他}\end{cases}$.

(4) ① $F(x, y)=\begin{cases}1-\left(\frac{1}{2}y^2+y+1\right)e^{-y}, & 0\leqslant y<x\\ 1-(x+1)e^{-x}-\frac{1}{2}x^2e^{-y}, & 0\leqslant x<y\\ 0, & 其他\end{cases}$;

② $f_{X|Y}(x|y)=\frac{f(x, y)}{f_Y(y)}=\begin{cases}\frac{2x}{y^2}, & 0\leqslant x<y\\ 0, & 其他\end{cases}$,

$f_{Y|X}(y|x)=\frac{f(x, y)}{f_X(x)}=\begin{cases}e^{x-y}, & 0\leqslant x<y\\ 0, & 其他\end{cases}$;

③ $P(X<1 \mid Y<2)=\frac{P(X<1, Y<2)}{P(Y<2)}=\frac{1-2e^{-1}-\frac{1}{2}e^{-2}}{1-5e^{-2}}$, $\frac{1}{4}$.

(5) ① $A=\frac{4}{7}$;

② $f_X(x)=\begin{cases}\frac{2}{7}(x+3), & 0\leqslant x\leqslant 1\\ 0, & 其他\end{cases}$, $f_Y(y)=\begin{cases}\frac{4}{7}\left(\frac{3}{2}y+1\right), & 0\leqslant y\leqslant 1\\ 0, & 其他\end{cases}$.

因为 $f(x, y)\neq f_X(x)f_Y(y)$, $0\leqslant x\leqslant 1$, $0\leqslant y\leqslant 1$, 所以 X 与 Y 不相互独立;

③ $f_Z(z)=\begin{cases}\frac{2}{21}(6z+3z^2+z^3), & 0<z\leqslant 1\\ \frac{2}{21}(8+6z-3z^2-z^3), & 1<z\leqslant 2\\ 0, & 其他\end{cases}$.

(6) ① $f(x, y)=\begin{cases}\frac{1}{x}, & 0<y<x<1\\ 0, & 其他\end{cases}$;

② $1-\ln 2$.

(7) T 的分布函数 $F(t)=\begin{cases}1-e^{-3\lambda t}, & t>0\\ 0, & t\leqslant 0\end{cases}$.

第四章　补充习题答案

一、选择题

1. B.　2. A.　3. D.

二、填空题

1. $\frac{1}{2}e^{-1}$.　2. $\frac{8}{9}$.　3. $\frac{1}{4}$.　4. 5.　5. $\sqrt{\frac{2}{\pi}}$.

三、计算题

1. (1) (X, Y)的概率分布为

X \ Y	0	1	2
0	$\frac{1}{5}$	$\frac{2}{5}$	$\frac{1}{5}$
1	$\frac{1}{5}$	$\frac{2}{15}$	0

(2) $-\frac{4}{45}$.

2. $f_X(x)=\begin{cases}2x & 0<x<1\\ 0 & \text{其它}\end{cases}$；$\frac{2}{9}$.

四、略

第五章　补充习题答案

1. 略.
2. 0.022 8.
3. 830.
4. (1) 884； (2) 916.
5. 147.
6. (1) 0.896 8； (2) 0.749 8.

第六章　补充习题答案

1. (A)　2. (D)　3. (B)　4. (C)　5. (C)　6. (C)　7. (B)　8. (D)　9. (B)　10. (D)

11. $\chi^2(n)$
12. 4
13. $t(2)$
14. $N(0, 1)$
15. $F(n-1, 1)$
16. $F(2, 1)$
17. $F(2, 2)$
18. (1) $U\sim N(0, 4)$, $V\sim N(0, 4)$　(2) $a=\frac{1}{4}$, $k=2$
19. $C=\frac{1}{4}$

第七章　补充习题答案

一、1. 错误　2. 错误　3. 错误

二、(1) (A)　(2) (A)　(3) (D)　(4) (A)　(5) (D)　(6) (C)

三、1. 0.327 9.

2. (1) $\hat{\theta}=\frac{\overline{X}}{\overline{X}-c}$　(2) $\hat{\theta}=\left(\frac{\overline{X}}{1-\overline{X}}\right)^2$

3. $\hat{\theta}=\frac{1}{n}\sum_{i=1}^{n}X_i$

4. 略

5. 略

6. (1 531.337 7, 1 556.662 3).

7. (12.41, 15.35)
8. (165.06, 174.94); (9.34, 16.69)
9. (−1.733, 3.047)
10. (0.447 5, 2.907 6)
11. (0.532 1, 0.667 9)一级品的概率 p 的置信区间.

第八章　补充习题答案

1. $\lambda = 0.49$, $\beta \approx 0.0207$.
2. 支持该校长的看法.
3. 这批元件不合格.
4. 这批枪弹的初速度有显著降低.
5. 新设计的天平满足设计要求.
6. 新设计的仪器精度比进口仪器的精度要显著的好.
7. 支持主要商品价格的波动甲地比乙地高的说法.
8. 可认为处理后降低了含脂率.
9. 不能认为该道工序对提高参数值有用.
10. 可以认为该药品广告是虚假的.
11. 不支持该研究者的观点.
12. 服从泊松分布.
13. 与泊松分布相等.
14. 服从指数分布.
15. 服从正态分布.
16. 不具有随机性，有系统误差.

第九章　补充习题答案

1. 有显著差异.
2. 拒绝 H_0，认为品种不同的食品对于增加老鼠的体重有显著差异.
3. 有显著差异.
4. 有显著差异.
5. $\hat{y} = 1.9 - 0.0857x$.
6. (1) $\hat{y} = 188.78 + 1.87x$;　(2) 回归方程显著有效;　(3) (255.90, 364.76).

参 考 文 献

[1] 盛骤,谢式千,潘承毅.概率论与数理统计.北京:高等教育出版社,2001
[2] 姚孟臣.概率论与数理统计习题集.北京:中国人民大学出版社,2004
[3] 鞠方舟.概率论与数理统计辅导及习题精解.北京:中国社会出版社,2005
[4] 姬振豫.概率论与数理统计考研辅导与习题详解.西安:陕西师范大学出版社,2005
[5] 魏国强,胡满峰.概率论与数理统计习题课教程.南京:南京大学出版社,2006
[6] 张颖,许伯生.概率论与数理统计.上海:华东理工大学出版社,2007
[7] 毛纲源.概率论与数理统计解题方法技巧归纳(第2版).武汉:华中科技大学出版社,2009
[8] 吴赣昌主编.概率论与数理统计学习辅导与习题解答(理工类·第三版).北京:中国人民大学出版社,2010
[9] 孙清华,孙昊.概率论与数理统计疑难分析与解题方法[M].武汉:华中科技大学出版社,2010
[10] 陈启浩.概率论与数理统计精讲精练.北京:北京师范大学出版社,2010
[11] 张红慧,孙燕囡,林一强.概率论与数理统计教程全程导学及习题全解[M].北京:中国时代经济出版社,2011
[12] 梁满发.概率论与数理统计学习指导[M].广州:华南理工大学出版社,2012